反刍动物生产管理与饲料加工技术问答

程宗佳　郝　波　孙国君　邹三元　许宗运　编

中国农业科学技术出版社

图书在版编目（CIP）数据

反刍动物生产管理与饲料加工技术问答 / 程宗佳等编 . — 北京：中国农业科学技术出版社，2016.4
ISBN 978-7-5116-2537-3

Ⅰ . ①反… Ⅱ . ①程… Ⅲ . ①反刍动物 – 饲养管理 – 问题解答②反刍动物 – 饲料加工 – 问题解答 Ⅳ . ① S823-44 ② S816.34-44

中国版本图书馆 CIP 数据核字（2016）第 047669 号

责任编辑 徐 毅 张国锋
责任校对 杨丁庆

出 版 者 中国农业科学技术出版社
北京市中关村南大街 12 号 邮编：100081
电 话 （010）82106636（编辑室） （010）82109702（发行部）
（010）82109709（读者服务部）
传 真 （010）82106631
网 址 http://www.castp.cn
经 销 者 各地新华书店
印 刷 者 北京富泰印刷有限责任公司
开 本 889mm × 1 194mm 1/16
印 张 10 彩插 32 面
字 数 338 千字
版 次 2016 年 4 月第 1 版 2016 年 4 月第 1 次印刷
定 价 128.00 元

作者简介

程宗佳 博士

程宗佳，1985年7月毕业于南京农业大学畜牧专业后任职于江西省饲料科学研究所，1989年赴美国农业研修，在美国饲料厂、种猪场、牛场、火鸡场和鱼虾场工作8年，1996年获美国明尼苏达大学（University of Minnesota）农业硕士学位（猪的营养），2000年获美国堪萨斯州立大学(Kansas State University)博士学位（饲料加工工艺），2000—2002年在美国爱达荷大学(University of Idaho)从事水产（虾和虹鳟鱼）饲料加工和营养研究，2003—2011年任美国大豆协会国际项目(ASA-International Marketing)北京办事处饲料技术主任，2012年以来成为动物营养与饲料技术顾问，主要从事国际原料贸易、饲料配方、饲料产品开发，组织中国代表团赴欧美参观饲料厂、饲料设备厂、养殖场、农场、大学、科研机构，及饲料技术咨询等工作。在美国、加拿大、中国及东南亚国家做了500余场动物营养与饲料技术讲座，协助200余家饲料企业进行饲料设备改造及配方升级工作。在国际学术刊物上发表论文26篇、文摘75篇；在国内饲料刊物上翻译和发表实用动物营养和饲料科技方面的文章200余篇。

郝 波

郝波，男，汉族，1956年1月15日出生，江苏溧阳人，1979年毕业于江苏工学院（江苏大学），1998年获得东南大学研究生学历，1994年，被江苏省政府授予“有突出贡献的中青年专家”称号；之后受到国务院表彰，享受政府特殊津贴，荣获全国“五一”劳动奖章。第九届全国人大代表，高级工程师等。现任江苏省正昌集团有限公司党委书记、董事长、总裁、中国饲料工业协会副会长。

他一生专注于饲料机械及整厂工程的研究，经过二十多年的不懈努力，带领一个名不见经传的国营粮机小企业，发展成目前中国最大的饲料机械加工设备和整厂工程制造商之一——江苏正昌集团有限公司，并荣获“国家高新技术企业”称号。发表的论文《绩效管理》，提出了企业管理创新的新概念；主编著作《饲料制粒技术》和《饲料加工设备维修》（中国农业出版社出版），填补了全国饲料加工企业工人培训教材的空白。

邹三元

邹三元，男，1994年评为经济师，2007年6月毕业于清华大学MBA；2007年毕业于南京政治学院。1974—1984年一直努力创办乡镇工业。1990年兼任中石化信息咨询总公司宜兴分公司经理。1991年兼任宜兴市氯化胆碱厂厂长。1997年成立了宜兴中外合资阿克苏诺贝尔三元化学有限公司，建成了中国首家年产万吨级氯化胆碱项目。1998年创建宜兴市天石饲料有限公司，专业生产饲料添加剂，是全球领先的甜菜碱生产商，甜菜碱年生产能力3万吨，同时生产抗氧化剂、防霉剂、微生态制剂等，产品畅销欧洲、美洲、南美洲、亚洲40多个国家。同时，他还创建了宜兴市天石饲料有限公司预混料厂等。作为宜兴市天石饲料有限公司董事长，他致力于饲料添加剂行业新品开发，是江苏省饲料工业协会理事，多年来被宜兴市委、市政府评为“优秀厂长、经理”。

前　言

随着人民生活水平日益提高，对各种动物产品的需求量与日俱增，对牛肉和牛奶的产量和质量提出了更高的要求。为了发挥规模养牛的经济效益，养牛业越来越趋向于集约化和工厂化大规模饲养。在这个过程中，很多养牛场或多或少地遇到了这样那样的问题。目前相关的著作、读物比较多，但是仍然有些问题未得到良好的解答。为了能行之有效地解决养牛户遇到的实际问题，就需要有理论与实践兼顾而以解决实际问题为主的书籍。

作者把自己自2000年以来在美国、加拿大、中国及东南亚国家所做的近500场技术讲座中所遇到的问题，来自邮件和电话提出的问题和部分业界专家就他们在生产、教学与推广活动中所碰到的问题加以整理，以问答的形式成书，希望能解答养殖与饲料生产者在实际生产中遇到的一些问题。

本书共分九大部分：饲料与饲养技术、营养与管理、牛品种及特征、奶牛场设计、疾病及其控制、牛奶与奶制品、繁殖与配种、牛福利、饲料加工技术及其他。

参加本书编辑的作者还有：张增玉、刘伟、吕顺凯、吴德宏、赵庚福、赵传江、张丽娟、孙志强、石满仓、辛延军、王连志、王雄、吴德国、王勇生、刘宇、雷恒。因有些答案来自网络，署名为轶名，故参考文献中无法列出，敬请原谅。因编者水平有限，加之时间仓促，缺点和错误在所难免，恳请读者批评指正。同时作者建议读者将生产中遇到的问题电邮至 feedtecheng@yahoo.com，我们将尽全力为读者找到答案，并在此书再版时加以补充。让我们共同努力，为中国养牛业和饲料工业的发展贡献自己的力量！

程宗佳　博士

2015.8

彩图 1　生长的紫花苜蓿

彩图 2　紫花苜蓿颗粒

彩图 3　紫花苜蓿粉

彩图 4　中国奶牛企业家代表团参观美国堪萨斯州立大学，考察苜蓿在奶牛饲料中的应用

彩图 5　农民们在收获木薯

彩图 6　收获后的木薯

彩图 7　中国饲料企业家代表团在泰国参观加工后的木薯产品

彩图 8　中国企业家 VIP 团在美国伊利诺伊州酒精厂考察 DDGS 品质

彩图 9　中国饲料企业家代表团在美国考察用湿 DDGS 饲喂奶牛技术

彩图 10　收获后的甜菜

彩图 11　用作饲喂反刍动物的甜菜渣

彩图 12　啤酒糟

彩图 13　豆腐渣

彩图 14　青贮塔

彩图 15　青贮袋青贮

彩图 16　美国堪萨斯州立大学弃用的青贮塔

彩图 17　香肠袋青贮

彩图 18　中国奶牛企业家代表团成员在美国堪萨斯州立大学奶牛场考察青贮饲料及其质量

彩图 19　青贮原料的收割与运输

彩图 20　青贮饲料的装填与压实

彩图 21　青贮饲料的压实与密封

彩图 22　青贮饲料取料设备

彩图 23　TMR 自带的青贮抓手

彩图 24　奶牛精饲料与青贮饲料要合理搭配

彩图 25　膨化大豆舔砖

彩图 26　功能性添加剂舔砖

彩图 27　制作膨化大豆

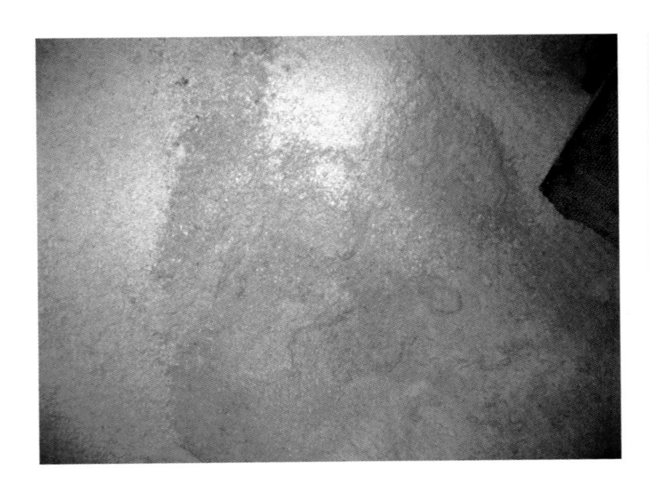

彩图 28　膨化大豆产品

彩图 29　美国堪萨斯州立大学实验室的蒸汽压片机

彩图 30　蒸汽压片玉米

彩图 31　奶牛采食 TMR 日粮

彩图 32　TMR 日粮混合

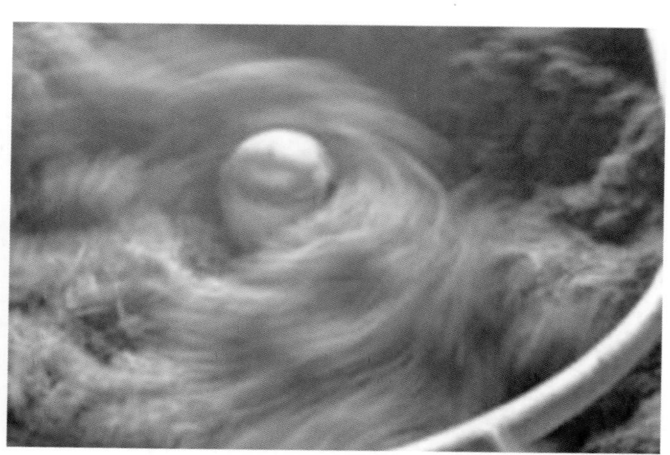

彩图 33　TMR 日粮搅拌

彩图 34　宾州筛检测 TMR 日粮粒度

彩图 35　正常玉米

彩图 36　发霉玉米

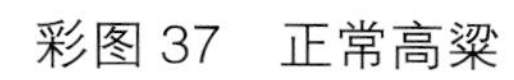

彩图 37　正常高粱

彩图 38　发霉高粱

彩图 39　正常棉粕

彩图 40　霉变棉粕

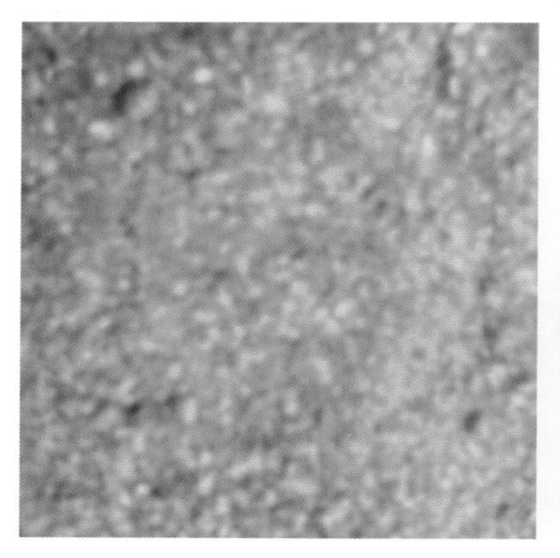
彩图 41　玉米酒精糟

彩图 42　清洁的饮水

彩图 43　营养均衡的日粮

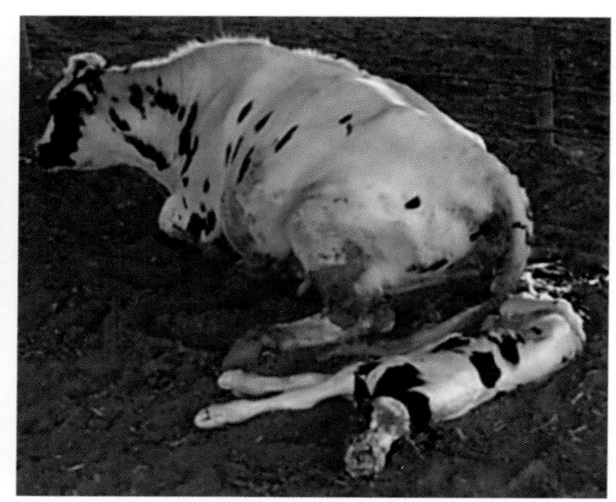
彩图 44　初生犊牛

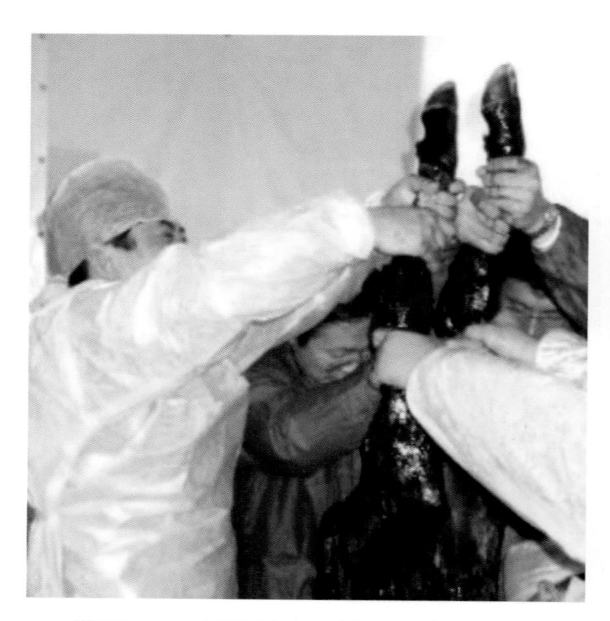
彩图 45　倒提犊牛，清理口鼻中黏液

彩图 46　热应激奶牛大口喘气

彩图 47　增加风扇降温

彩图 48　牛棚外装有遮阳网

彩图 49　牛舍内装有自动饮水器

粪便评分 1

粪便评分 2

理想粪便评分 3

理想粪便评分 3

粪便评分 4

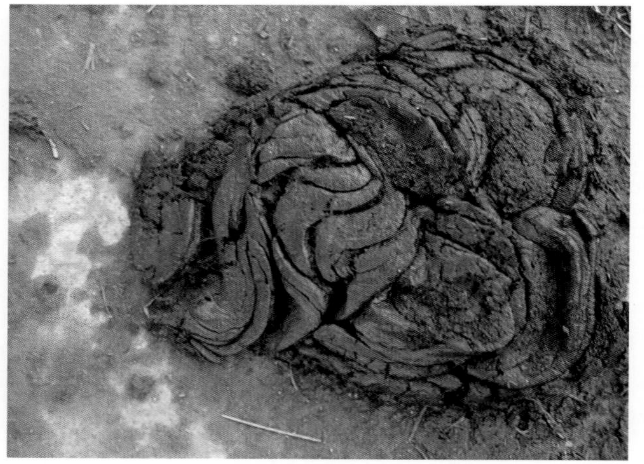

粪便评分 5

彩图 50　奶牛粪便评分参照

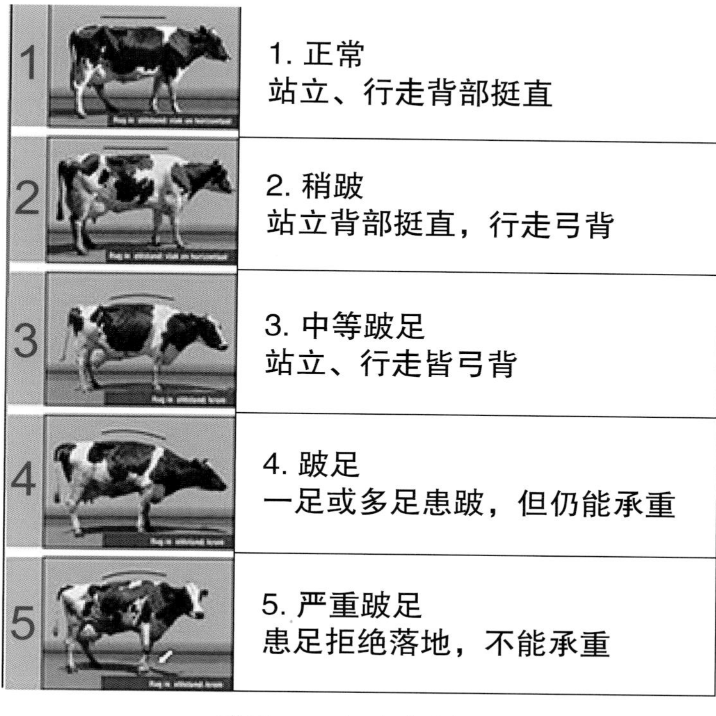

1	1. 正常 站立、行走背部挺直
2	2. 稍跛 站立背部挺直，行走弓背
3	3. 中等跛足 站立、行走皆弓背
4	4. 跛足 一足或多足患跛，但仍能承重
5	5. 严重跛足 患足拒绝落地，不能承重

彩图 51　奶牛步态评分

行走评分 1

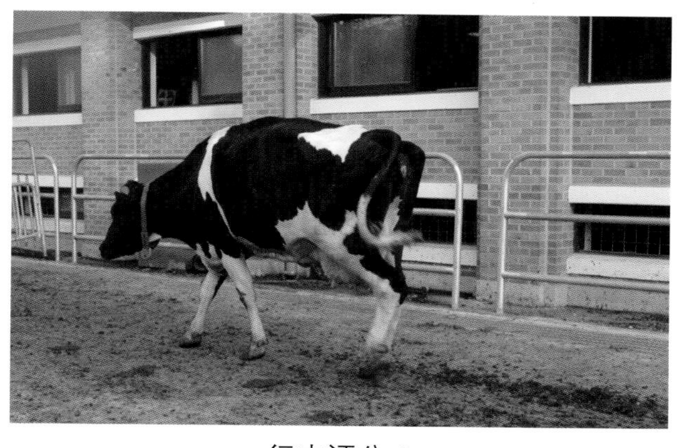

行走评分 2

行走评分 3

行走评分 4

行走评分 5

行走评分 5

彩图 52 奶牛行走评分

彩图 53 荷斯坦奶牛

彩图 54 娟珊牛

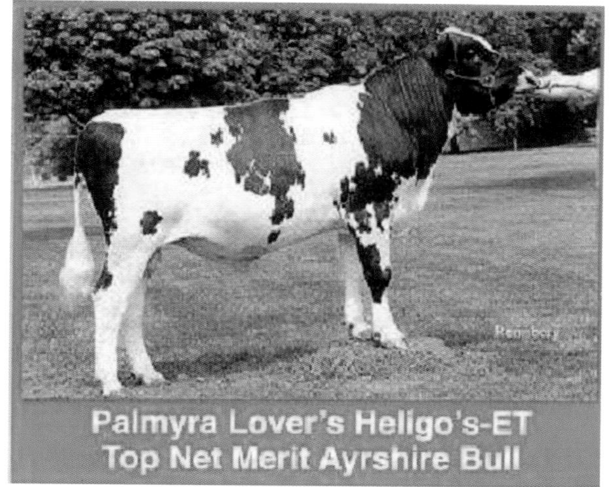

彩图 55　爱尔夏牛

彩图 56　更赛牛

彩图 57　尼里 – 拉菲水牛

彩图 58　奶牛场布局示意

彩图 59　天窗的设计可增加光照，使空气更加流畅

彩图 60　犊牛岛放置的方向一般为坐北朝南，地势平坦的场地

彩图 61　牛床与隔栏

彩图 62 奶牛运动场

彩图 63 奶牛运动场饮水槽

彩图 64 机械清粪

彩图 65 水冲洗清粪

彩图 66 刮板清粪

彩图 67 机器人清粪

彩图 68　粪便沼气发生储存罐

彩图 69　加工复合肥料

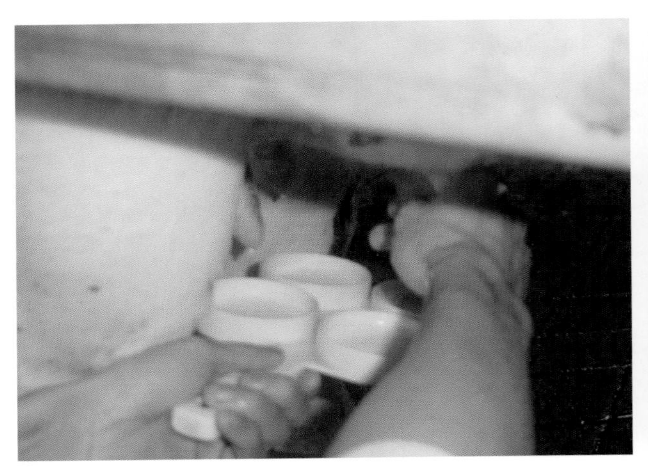

彩图 70　采集奶样

彩图 71　加诊断液

彩图 72　溶解

彩图 73　旋转判断

彩图 74　乳房炎奶牛

彩图 75　乳房炎奶牛

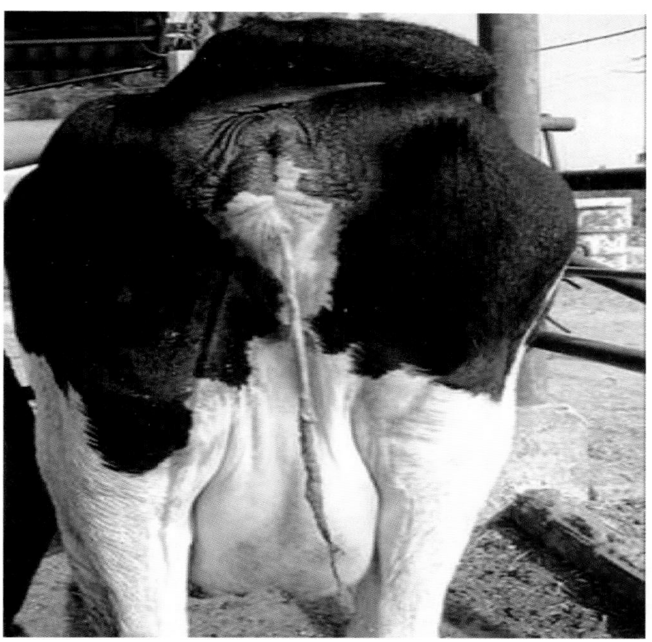

彩图 76　全部胎衣不下

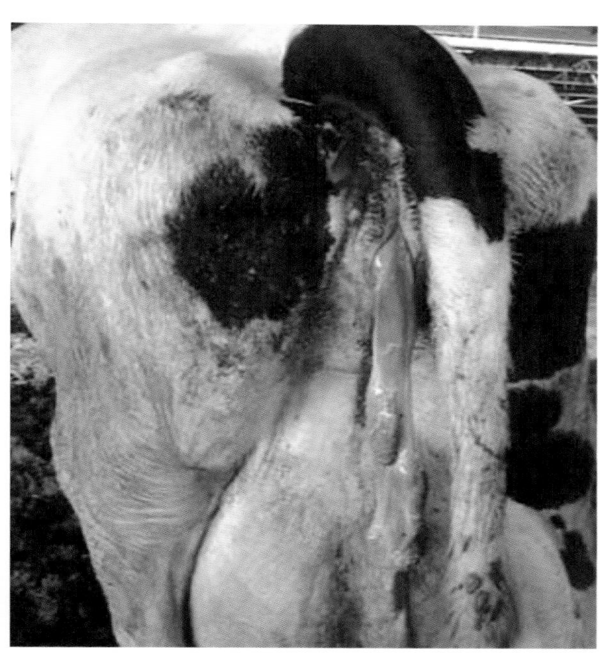

彩图 77　部分胎衣不下

彩图 78　产后瘫痪卧地奶牛

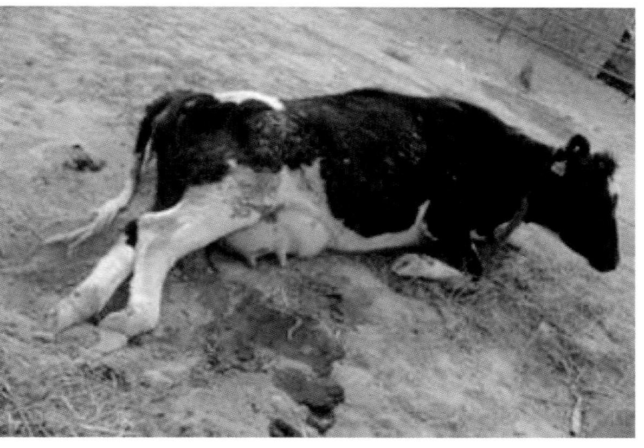

彩图 79　产后瘫痪卧地奶牛

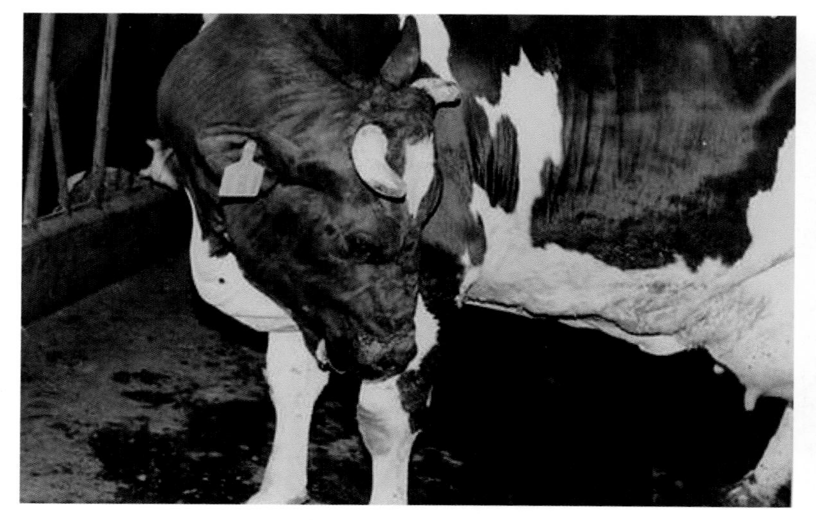

彩图 80 酮病奶牛

彩图 81 治疗

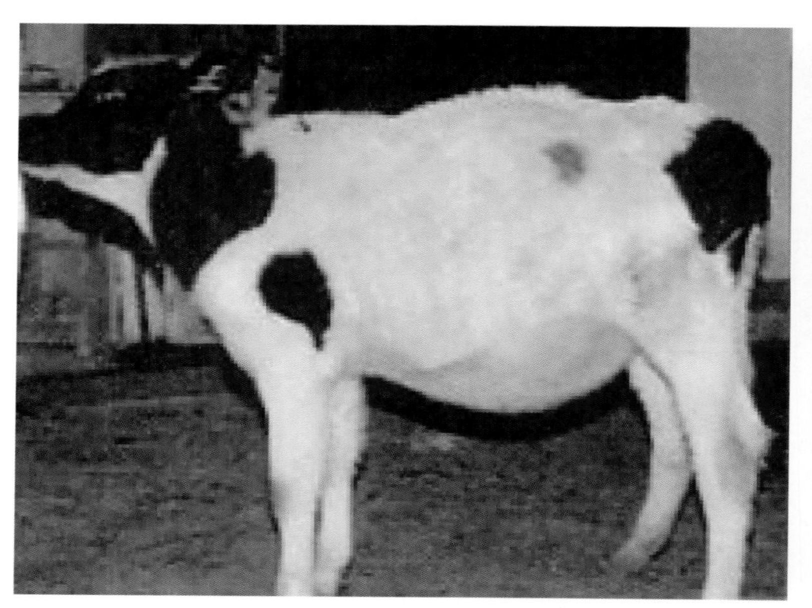

彩图 82 慢性瘤胃臌气而刺入套管针排出气体的牛

彩图 83 左侧肷部膨胀状态

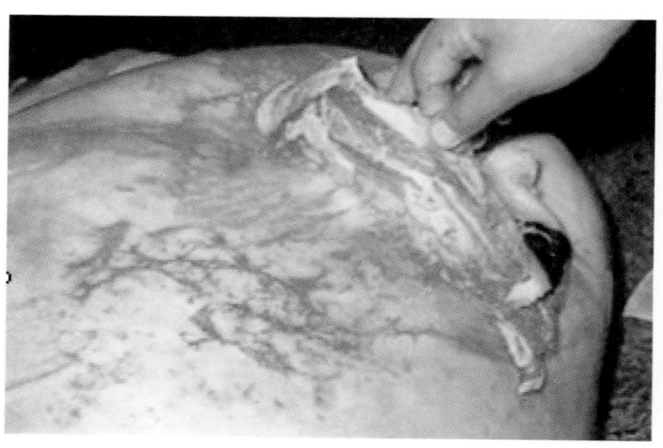

彩图 84 瘤胃积食而导致的瘤胃扩张

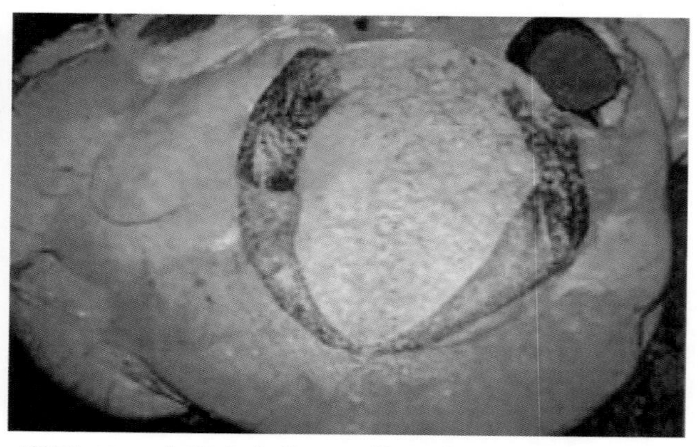

彩图 85 瘤胃内容物呈泥状强酸性，黏膜为黑色

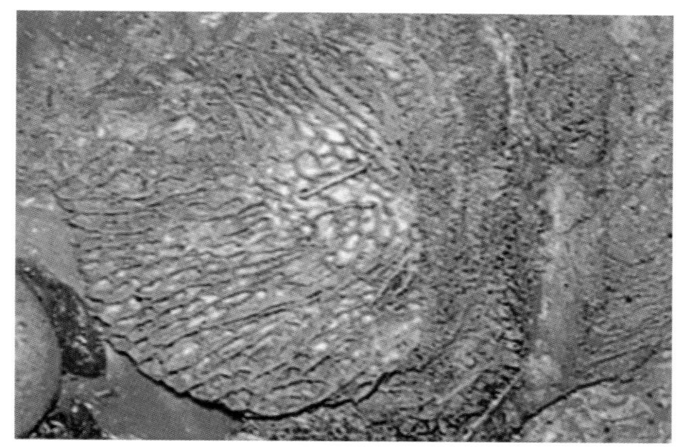

彩图 86　刺入网胃黏膜的铁钉和铁

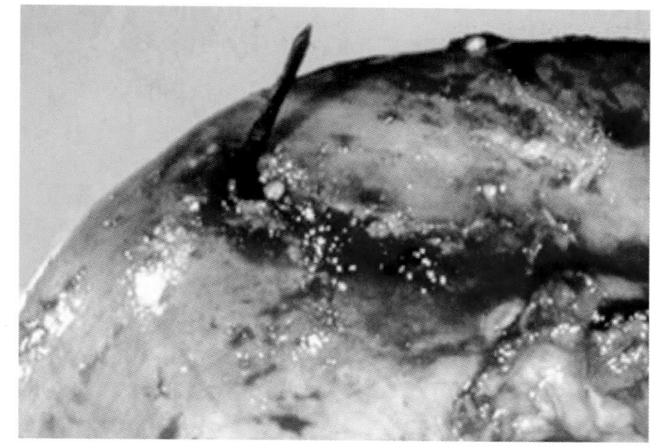

彩图 87　刺透网胃的金属

彩图 88　头颈伸直，弓背，不愿移动

彩图 89　颌下及胸前水肿

彩图 90　蹄叶炎奶牛，前肢外展，后肢腹下，弓背

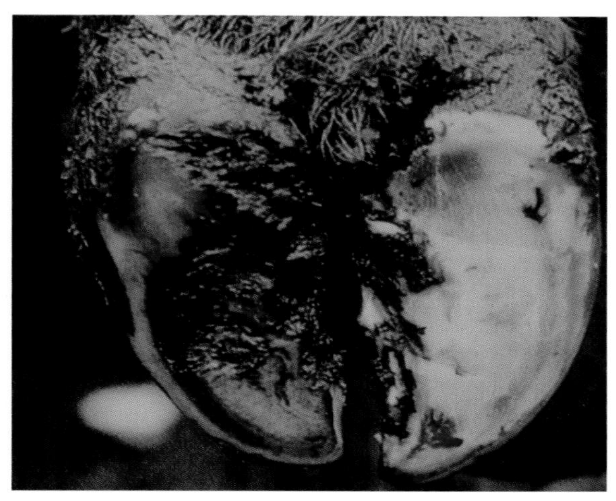

彩图 91　蹄球部和白线处出血

彩图 92　嗅闻其他母牛外阴

彩图 93　爬跨母牛

彩图 94　外阴红肿的母牛

彩图 95　分泌黏液的母牛

彩图 96　正在分娩的母牛

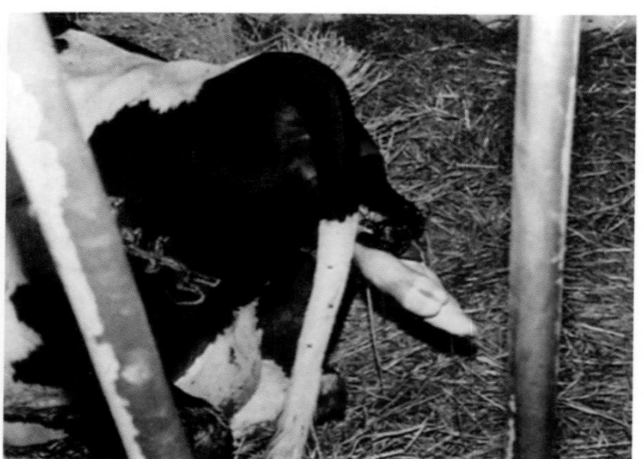

彩图 97　正在分娩的母牛

彩图 98　中国奶牛企业家代表团参观美国机器挤奶车间

彩图 99　防滑地面

彩图 100　挤奶厅地面橡胶垫

彩图 101　垫有沙子的卧床

彩图 102　垫有锯木的卧床

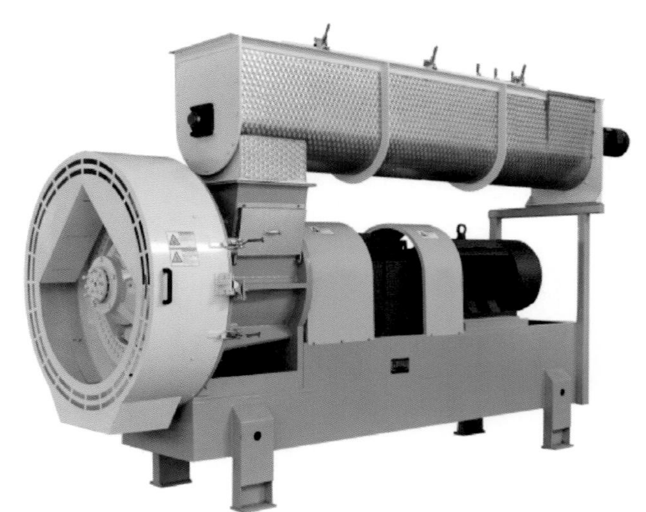

彩图 103　饲草压块机

彩图 104　饲草粉碎机

彩图 105　饲草粉碎机

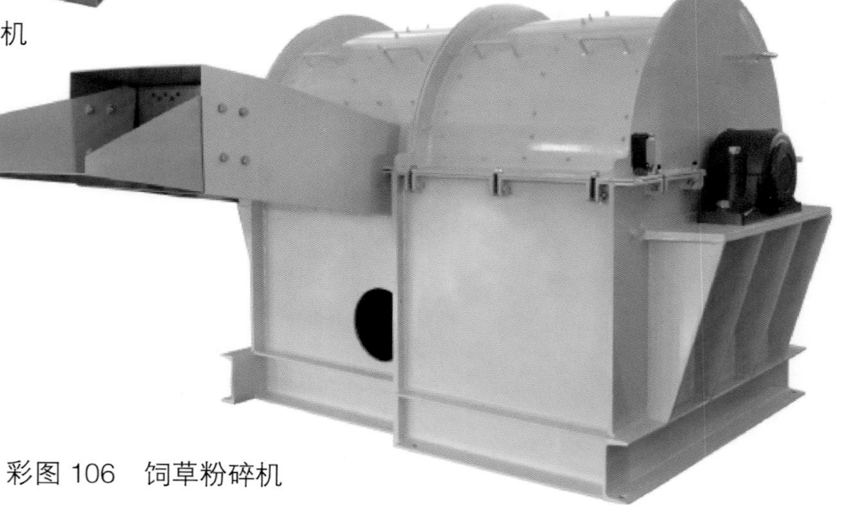

彩图 106　饲草粉碎机

彩图 107　饲草制粒机

108　牛羊料组合制粒机

彩图 109　移动式饲草制粒机组

目录 CONTENTS

第一部分　饲料与饲养技术

1　紫花苜蓿的营养特点及产量如何？ …… 1
2　木薯产品有哪些特性？能用于反刍动物饲料吗？ …… 1
3　玉米酒精糟（DDGS）有何营养特点？ …… 2
4　如何选择优质的DDGS？ …… 2
5　膨化奶牛全日粮的粒度有哪些推荐？会有哪些好处？ …… 2
6　反刍动物的蛋白质饲料有哪些？ …… 3
7　反刍动物的能量饲料有哪些？ …… 4
8　泌乳前期奶牛日粮中为什么要添加脂肪？ …… 4
9　奶牛日粮中添加脂肪应注意哪些事项？ …… 5
10　全棉籽在奶牛日粮中有何作用？如何应用？ …… 5
11　脂肪酸钙对奶牛有什么功能？怎样使用？ …… 5
12　奶牛矿物质饲料有何特点？ …… 6
13　反刍动物青饲料有何特点？ …… 6
14　奶牛粗饲料有何特点？ …… 7
15　高质量粗饲料对奶牛有哪些重要性？ …… 7
16　奶牛常用的多汁饲料有哪些？ …… 8
17　啤酒糟饲喂奶牛效果好吗？饲喂时应注意哪些事项？ …… 8
18　青贮饲料有何特点？ …… 9
19　青贮的基本原理是什么？ …… 9
20　常用的青贮容器有哪些？ …… 10
21　如何制作青贮饲料？ …… 11

22 青贮添加剂主要包括哪些？作用是什么？…… 11
23 优质青贮制作有何要领？…… 12
24 调制青贮饲料的关键技术有哪些？…… 13
25 什么是二次发酵？怎样防止二次发酵？…… 13
26 青贮饲料品质如何鉴定？…… 13
27 初春季节奶牛饲喂青贮饲料应该注意什么？…… 14
28 秸秆氨化如何操作？如何鉴定氨化秸秆饲料的品质？…… 15
29 秸秆氨化如何保存和利用？…… 16
30 养牛应该种植什么牧草？…… 16
31 舔砖加工工艺流程是怎样的？…… 16
32 反刍动物用的舔砖是指什么？有哪些具体用途及效果？…… 16
33 舔砖含有哪那些养分及舔砖产品有哪几种？…… 17
34 膨化技术对过瘤胃蛋白有哪些影响？…… 17
35 生产膨化大豆选用干法膨化还是湿法膨化？哪种情况效果更好？…… 18
36 蒸汽压片机的加工机理及其应用如何？…… 18
37 奶牛利用尿素的原理及影响尿素利用的因素？…… 19
38 阴离子盐对奶牛有何作用？使用方法？…… 19
39 奶牛日粮配制原则有哪些？…… 20
40 奶牛的精、粗饲料比多少为好？…… 20
41 奶牛最理想的精、粗饲料是什么？…… 20
42 奶牛日粮中需要添加水溶性维生素吗？…… 21
43 肉牛精饲料的配制原则是什么？哪些主要注意事项？…… 21
44 配制奶牛日粮需要注意钾含量吗？…… 22
45 奶牛日粮中常用缓冲剂有哪些？…… 22
46 什么是 TMR？…… 22
47 奶牛饲喂 TMR 全混合日粮的优点有哪些？…… 22
48 TMR 加工过程中原料添加顺序是怎样的？TMR 的水分要求多少？搅拌时间是多长？… 23
49 如何应用 TMR 技术缓解夏季热应激？…… 23
50 使用 TMR 饲料搅拌车应注意哪些事项？可能影响 TMR 搅拌效果的因素有哪些？23
51 怎样检测 TMR 的质量？…… 24

52 什么是霉菌毒素？对奶牛生产有何危害？如何防控霉菌毒素？…… 24
53 奶牛饲养场应重点预防哪类霉菌毒素？…… 25
54 主要饲料原料品质控制有什么质量要求？…… 25
55 奶牛场库存原料如何使用和管理？…… 26
56 如何提高奶牛的饲料转化率？…… 27
57 什么叫过瘤胃氨基酸？…… 27
58 如何编制奶牛场的饲料计划？…… 27
59 怎样根据牛类型进行育肥？…… 28
60 育成牛的饲养管理要点是什么？…… 28

第二部分 营养与管理

1 奶牛的泌乳阶段如何划分？…… 29
2 奶牛在整个泌乳周期中产奶量、进食量和体重的变化规律？…… 29
3 奶牛休息时间和产奶量有何关系？…… 30
4 奶牛采食量过低的原因有哪些？…… 30
5 如何提高奶牛干物质采食量（DMI）？…… 31
6 奶牛干奶有何意义？干奶的方法有哪些？…… 31
7 干奶牛饲养管理的目标和方法有哪些？…… 31
8 干奶至产前2周目标是什么？…… 32
9 产前2周至产犊目标是什么？…… 32
10 围产期奶牛饲养管理措施有哪些？…… 32
11 为什么蛋白过瘤胃保护可以影响瘤胃运动？…… 33
12 牛羊饲料中为什么要添加缓冲剂？常见的缓冲剂有哪些？…… 33
13 新生犊牛应该如何护理？…… 33
14 犊牛的消化生理特点？…… 34
15 瘤胃的发育规律如何？…… 34
16 牛的一般生长发育规律？…… 35
17 什么是累积生长、绝对生长、相对生长？…… 35
18 犊牛的饲养管理目的是什么？…… 36

19　犊牛的饲养管理策略包括哪些方面？ …… 36
20　犊牛哺乳期如何进行科学饲养与健康管理？ …… 36
21　早期断奶方法是什么？ …… 37
22　怎样用酸初乳喂犊牛？ …… 38
23　犊牛代乳料的特点有哪些，如何使用？ …… 38
24　犊牛开食料的特点有哪些，如何使用？ …… 38
25　断奶至6月龄犊牛的饲养？ …… 39
26　生长育成牛的饲养管理策略包括哪些方面？ …… 39
27　生长育成牛饲养中存在的问题有哪些？ …… 39
28　7月龄至15月龄育成牛如何饲养？ …… 39
29　育成牛初次妊娠期应怎样管理？ …… 40
30　配种至产犊青年牛如何饲养？ …… 40
31　产奶牛的饲养管理目标及措施有哪些？ …… 40
32　泌乳盛期的饲养管理措施有哪些？ …… 41
33　泌乳中期奶牛如何饲养管理？ …… 42
34　泌乳后期奶牛如何饲养管理？ …… 42
35　奶牛的一般管理有哪些？ …… 42
36　奶牛夏季饲养技术要点有哪些？ …… 42
37　奶牛每天要喝多少水？ …… 43
38　缓解奶牛热应激的方法有哪些？ …… 43
39　奶牛饮水的适宜温度是多少？ …… 44
40　寒冷天气下奶牛饲养管理技术有哪些？ …… 44
41　奶牛的理想体况及评分时间？ …… 45
42　奶牛的体况评分及标准是什么？ …… 45
43　如何进行奶牛饲槽评分及调整？ …… 47
44　如何根据粪便进行评分？不同奶牛评分目标值是多少？ …… 47
45　奶牛行走评分的必要性及评分目标有哪些？ …… 48

第三部分 牛品种及特征

1 奶牛的主要品种有哪些? …… 49
2 荷斯坦牛体形外貌和生产性能的特点是什么? …… 49
3 我国荷斯坦牛体形外貌和生产性能的特点是什么? …… 49
4 娟珊牛体形外貌和生产性能的特点是什么? …… 51
5 爱尔夏牛体形外貌和生产性能的特点是什么? …… 51
6 更赛牛体形外貌和生产性能的特点是什么? …… 51
7 西林水牛有什么特征? …… 51
8 中国水牛的主要分布情况如何? …… 52
9 奶水牛有什么生理特点? …… 52
10 尼里－拉菲水牛有什么特征? …… 53
11 奶牛外型结构有何特征?与生产性能有什么关系? …… 53
12 高产奶牛有何外貌特征? …… 53
13 如何进行奶牛的体质外貌评定? …… 54
14 什么是乳静脉、乳井、乳镜? …… 54
15 如何进行奶牛体尺测量? …… 55
16 计算体尺指数有何用途? …… 56
17 什么是奶牛的线性鉴定? …… 56
18 如何进行奶牛的年龄鉴定? …… 57
19 如何选购荷斯坦奶牛? …… 57
20 奶牛生产有何特点? …… 58

第四部分 奶牛场设计

1 奶牛场场址应该如何选择? …… 59
2 奶牛场规划与布局有哪些原则? …… 59
3 确定奶牛场养殖规模应考虑哪些因素? …… 59

4 适合于TMR饲喂的新建奶牛场建设应当遵循什么原则? …… 60
5 奶牛场如何合理布局? …… 60
6 建设适宜的奶牛舍应遵循哪些原则? …… 61
7 牛场的建筑形式及特点有哪些? …… 61
8 什么是犊牛岛? …… 62
9 奶牛舍内设施有哪些? …… 62
10 奶牛场的附属建筑有哪些? …… 63
11 如何设计奶牛场干草棚? …… 64
12 奶牛场清理粪便地方式有哪些? 各有什么优缺点? …… 64
13 如何采取措施处理牛场粪污? …… 65
14 奶牛对环境的要求有哪些? …… 66
15 从哪些方面可判断奶牛舍通风不良? 造成牛舍内空气质量下降的因素有哪些? …… 66
16 牛舍内出现通风不良现象会造成哪些不良后果? …… 67
17 要使牛舍通风良好可采取哪些措施? …… 67

第五部分 疾病及其控制

1 奶牛的主要检疫和免疫包括哪些方面? …… 69
2 牛场如何消毒? …… 69
3 如何搞好牛舍卫生? …… 70
4 如何搞好牛体的卫生? …… 70
5 奶牛有哪几项正常生理指标? …… 71
6 主要消毒药使用方法及配比浓度是多少? …… 71
7 怎样防控奶牛布氏杆菌病? …… 71
8 怎样防控牛口蹄疫病? …… 72
9 怎样防控奶牛结核病? …… 72
10 什么叫奶牛乳腺炎? 引起乳腺炎的原因有哪些? …… 72
11 如何预防牛便秘? …… 73
12 临床乳腺炎较实用的检查方法有哪些? …… 73

13 奶牛隐形乳腺炎的检测方法和判定标准？…… 73
14 奶牛乳房炎的发病原因及症状有哪些？…… 74
15 奶牛乳房炎的防治措施有哪些？…… 74
16 发生哪些情况可判断母牛分娩发生难产？…… 76
17 子宫内膜炎的发病原因及防治措施有哪些？…… 76
18 引发奶牛流产的原因及其综合防治措施有哪些？…… 77
19 胎衣不下的发病原因及防治措施有哪些？…… 78
20 产后瘫痪的发病原因及防治措施有哪些？…… 78
21 奶牛酮病的影响因素、症状及特征是什么？如何进行治疗？…… 79
22 预防奶牛产后低血钙的方法？…… 79
23 奶牛瘤胃臌气的症状及治疗措施有哪些？…… 80
24 奶牛瘤胃积食的症状及治疗措施有哪些？…… 80
25 奶牛创伤性网胃炎的症状及治疗措施有哪些？…… 81
26 如何诊断与治疗奶牛前胃弛缓？…… 82
27 如何治疗奶牛瘤胃角化不全症？…… 82
28 如何防治奶牛胃肠炎？…… 82
29 奶牛流产的原因有哪些？…… 83
30 什么是奶牛肥胖综合征，如何防治？…… 83
31 奶牛发生尿素中毒怎么办？…… 83
32 如何防治奶牛亚硝酸盐中毒？…… 84
33 怎样防治奶牛有机磷中毒？…… 84
34 犊牛下痢的病因及如何防治？…… 85
35 如何防治犊牛肺炎？…… 85
36 奶牛发生食盐中毒如何诊治？…… 86
37 严寒冬季如何防护奶牛乳头被冻伤？…… 86
38 奶牛蹄病发病原因及综合防控措施有哪些？…… 86
39 什么是“疯牛病”？有什么临床特征？…… 87
40 奶牛饲喂精料过多会引起哪些疾病？…… 88

第六部分 繁殖与配种

1 奶牛屡配不孕的原因及对策有哪些？ …… 89
2 防止母牛不孕的措施有哪些？ …… 89
3 引起奶牛繁殖障碍的因素主要有哪些？ …… 89
4 如何通过观察判断奶牛是否发情？ …… 90
5 奶牛的直肠检查的方法、步骤怎样？应注意哪些问题？ …… 90
6 怎样选择奶牛精液？ …… 91
7 如何掌握直肠把握输精技术？ …… 91
8 奶牛人工授精中常出现的问题有哪些？ …… 92
9 发情奶牛何时配种为好？ …… 93
10 配种应注意些什么？ …… 94
11 双胎公、母犊，为什么母犊无生育力？ …… 94
12 怎样观察配种后的奶牛？ …… 94
13 如何正确识别母牛的妊娠后发情？ …… 94
14 奶牛户自己可以做的妊娠诊断方法有哪些？ …… 95
15 奶牛的妊娠期与预产期如何推算？ …… 96
16 奶牛保胎顺产应注意哪些事项？ …… 96
17 如何预防母牛难产？ …… 96
18 怎么鉴定孕牛的分娩日期和其分娩有什么征兆？ …… 97
19 临近分娩的母牛有哪些表现？ …… 97
20 分娩征兆及处理方法？ …… 97
21 产后监测有哪些项目？ …… 98
22 母牛产后监护要点有哪些？ …… 98
23 提高奶牛繁殖率的技术措施有哪些？ …… 98
24 什么是 DHI？ …… 100
25 采用 DHI 技术在奶牛生产中有哪些好处？ …… 100
26 DHI 如何组织和实施？ …… 100
27 奶牛生产性能测定（DHI）报告的指标有哪几项？ …… 101

28 奶牛生产上怎样应用DHI？ …… 102
29 奶牛生产性能测定（DHI）测试注意事项有哪些？ …… 102
30 什么是乳脂率与标准乳？ …… 103
31 奶牛引种需要注意哪些问题？ …… 103
32 奶牛的选配有哪些方法？ …… 103
33 奶牛的选配需要注意哪些问题？ …… 104
34 怎样选择种子母牛？ …… 104
35 怎样根据本身表现选择生产母牛？ …… 105
36 如何选择种公牛？ …… 106
37 什么是MOET选择法？ …… 106
38 什么是BLUP选择法？ …… 106
39 什么是公牛的后裔测定？ …… 107
40 什么是同期同龄比较法？ …… 107
41 什么是综合选择指数法？ …… 107
42 奶牛的育种方法有哪些？ …… 107
43 如何制定奶牛的育种方案？ …… 108
44 我国为什么要进行荷斯坦良种母牛登记工作？ …… 108

第七部分 牛奶与奶制品

1 为什么要机械挤奶？机器挤奶最基本要求是什么？ …… 109
2 挤奶机基本的生理要求是什么？ …… 109
3 挤奶装置的主要类型有哪些？ …… 109
4 挤奶前乳房做哪些准备工作？常规的挤奶程序有哪些？ …… 110
5 如何正确擦洗乳房？ …… 110
6 挤奶前按摩乳房有何好处？ …… 110
7 什么情况下奶牛不能上机挤奶？ …… 110
8 每次挤奶时间间隔多长为好？ …… 111
9 挤奶时为什么要弃掉前三把奶？ …… 111
10 如何正确套奶杯？怎样正确维护挤奶设备？ …… 111

11 如何定期检测奶牛乳房炎？ …… 112
12 如何做好乳头的药浴消毒？ …… 112
13 什么是初乳？什么是常乳？ …… 112
14 原料奶检测的基本指标有哪些？ …… 112
15 原料乳的验收内容有哪些？ …… 113
16 正常原料奶基本理化指标是多少？ …… 113
17 如何检测酒精阳性乳？ …… 113
18 低酸度酒精阳性乳的原因有哪些？ …… 113
19 低酸度酒精阳性乳的防治措施有哪些？ …… 114
20 夏季如何积极预防原料奶酸败？ …… 114
21 牛奶污染的主要途径及防止措施有哪些？ …… 115
22 牛奶杀菌方法有哪些？ …… 116
23 牛乳原料乳是如何分类的？ …… 116
24 牛乳有哪些主要化学成分？ …… 117
25 水牛奶的理化特性是什么？ …… 117
26 牛乳蛋白质有什么营养特性？ …… 118
27 牛乳中有哪些维生素？其性质和作用是什么？ …… 118
28 牛乳的物理性质是什么？ …… 119
29 热处理对牛乳质量有哪些影响？ …… 119
30 奶牛乳脂率低的原因有哪些？ …… 119
31 提高乳脂率的途径和方法有哪些？ …… 120
32 提高乳蛋白的措施有哪些？ …… 120
33 什么是有抗奶、无抗奶？ …… 121

第八部分 牛福利

1 什么是奶牛福利？ …… 123
2 奶牛福利的主要内容有哪些方面？ …… 123
3 什么是奶牛的舒适以及包含哪些内容？ …… 124
4 牛舍环境舒适因素包括哪些方面？ …… 124

5 目前奶牛饲养中存在的福利问题有哪些？……125
6 奶牛饮用水有何要求？……126
7 如何改善奶牛福利待遇，控制热应激？……126
8 如何改善夏季环境条件，提高奶牛福利待遇？……127
9 奶牛场的控制点包括哪些方面？……127

第九部分 饲料加工技术及其他

1 牛的消化器官有哪几部分组成？……129
2 反刍是什么？……129
3 消化系统作用如何？……129
4 牛的瘤胃内环境如何？……130
5 牛的瘤胃内微生物有哪些？其作用如何？……130
6 反刍动物饲料搭配原则是什么？……130
7 如何区分非反刍期和反刍期的时间？……131
8 目前我国肉牛催肥阶段的养殖水平如何？……131
9 反刍动物饲料搭配技术是什么？……132
10 常用原料农精料中所占比例如何？……132
11 精料配方中常用添加剂有哪些？……132
12 牛羊常用饲料有哪些？……133
13 常用饲料的加工及营养价值如何？……133
14 常见的青绿饲料有哪些？……133
15 粗饲料组成有哪些？……133
16 青贮饲料有哪些组成？……134
17 糟渣类饲料原料有哪些？……135
18 多汁类饲料原料有哪些？……135
19 蛋白质饲料原料有哪些？……136
20 能量饲料原料有哪些？……137
21 矿物质饲料有哪些？……138
22 饲料添加剂有哪些？……138

23 牛羊食用饲料后的消化生理过程如何？…… 138
24 能量精饲料在牛体内的消化生理过程如何？…… 139
25 饲草压块采用什么加工工艺？…… 140
26 饲草制粒采用什么加工工艺？…… 141
27 采用传统的禽畜饲料的加工工艺与蒸煮压片工艺相比对肉牛、奶牛生长有什么不同的效果？…… 141
28 粗饲料采用什么加工工艺？…… 142
29 精饲料制粒采用什么加工工艺？…… 142
30 全价牛羊饲料制粒采用什么加工工艺？…… 143
31 饲草压块机的功能特点是什么？…… 144
32 饲草粉碎机的功能特点是什么？…… 144
33 饲草制粒机的功能特点是什么？…… 144
34 饲草制粒机移动式机组的功能特点是什么？…… 145
35 全价牛羊料组合制粒机的功能特点是什么？…… 145
参考文献…… 147

第一部分　饲料与饲养技术

1 紫花苜蓿的营养特点及产量如何？

答：紫花苜蓿产草量高，适口性好，营养价值列牧草之首（彩图1~4）。苜蓿中含有丰富的蛋白质，初花期至花期干草的含量一般在17%~20%，粗脂肪2%~3%，粗灰分约10%，其中，钙1.5%，磷0.1%~0.3%。苜蓿中含有丰富的维生素和微量元素。微量元素中有牛必需的铁、铜、锰、锌、钴和硒，其中，铁、锰含量较多。紫花苜蓿维生素含量丰富，含胡萝卜素18.8~161 mg/kg、维生素C 210 mg/kg、B族维生素5~6 mg/kg、维生素K 150~200 mg/kg。苜蓿中含有动物需要的各种氨基酸，而且含量丰富，品质良好。各种苜蓿中赖氨酸、天门冬氨酸、苏氨酸、丝氨酸、谷氨酸、甘氨酸、丙氨酸、亮氨酸、苯丙氨酸含量都较多，但蛋氨酸、酪氨酸、组氨酸含量较少，必需氨基酸含量比较均衡，是一种调和配合饲料适口性及理化特性的优良草粉类饲料。在相同的土地上，紫花苜蓿比禾本科牧草所收获的可消化蛋白质高2.5倍左右，矿物质高6倍左右，可消化养分高2倍左右。与其他粮食作物相比，单位面积营养物质的产量也较高。

2 木薯产品有哪些特性？能用于反刍动物饲料吗？

答：木薯含软性淀粉，主要为支链淀粉；通常带有天然有益菌，主要是乳酸菌和酵母；酸性比较高，不容易受霉菌毒素污染。含有氢氰酸（彩图5~7）。由于木薯本身的上述特性，其在饲料中应用具有如下优点：可提供优质、高消化率的淀粉，可全部取代猪日粮中的玉米及碎稻米；减少饲料中药物的使用，降低死亡率；降低生产成本；减少排泄物的恶臭气味；改善动物健康状况。（1）其淀粉和干物质有较高的消化率；（2）丰富的非致病菌和酵母，酸性较强可降低消化道内致病菌的数量；（3）由盲肠产生的短链脂肪酸中高比率的丁酸是小肠绒毛用于生长的营养源；（4）促进小肠绒毛的生长，改善营养素的吸收及增强对疾病的抵抗力；（5）增强谷胱甘肽过氧化酶的活性，该酶是动物体内的一种抗氧化酶，可以消除自由基，改善动物的免疫机能；（6）增加动物机体内免疫性淋巴细胞数量，改善对疾病的抵抗力。木薯是反刍动物的好饲料，其用量在精料中可达到20%~50%。

3 玉米酒精糟（DDGS）有何营养特点?

答： 作为乙醇生产的主要副产品，玉米 DDGS 产量大，资源丰富。乙醇生产过程的废水直接排放不仅浪费资源，而且严重污染环境，由于发酵液中富含各种营养素，DDGS 的生产，不但可解决环境污染问题，而且还能带来可观的经济效益。DDGS 的营养特点：（1）DDGS 是优质蛋白质原料，其可消化氨基酸含量高，蛋白质 28%，赖氨酸 1.3%，蛋氨酸 0.6%；（2）DDGS 含有大量水溶性维生素和维生素 E 及未知生长因子；（3）DDGS 中亚油酸含量高达 2.3%，是亚油酸的良好来源；（4）DDGS 中脂肪含量高达 9%~13%，其适口性和饲喂效果都较好；（5）DDGS 是反刍动物优质的过瘤胃蛋白，在瘤胃未降解率达 46.5%，而豆粕仅为 26. 5%；（6）在发酵过程中，细菌分解了部分纤维素，同时破坏了纤维素和木质素之间的紧密结构，纤维素含量中等使 DDGS 的纤维成分利用率得以提高，提高了其生物效价；（7）DDGS 中含有的糖化酶、酵母以及发酵产物，能增强胃肠良性微生物功能，提高免疫功能，同时也是生产饲料酵母的优质原料。玉米 DDGS 作为反刍动物饲料可提高瘤胃发酵功能，是磷和钾等矿物质的优质来源。合理添加 DDGS 对于提高产奶量和乳脂率均有益处。见彩图 8~9。

4 如何选择优质的 DDGS？

答： 全粒法生产工艺，生产的 DDGS 质量较好，由于没有浸油过程，脂肪含量高，可达 9%~13%。但现在新办企业很少用这个工艺，有此工艺的大多为 20 世纪 80~90 年代成立的酒精企业。也有部分企业进行了工艺改造，增加了浸油的工艺，使脂肪降低。采用湿法生产工艺，其综合效益最好，但 DDGS 非最好，脂肪含量偏低。采用干法生产工艺相对较少，DDGS 的质量应介于上述两者之间。

5 膨化奶牛全日粮的粒度有哪些推荐？会有哪些好处?

答： 近几年国外开始尝试膨化奶牛全日粮，并对各种组分的粒度做了规定，见表 1。

表 1 膨化奶牛全日粮的粒度推荐

	物料			
	秸秆粉	草粉	TMR	膨化料
筛上物（>19mm）	2~5	15~20	5~15	5~15
中间物（>8mm）	40~60	30~40	40~60	40~60
筛下物（<8mm）	40~50	35~50	40~50	40~50

与单一作用的化学处理相比，膨化技术能以较低的成本获得多重效果，如增加过瘤胃蛋白；影响营养物在瘤胃中的降解；增加淀粉类物质消化率；产品无菌化；产品结构既满足动物营养需要，又符合 TMR 饲喂要求；提高日产奶量；降低产奶成本等。对于膨化 TMR，可以通过调整粉碎机筛孔和破碎机，按照表中控制膨化产品粒度以适应 TMR 饲喂，膨化后的产品基本无细粉。当然也可将膨化作为压制前的预处理，通过膨化后制粒，可降低制粒机能耗，将颗粒的坚实度提高一倍，同时由于淀粉糊化，可降低制粒时粉化率，还可采用较薄的模板，降低模板磨损；可添加 10%~15% 以上的糖蜜。此外，为进一步降低饲养成本，增加非蛋白氮的利用率，膨化玉米、尿素和部分粗纤维混合物在国内的应用正在扩大，它可以提高奶牛对尿素的利用率，减少饲料中动物蛋白质和植物蛋白质的添加量，从而降低饲养成本。

6 反刍动物的蛋白质饲料有哪些？

答：蛋白质饲料指干物质中粗纤维含量小于 18%、粗蛋白质含量大于 20% 的饲料，包括植物性蛋白质饲料和糟渣类饲料等。我国禁止使用动物性饲料饲喂反刍动物。植物性蛋白质饲料主要包括籽实类、饼粕类及其他加工副产品。（1）籽实类：豆类籽实有大豆、豌豆、黑豆等，蛋白质含量高，20%~40%。含能值较高，无氮浸出物较谷物类低，赖氨酸含量较高，蛋氨酸低，含钙较多，但钙磷比例不适宜，磷多钙少。豆类饲料在未熟化状态下含有害物质，如胰蛋白酶抑制因子、植物血凝集素等，生喂时适口性差，消化率低，饲后有腹泻现象。在饲喂前这类饲料需适当热处理。（2）饼粕类：① 大豆饼粕：粗蛋白质含量 38%~47%，且品质较好，尤其是赖氨酸含量高，是饼粕类饲料最高者。大豆饼粕是奶牛最常用的一种蛋白质补充料，各阶段牛的饲料中均可使用，适口性好。最大日喂量 4 kg，一般用量占精料的 10% 左右。② 棉籽饼粕：由于棉籽脱壳程度及制油方法不同，营养价值差异很大。完全脱壳的棉仁制成的棉仁饼粕粗蛋白质可达 40% 以上，而由不脱壳的棉籽直接榨油生产出的棉籽饼粕粗纤维含量 16%~20%，粗蛋白质 20%~30%。带有一部分棉籽壳的棉仁（籽）饼粕蛋白质含量 34%~36%。棉籽饼粕蛋白质的品质不太理想，赖氨酸较低，蛋氨酸也不足。棉籽饼粕在成年母牛日粮中不应超过混合精料的 30% 或 1.4~1.8 kg/d，因含棉酚，应控制其喂量。最好与部分豆饼混合搭配饲喂，怀孕母牛应少喂。一般占奶牛精料的 20%~35%。喂幼牛时，用量以占精料的 20% 以下为宜，并要配合含胡萝卜素高的优质粗饲料。③花生饼粕：能量和粗蛋白质含量都较高，粗蛋白质达 44% 以上。氨基酸组成不理想，赖氨酸含量只有大豆饼粕的一半，蛋氨酸含量也较低。④菜籽饼粕：有效能较低，适口性较差。粗蛋白质含量 34%~38%。菜籽饼粕中含有硫葡萄糖苷、芥酸等毒素。适口性差，含有毒素，应限量饲喂，在奶牛日粮中应控制在 10% 以下。犊牛、怀孕母牛最好不喂。（3）其他加工副产品：如玉米蛋白粉。由于加工方法及条件不同，蛋白质的含量变异大，在 25%~60%。

7 反刍动物的能量饲料有哪些?

答: 能量饲料是指干物质中粗纤维含量低于18%,粗蛋白质含量低于20%的饲料,包括谷实类、麸糠类、块根块茎类、果类等。谷实类、麸糠类是反刍动物常用的能量饲料,有玉米、大麦、麸皮、米糠等。(1)玉米:玉米的净能较高,易于消化,无氮浸出物的消化率达90%以上,含蛋白质7%~9%。但玉米的蛋白质中缺少赖氨酸、蛋氨酸和色氨酸,是一种养分不全面,含能量最高的一种饲料,不得单纯饲喂,否则牛体易于肥胖,产乳量减少,最好与含蛋白质,矿物质和维生素丰富的饲料搭配饲喂。一般在乳牛混合料中占40%~50%,最大日喂量4 kg。(2)麦麸(麸皮):麦麸是加工面粉时的副产品,它的营养价值因面粉加工精粗不同而异。麸皮含有丰富的B族维生素,蛋白质含量约12%~17%,适口性好,具有轻泻性和调养性,钙少、磷多。日粮中加入麦麸,可提高饲料容量和纤维含量,并可改善适口性。最好用量占日粮的10%左右,不宜超过20%,乳牛最大日喂量3 kg。(3)米糠:米糠含粗蛋白质、粗纤维都较少,钙少,磷多。因米糠含有较多的脂肪,故不宜喂过量,以免引起腹泻。另外,米糠易于氧化酸败,不应久藏。新鲜米糠,乳牛爱吃,日粮中可占精料20%以下,脱脂米糠30%以下。(4)大麦:能量含量与玉米相似,但其蛋白质含量高于玉米。喂前须压扁,在谷类饲料中不宜超过50%。(5)燕麦:其籽实中粗蛋白质含量比较多,约10%,粗脂肪含量超过4.5%。燕麦壳占谷粒总重的25%~35%,粗纤维含量高,能量少,营养价值低于玉米,适于饲喂牛、马等大牲畜。(6)高粱:高粱与玉米一样,主要成分是淀粉,有效能值次于玉米。缺点是蛋白质含量低、品质差,限制性氨基酸、常量元素、微量元素均不能满足动物的营养需要。单宁含量高,具有苦涩味,是一种抗营养因子,可阻碍能量和蛋白质等养分的利用,并可降低其适口性。可大量用于牛的精料补充料中,用于反刍家畜近似于玉米的营养价值。

8 泌乳前期奶牛日粮中为什么要添加脂肪?

答: 奶牛一般在产后4~8周即可达到产奶高峰,而大约在10~12周干物质采食量才能达到高峰,即干物质采食量的高峰期晚于产奶量高峰期1个月左右。由于采食量的增加滞后于泌乳对能量需要的增加,因此泌乳高峰期奶牛营养处于负平衡状态,导致奶牛体重下降,影响产后发情和配种。常规的饲料配合难以保证高产奶牛对能量需要。如果以大量增加精料来满足奶牛营养需要,易导致奶牛瘤胃酸中毒等代谢疾病,降低奶牛的生产性能和利用年限。脂肪的能量含量高,添加脂肪既可减轻或避免能量负平衡的发生,提高日粮能量浓度,又不会降低乳脂率及引起瘤胃酸中毒。

9 奶牛日粮中添加脂肪应注意哪些事项?

答:(1)脂肪产品类型:在生产中使用时,应添加经包被处理的保护性脂肪,若未经包被,要增加钙、镁在日粮中的含量。日粮钙含量如为正常水平应增加0.1%~0.2%,镁含量保持在0.25%~0.30%。(2)添加时间:可在产后3~5周添加,添加后产奶量会暂时下降,随后产奶量增加。在泌乳后期添加,效果不明显。(3)脂肪添加量:奶牛日粮中脂肪含量最多不能超过日粮干物质的6%~7%。在正常情况下,奶牛基础日粮本身含有3%左右的脂肪,因此,补充量应为3%~4%。(4)日粮组成:应注意饲喂优质干草,日粮中干物质粗纤维含量应在17%,酸性洗涤纤维21%,同时应增加日粮中粗蛋白质含量;还应适量增加日粮中瘤胃降解蛋白和过瘤胃蛋白的含量,以维持乳蛋白水平。(5)饲喂对象:饲喂保护性脂肪适于高、中产的奶牛。若牛群平均泌乳量低于25 kg/d,不必添加;对乳脂率低于3.5%的奶牛使用效果好;乳脂率高于3.5%时,添加效果不明显。(6)饲喂过渡期:日粮中使用与停用保护脂肪均需要逐渐过渡,以使奶牛有时间调整饲料采食量和瘤胃微生物菌群。逐渐增加脂肪喂量还可以避免适口性差的问题。一般经3~4周达到使用全量,不影响奶牛的适口性。

10 全棉籽在奶牛日粮中有何作用?如何应用?

答:全棉籽是与棉花纤维分开后未加工的含油种子。全棉籽能量含量高,其脂肪含量19.3%,其中不饱和脂肪酸占70%,产奶净能为8.11 MJ/kg,是动物优良的能量饲料来源。棉籽含有高脂肪、高蛋白质,并且棉籽壳可以保护脂肪和蛋白质,能起到过瘤胃的作用。在奶牛日粮中添加全棉籽,可以在不大改变日粮的精料比例的情况下,提高日粮能量浓度,减缓奶牛产后能量负平衡,提高产奶量,与使用高能量的脂肪或其他过瘤胃脂肪产品等措施相比,使用全棉籽补充脂肪是克服能量负平衡最经济有效的方法。据报道,添加全棉籽可以提高奶牛的干物质采食量、产奶量、乳脂率,还可以提高奶牛受胎率,缩短奶牛胎次间隔,间接增加经济效益。另外,由于全棉籽的脂肪含量高,产生的体增热少,还可以减缓奶牛在炎热环境下的热应激。棉籽含有棉酚,喂量过大对奶牛有毒害作用。当日粮干物质中全棉籽不超过15%时,一般无需考虑棉酚的毒性或棉酚对繁殖产生不利的影响。全棉籽在产奶牛上,目前还没有固定的添加方式。在奶牛日粮中,全棉籽一般应为日粮干物质的10%~15%;1.0~2.0 kg/(头·d),最多不超过2.5 kg/(头·d)。

11 脂肪酸钙对奶牛有什么功能?怎样使用?

答:脂肪酸钙是一种应用较广的牛优质高能饲料添加剂,脂肪酸钙可安全通过瘤胃而又不被分解且不影响瘤胃内微生物的活性,而在真胃、小肠中由于pH值的变化被分解、吸收。它可以同时提高奶牛的产奶量、乳脂率。添加脂肪酸钙不仅可以满足能量需要，降低日粮中精料的比例，从而降低饲料成本，还为奶牛增补了钙，经济效益显著。给泌乳前期高产奶牛日粮中添加100~200 g，可以增加高、中产奶牛泌乳前期甚至中、后期（230 d）的产奶量。饲喂250 g/（头・d），可延长高产奶牛泌乳60 d以后的泌乳高峰期，使产奶量保持在一个稳定的高水平。奶牛的产奶量、乳脂率、乳蛋白率与乳干物质比对照组分别提高10.45%、7.42%、4.67%和1.41%。试验证明在泌乳早期奶牛日粮中添加脂肪酸钙可显著提高产奶量，添加量应控制在400 g以内。在炎热夏季奶牛日粮中添加脂肪酸钙，可缓解奶牛的热应激。以脂肪酸钙作为奶牛产奶的能量添加剂，如果过量添加，除了造成浪费之外，还会降低奶牛的干物质采食量，进而降低奶牛的生产性能。脂肪酸钙适用于高产奶牛，在产后3周添加，效果较好。通常每头泌乳奶牛每天添加200~350 g（占日粮干物质的3%~5%），对干物质采食量，瘤胃发酵类型影响不大，且能获得较理想效果。

12 奶牛矿物质饲料有何特点?

答：奶牛在生长发育和生产过程中需要十多种矿物质元素，均需由饲料摄入或人工补给。一般，这些元素在动、植物体内都有一定的含量，如牛能采食多种饲料，往往可以相互补充而得到满足。但由于奶牛舍饲及现代集约化程度提高，单从常规饲料已很难满足其高产的需要，必须另行添加。在牛生产中常用的矿物质饲料有以下几类：（1）食盐：多数植物性饲料，多含钾而少钠。因此，以植物饲料为主饲养牛，必须补充钠，常以食盐补给。可以满足牛对钠和氯的需要，同时平衡钾钠比例，维持细胞正常生理功能。在缺碘地区，以碘盐补给。食盐的喂量，一般按精饲料的0.5%~1.0%供给。（2）含钙、磷的饲料：钙、磷是动物机体，特别是骨骼生长所需的重要元素。二者相辅相成，缺少其中任何一个，或者比例失调，对机体健康以及生产都将产生不利，所以日粮中必须重点考虑。（3）含钙的矿物质饲料：常用的有石粉、贝壳、蛋壳等。其主要成分为碳酸钙。这类饲料来源广，价格低，但利用率不高。（4）含磷的矿物质饲料：单纯含磷的矿物质饲料并不多，且因其价格昂贵，一般不单独使用。这类饲料有：磷酸氢钠、磷酸氢二钠、磷酸等。（5）含钙和磷的矿物质饲料：常用的有骨粉、磷酸钙、磷酸氢钙等，它们既含钙又含磷，消化利用率相对较高，且价格适中。

13 反刍动物青饲料有何特点?

答：青饲料是指天然水分含量较大的植物性饲料，以其富含叶绿素而得名。包括天然草地牧草、栽培牧草、田间杂草、幼枝嫩叶、水生植物及菜叶瓜藤类饲料等。青饲料能较好地被家畜利用，且品种齐全，具有来源广、成本低、采集方便、加工简单、营养全面等优点。青饲料的营养特点：（1）蛋白质含量丰富：青饲料含有丰富的蛋白质，用其作为牛的基础日粮能满足各种生理状态下牛对蛋白质的相对需要量。（2）富含多种维生素：包括B族维生素以及维生素C、维生素E、维生素K等，特别是胡萝卜素，每千克青饲料中含有50~80 mg胡萝卜素。（3）适口性好：青饲料柔软多汁，纤维素含量较低，适口性好，能刺激反刍动物采食量，而且由于其营养均衡，日粮中含有一定青饲料还能提高整个日粮的利用率。（4）体积大，水分含量高：新鲜青饲料含水75%~90%，水生植物高达95%。（5）含有各种矿物质：其种类和含量因植物品种、土壤条件、施肥情况等不同而异。青饲料的利用有一定季节性，春、夏、秋季生长茂盛，产草量高，应合理利用。此外，还应注意适时收获，晒制干草，以应冬季之需。

14　奶牛粗饲料有何特点？

答: 在奶牛饲养业中，一般将粗纤维含量较高（≥20%干物质）的干草类、农副产品类（包括收获后的农作物秸、荚、壳、藤、蔓、秧）、干老树叶类统称为粗饲料。粗饲料的特点：（1）来源广，成本低：粗饲料是奶牛最主要、最廉价的饲料。（2）营养价值低：粗饲料的营养含量一般较低，品质较差。以粗蛋白质含量比较，豆科干草优于禾本科干草，干草优于农作物副产品。有的作物的秧、蔓、藤及树叶与干草相当，甚至优于干草；豆科作物的荚、壳略高于禾本科秸秆，以禾本科秸秆最低。（3）粗纤维含量高，适口性差，消化率低：粗饲料的质地一般较硬，粗纤维含量高，适口性差，利用有限。但由于粗饲料容积较大，对家畜肠胃有一定刺激作用，这种刺激有利于牛正常反刍，是饲养过程中不可缺少的一类饲料。另外，粗饲料虽然营养价值低，但体积大，若食入适量，可使机体产生饱食感。

15　高质量粗饲料对奶牛有哪些重要性？

答: 奶牛是反刍家畜，饲养原则是以粗饲料为主，以精饲料为辅。粗饲料体积大，在牛的消化道中有填充作用，可使牛有饱感；刺激胃肠蠕动、保证奶牛正常反刍；促进后备牛前胃的发育；提高奶牛粗饲料喂量，瘤胃中乙酸比例高，有利于维持正常的乳脂率，同时可减少酮病和瘤胃酸中毒。如果以低质粗饲料（玉米秸秆、麦秸、稻草）为主，一是降低奶牛干物质采食量，二是为了提高产奶量，必须用过多的精饲料来补足营养短缺，致使精比例过高，导致奶牛瘤胃pH值下降，乙酸比例降低，乳脂率下降，严重者产生酸中毒。奶牛可采食大量优质粗饲料，不但是牛的重要能量来源，而且能改变瘤胃发酵类型，进而影响奶牛生产性能和体质健康。同时，以优质粗饲料喂养奶牛可节省精料，降低饲养成本，提高经济效益，所以在奶牛饲养上，必须解决好优质粗饲料。

16 奶牛常用的多汁饲料有哪些?

答:(1)根茎瓜类饲料:总能高,粗纤维含量低,产量高、耐贮藏,其副产品蔓秧也可作饲料。可分为以下几种:①胡萝卜:产量高,易栽培,耐贮藏,营养丰富。其大部分营养物质是无氮浸出物,并含有蔗糖和果糖,故具有甜味,蛋白质含量也较其他块根多。②菊芋:又名洋姜,鬼子姜。在我国南北各地广泛分布,块茎和茎叶都是良好的饲料。菊芋块茎中富含蛋白质、脂肪和碳水化合物,菊糖的含量在13%以上。菊芋块茎脆嫩多汁,营养丰富,适口性好,适合作泌乳牛的多汁饲料。③萝卜:南北各地均有栽培,产量高,耐贮藏,粗蛋白质含量较高,是有价值的多汁饲料,可作为牛冬春的贮备饲料。萝卜叶营养丰富,风干萝卜叶粗蛋白质含量在20%以上,其中一半是纯蛋白质,因而是牛优良的青绿多汁饲料。④南瓜:又名倭瓜,营养丰富,耐贮藏,运输又方便。南瓜中无氮浸出物含量高,其中多为淀粉和糖类。南瓜中还含有很多的胡萝卜素,适合喂各生长阶段的牛,尤其适合饲喂繁殖和泌乳牛。但早期收获的南瓜含水量较大,干物质少,适口性差,不耐贮藏。根茎、瓜果喂前应洗净泥土、切碎后单独补饲或与精饲料拌和后饲喂,切忌用整块的根茎饲料喂牛,以免造成食道阻塞。⑤甜菜:又名甜萝卜(彩图10~11)。饲用甜菜大致可分为糖甜菜、半糖甜菜和饲用甜菜三种。糖甜菜的适应性强,产量高,干物质含量高(20%~22%),营养好,饲用方便,耐贮藏。饲用甜菜较糖甜菜品质差,干物质含量低(8%~11%),不耐贮藏,仅作饲用。甜菜饲喂不宜过多,也不宜单一饲喂。(2)糟渣类:为生产酒、糖、醋、酱油等的工业副产品,如淀粉渣、醋渣、酒渣、甜菜渣、啤酒糟、白酒糟、饴糖渣、豆腐渣等,都可以做牛的饲料。糟渣类饲料含有较多能量和蛋白质,体积大,适口性好,但含水量高,易于腐败变质。①啤酒糟:大麦经发酵,酿造啤酒后的工业副产品,其粗蛋白质含量22%左右,粗纤维含量较低,具有明显的催奶效果,故在奶牛业中应用广泛(彩图12)。但过量饲喂会导致奶牛中毒,因此,饲喂时喂量要适度,泌乳牛日喂量10~15 kg。由于奶牛在泌乳初期营养常处于负平衡状态,所以产后1个月内的泌乳牛应尽量不喂或少喂啤酒糟,否则会延迟生殖系统的恢复,影响发情配种。②白酒糟:是以淀粉含量高的谷物和薯类为原料酿造而成,营养价值与啤酒糟相类似,但含有一定量的酒精,需做一定的处理方可用于奶牛的饲料。③玉米淀粉渣:含有较多蛋白质及少量的淀粉和粗纤维,适口性较好,但因含有少量亚硫酸,易造成奶牛发生臌胀病和酸中毒,可在饲料中加入小苏打。玉米淀粉渣易酸败,应鲜喂或风干后保存,日喂量10~15 kg。④豆腐渣:干物质、粗蛋白质含量丰富,适口性好,是奶牛良好饲料,由于含水量高,易酸败,最好鲜喂(彩图13)。日喂量为2.5~5 kg,过量易拉稀。

17 啤酒糟饲喂奶牛效果好吗?饲喂时应注意哪些事项?

答:(1)啤酒糟饲喂奶牛有以下几点好处:①提高奶牛生产性能;②可以代替部分精料;③节约饲料;④减少热应激对奶牛的影响。(2)饲喂时注意事项:①喂量适度:泌乳牛的日喂量一般不超过 10 kg（尤其是夏季），最高限量为 15 kg；②饲料新鲜：每日每头可添加 150~200 g 小苏打；③注意营养平衡：注意补钙，建议磷酸氢钙占日粮精料的 2%；④饲喂时期：对产后 5 个月的泌乳牛应尽量不喂或少喂啤酒糟，以免加剧营养负平衡状态和延迟生殖系统的恢复，干奶牛不喂；⑤中毒处理：饲喂啤酒糟出现慢性中毒时，要立即减少喂量并及时对症处理，尤其对蹄叶炎，必须作为急症处理。

18 青贮饲料有何特点？

答：饲料青贮技术是保持饲料营养物质最有效、最廉价的方法之一。尤其是青饲料，虽营养较为全面，但在利用上有许多不便，长期使用必须考虑青贮保存。青贮饲料的特点：（1）可以最大限度地保持青绿饲料的营养物质：一般青绿饲料在成熟和晒干之后，营养价值降低 30%~50%，但在青贮过程中，由于密封厌氧，物质的氧化分解作用微弱，养分损失低于 10%，从而使绝大部分养分被保存下来，特别是在保存蛋白质和维生素（胡萝卜素）方面远优于其他保存方法。（2）适口性好，消化率高：青饲料鲜嫩多汁，青贮使水分得以保存。青贮料含水量可达 70%。在青贮过程中由于微生物发酵作用，产生大量乳酸和芳香物质，更增强了其适口性和消化率。此外，青贮饲料对提高家畜日粮内其他饲料的消化性也有良好作用。（3）可调节青饲料供应的不平衡：由于青饲料生长期短，老化快，受季节影响较大，很难做到一年四季均衡供应。而青贮饲料一旦做成可以保存 2~3 年或更长，因而可以弥补青饲料利用的时差之缺，做到营养物质的全年均衡供应。（4）可净化饲料，保护环境：青贮能杀死青饲料中的病菌、虫卵，破坏杂草种子的再生能力，从而减少对畜、禽和农作物的危害。

19 青贮的基本原理是什么？

答：青贮发酵是一个复杂的微生物活动和生物化学变化过程。青贮过程中参与活动和作用的微生物种类繁多，以乳酸菌为主。（1）初期：一般初期很短，通常 2 d 左右。当青贮原料装入、压实和封存在容器之内后，附着于原料上的各种微生物即开始生长繁殖。由于存在着空气，所以各种需氧性和兼性厌氧性细菌首先旺盛地生长发育。其中包括腐败菌、酵母菌和霉菌等，以乳酸杆菌群占优势。由于存在活着的细胞继续呼吸，以及各种酶的活动和微生物的发酵作用，使得青贮原料间留的少量氧气很快被耗尽，因而形成厌氧环境；与此同时，还产生了大量的二氧化碳、氢、部分醇类和一些有机酸，如醋酸、琥珀酸和乳酸等，使饲料变为酸性，这样就逐渐造成了不利于腐败菌和丁酸菌等继续繁殖的条件，而变成了有利于乳酸菌生长繁殖的环境，使乳酸菌旺盛地繁衍起来。首先是乳酸链球菌占优势，其次是乳酸杆菌。当有机酸积累到 0.65%~1.3%、pH 值下降至 5 以下时，多数微生物的活动就被抑制。霉菌也因厌氧环境而不能活动。（2）中期：青贮发酵趋于成熟，一般需 17~21 d。此时起主导作用的是乳酸杆菌。由于乳酸杆菌的大量繁殖，乳酸进一步积累，pH 值不断下降，使饲料进一步酸化成熟，其他剩下来的一些细菌就全部被抑制了。无芽孢的细菌逐渐死亡，有芽孢的细菌则以芽孢的形式逐渐存活下来。另外，还有少量耐酸的酵母存活下来。（3）末期：当乳酸菌产生的乳酸积累到一定程度时，乳酸菌的活动将受到抑制，并逐渐消亡。当乳酸的积累达到最高峰（1.5%~2.0%）、pH 值为 3.8~4.2 时，青贮饲料就于厌氧和酸性环境中长期地被保存下来。

20 常用的青贮容器有哪些？

答：（1）青贮窖：青贮窖分为地下式、地上式和半地下式 3 种，每种又可分为圆形窖和方形窖等形式。① 地下式青贮窖：需选在地下水位低的地方，窖底于地下水位至少距离 0.5 m，以免从底部渗透进地下水，造成青贮饲料腐烂。窖深以不超过 3 m 为宜，长、宽需根据贮量来决定。青贮窖是我国北方最常见的青贮容器，造价低，效果好。②半地下式和地上式：多用于地下水位高的地区。（2）青贮塔：青贮塔有两种，一种为普通青贮塔，普通青贮法调制青贮时用；另一种为限氧青贮塔，半干青贮法调制青贮时用。如彩图 14 所示。青贮塔是永久性建筑物，一般为砖和水泥建成的圆形塔，内壁用水泥抹光，它的直径与高度取决于此塔饲喂家畜头数、青贮原料和饲喂时间。一般 4~6 m 高的塔平均每立方米可容青贮原料 650~750 kg；也有塔高 12~14 m 的，直径 3.5~6 m，原料由塔顶装入。青贮塔要建在距离畜舍较近地方，便于取运。青贮塔青贮效果好，便于实现机械化作业，但造价较高。（3）青贮墙：青贮墙有两种，一种是固定墙，另一种是活动墙。固定墙适用于北方大型国营奶牛场或肉牛场，青贮数量多，需要机械化作业，墙需底厚上薄，呈倒楔型，能经得住青贮原料向外挤压的力量，最好制成钢筋水泥的。活动墙主要用木板或塑料袋青贮饲料。一般墙高 4 m 左右，只做成三面墙，另一面无墙，留进出原料及青贮机械作业。（4）青贮袋：近年在我国北方兴起用塑料袋青贮饲料。方便、灵活、投资少，适用于饲养户使用。塑料薄膜有两种：一种是聚乙烯，一种是聚氯乙烯。作青贮袋一定要用聚乙烯而不能用聚氯乙烯，因聚氯乙烯有毒。见彩图 15。塑料袋的规格：宽度 1 000 mm，双幅，厚度为 8~10 μm。太厚（10 μm 以上）不经济，太薄（8 μm 以下）易破损。青贮袋青贮应注意：一是要填满压衬（要分层装、分层压实），以免残留空气太多；二是袋口要扎紧，绝不能漏气（有的还将袋内空气抽出），袋口要封死；三是要管理好，经常检查塑料袋是否漏气，如发现漏气，要立即补好。青贮容器建造总的要求是：不漏气、不渗水、不倒塌、防晒、防冻、防雨，容积大小合乎需要。随着科技进步和人工成本的不断提高，青贮塔有被抛弃的趋势，如美国堪萨斯州立大学的奶牛场就不再使用青贮塔（彩图 16），而改为简单实用的香肠袋青贮（彩图 17~18）。

21 如何制作青贮饲料？

答： 制作青贮饲料是一项时间性很强的工作，要求收割、运输、切短、装窖、踏实、封窖等操作连续、一次完成。（1）一般青贮：即将原料切碎后使其处于密闭的厌氧状态下通过乳酸菌发酵使其 pH 值降到 3.8 而制成的青贮。①收割：掌握好青贮原料的刈割时间、及时收割。一般密植青刈玉米在乳熟期，豆科植物在开花初期，禾本科牧草在抽穗期，甘薯藤在霜前收割。②运输：割下的原料要及时运到青贮地点，以防在田间时间过长水分蒸发，因细胞呼吸作用造成养分损失。③切短：将原料切成 2~3 cm，以利于装窖时踩实、压紧、较好地排出空气，沉降也较均匀，养分损失少。同时。切短的植物组织渗出大量汁液，有利于乳酸菌生长，加速青贮过程。④装窖：将青贮原料调整到水分含量在 60%~70%，然后开始装窖，随装随踩，每装 30 cm 左右踩实 1 次，尤其是边缘踩得越实越好。如果 1 次不能装满全窖，可在原料上面盖上一层塑料薄膜，窖面盖上木板，次日继续装填。⑤盖草封土：装填量需高于边缘 30 cm，以防青贮料下沉。周围用木板等围好，2~3 d 下沉后除去木板，盖上一层厚度为 20 cm 切短至 5~10 cm 的青草，然后盖土踩实，盖土的厚度为 60 cm，堆成馒头形状，拍平表面，并在窖的周围挖排水沟。最初几天应注意检查，发现盖土裂缝及时修好。采用塑料薄膜覆盖法制作青贮时，其他步骤与一般青贮相同，只是最后覆盖塑料薄膜后压土或压以其他重物，注意一定要保持薄膜的密闭性，防止漏气（彩图 19~21）。（2）半干青贮：又称低水分青贮，收割后的原料含水量要快速降到 45%~50%，切短至 2~3 cm，进行装窖青贮，也可采用塑料袋青贮。但要注意两个关键：①要选用聚乙烯，而不要用聚氯乙烯等有颜色、有毒等塑料袋。②要掌握好操作技术，做到原料优质，水分适宜，装袋迅速，隔绝空气，压紧密封，控制好温度在 40℃以下为宜，青贮袋在固定地点管理好，不要随意移动，一般 30~40 d 即可完成青贮过程。（3）高水分青贮：对蔬菜、根茎类和水生饲料等高水分原料，可采用高水分青贮，其关键是：青贮前，在条件允许时将原料晾晒以后，除去过多的水分；可与含水量较少的原料，如糠麸、干草等进行混贮，提高原料的含糖量；添装原料前，在青贮设备底部铺垫一定厚度的糠壳或碎软的干草以吸收渗出的汁液；另外在青贮设备底部建出水口，使过多的汁液顺口排出，以防青贮料因水泡变质，使原料中水分含量控制在 60%~70%，按一般青贮方法青贮。（4）添加剂青贮：除在原料中加入添加剂外，其余方法与一般青贮均相同。

22 青贮添加剂主要包括哪些？作用是什么？

答： 添加剂主要有以下几种：（1）促进乳酸发酵的添加剂：包括糖蜜、乳酸菌和酶制剂等，糖蜜添加量为原料中含糖量的 2%~3%，使用时稀释 2~3 倍。作为青贮的乳酸菌最多的是德氏乳酸杆菌，按照每克原料达到 10^5~10^6 的菌数添加，对禾本科牧草青贮效果显著，对豆科牧草效果不佳。酶制剂包括淀粉分解酶和纤维素分解酶，可将原料中的淀粉和纤维素分解成可溶性糖，供乳酸菌利用。（2）防霉抑菌剂：目的在于抑制不利于青贮的微生物生长，包括甲酸、丙酸、甲醛等。

甲酸可抑制植物的呼吸和杂菌生长繁殖，禾本科牧草添加0.3%、豆科牧草加0.5%、混合牧草加0.4%。丙酸可防止酵母菌和霉菌的生长繁殖，添加量为0.5%~1.0%。甲醛可抑制所有微生物的生长繁殖，制成无发酵青贮，还可与蛋白质形成络合物而抑制其分解，增加瘤胃内非降解蛋白质。与甲酸并用较单独使用效果好。一般每吨青贮料添加8.5%的甲醛3.6 kg。（3）改善营养价值的添加剂：包括非蛋白氮和矿物质。尿素对于青刈玉米等蛋白质含量低的原料可起到补充蛋白质的作用，添加量一般为湿重的0.5%左右。但在含糖量少的牧草中添加尿素，易使青贮料品质变坏。添加氨水，不仅增加蛋白质含量，还可提高消化率，改善适口性、抑制杂菌生长繁殖，添加量为0.3%。在矿物质含量低的青贮原料青贮过程中添加矿物质，如碳酸钙、石灰石、磷酸钙、硫酸镁等，除了补充钙、磷、镁外，还有使青贮发酵持续的作用。青贮添加剂能够在某种程度上保证青贮的成功，减少青贮过程的养分损失，特别是在青贮原料不适于青贮时使用价值更大，但青贮添加剂的作用有限，不能从本质上改变青贮质量，在使用常规原料青贮时，只要严格按照操作程序，没有必要使用青贮添加剂。

23 优质青贮制作有何要领？

答：（1）收割：青贮原料适期收割，不但可从单位面积上获得最大营养物质产量，而且水分和可溶性碳水化合物含量适当，有利于乳酸菌发酵，易于制成优质的青贮饲料。几种青贮原料的适宜收割期：①整株玉米（带穗），乳熟后期至蜡熟前期；②禾本科牧草，孕穗至抽穗初期；③豆科牧草：现蕾期至开花初期。（2）切短：青贮原料只有切短才能压实，只有压实才能最大限度的排除窖内的空气，从而抑制好氧性微生物的活动。同时，切短可以使青贮原料在装窖时，糖分从短面渗出，为乳酸菌的活动创造良好条件。青贮原料的适宜长度与品种有关，一般细茎牧草切碎长度以7~8 cm为宜，而玉米、高粱等茎秆较粗的作物以1.5~3 cm为宜。（3）调节水分含量：青贮原料的水分含量以65%~70%为宜。水分含量过高，原料中糖分和汁液过于稀释，不利于乳酸菌的繁殖，同时水分过高，在贮存时因压紧，而造成养分流失，或黏结成块，导致青贮失败；反之，青贮料过干，青贮时难以踩实压紧，原料间隙留有较多空气，造成好氧性微生物的大量繁殖，使原料发霉变质。青贮原料水分含量的简易测定，可采用手捏法。即切碎的青贮原料用手捏时，若手心湿润但无水滴出现，其水分含量适宜；若手捏时水珠自指缝流出，表明水分含量过多。（4）装填：青贮原料应逐层（15~20 cm厚）平摊装填压实，特别是窖的四周边角处要压实，以利排除空气。青贮原料压的越紧实，窖内空气排除越彻底，青贮的质量越好。装料要高出窖上沿60 cm以上，以保证青贮发酵完成后，青贮层还能稍高于窖的上沿，窖顶成圆馒头形，以利于排水。（5）密封：严密封窖，防止雨漏和透气是调制优质青贮饲料的一个关键环节。如果密封不严，进入空气或雨水，腐败菌、霉菌生长繁殖，导致青贮失败。因此，在青贮料装满后，在原料上覆盖塑料薄膜，用沙袋及石头将周围塑料膜压紧，然后再糊上一层黏泥，特别要注意四周与边缘的密封，最后再盖上20~30 cm厚的土。（6）管理：青贮窖（池）密封后，为防止雨水渗入，应在距离窖（池）四周1 m处挖排水沟，并随时修复顶部裂缝和沉坑。

24 调制青贮饲料的关键技术有哪些？

答：（1）要严格控制青贮原料的水分，理想为65%~70%；（2）青贮原料含有一定量的糖分，含糖量要高于3%；（3）快速装窖和封顶。一旦开始青贮，就要集中人力、物力在最短的时间内连续、快速的装窖和封顶；（4）要有一个适宜的温度环境：最适宜于青贮的窖内温度以30℃为宜。

25 什么是二次发酵？怎样防止二次发酵？

答：二次发酵是指青贮成功后，由于开窖或密封不严，或青贮袋破损，致使空气侵入青贮设施内，引起好气性微生物活动，分解青贮饲料中的糖、乳酸和乙酸，以及蛋白质和氨基酸，并产生热量，使pH值升高，饲料品质变坏。二次发酵主要由霉菌和酵母菌的活动引起，因此，青贮和保存过程中要压实和严格密封防止漏气；开窖后连续取用，每天喂多少取多少，取用后严实覆盖等措施隔绝空气，造成厌氧环境，可以起到防止二次发酵的作用。

26 青贮饲料品质如何鉴定？

答：青贮饲料品质的好坏，直接与贮藏过程中的养分损失和青贮产品的饲料价值有关，影响家畜的采食量、适口性、生理功能和生产性能，因此正确评价青贮饲料品质，为确定饲料等级和制定饲养计划提供科学依据。常用鉴定方法有：（1）感官评定：根据青贮料的颜色、气味、口味、质地结构等指标，通过感官评定其品质好坏的方法称为感官鉴定法。这种方法简便、迅速，不需要仪器设备，生产实践上可普遍应用。多采用气味、颜色和质地等指标（表2）。（2）实验室评定：实验室鉴定内容包括青贮料的酸碱度（pH值）、有机酸含量、微生物种类和数量、营养物质含量以及可消化性等，其中以鉴定pH值及有机酸含量常用。① pH值（酸碱度）：是衡量青贮料品质好坏的重要指标之一。优质青贮料，pH值在4.2以下。超过4.2（半干青贮除外）说明青贮发酵过程中，腐败细菌、酪酸菌等活动较为强烈。劣质青贮料pH值为5~6。实验室测定pH值，可用精密雷磁酸度计测定；生产现场可用精密石蕊试纸测定，方法简便迅速。②氨态氮：与总氮的比值是反映青贮饲料中蛋白质及氨基酸分解的程度，比值越大，说明蛋白质分解的越多，青贮质量不佳。③有机酸含量：有机酸总量及其构成可以反映青贮发酵过程的好坏，其中最重要的是乳酸、乙酸和丁酸，乳酸所占比例越大越好。优良的青贮饲料，含有较多的乳酸和少量醋酸，不含酪酸。品质差的青贮饲料，含酪酸多而乳酸少（表3）。

表 2 青贮饲料感官鉴定标准表

等级	色	香	味	质地
优良	接近原料的颜色，一般呈黄绿或青绿	芳香、酒酸味给人以舒适感	酸味浓	湿润松散，保持茎叶花原状
中等	黄褐、暗褐	芳香味弱，并稍有酒精或醋酸味	酸味中度	柔软，水分稍多，基本保持茎叶花原状
低劣	黑色、墨绿	刺鼻臭味、霉味	酸味淡，味苦	腐烂成块无结构，黏乎、滴水

表 3 不同青贮饲料中各种酸含量

（%）

等级	pH 值	乳酸	醋酸		丁酸	
			游离	结合	游离	结合
良好	4.0~4.2	1.2~1.5	0.7~0.8	0.1~0.15	–	–
中等	4.6~4.8	0.5~0.6	0.4~0.5	0.2~0.3	–	0.1~0.2
低劣	5.5~6.0	0.1~0.2	0.1~0.15	0.05~0.1	0.2~0.3	0.8~1.0

27 初春季节奶牛饲喂青贮饲料应该注意什么？

答：青贮饲料是农作物秸秆在密封无氧的条件下，利用乳酸菌发酵调制而成，如果取用和饲喂方法不当，极易导致青贮饲料变质，引发奶牛中毒和疾病。因此，春季奶牛饲喂青贮饲料一定要严把以下几关。（1）质量关：在取用青贮饲料时，一定要选用优质的青贮饲料。优质青贮饲料呈青绿或黄褐色，气味带有酒香，质地柔软湿润，可看到茎叶上的叶脉和绒毛。对于颜色发黑或呈深褐色，气味酸中带臭，甚至发霉、腐烂、变质的青贮饲料，切勿给奶牛饲用。否则，会导致奶牛消化道的疾病，如果孕牛吃了还会引发流产。另外还会引发瘤胃酸中毒而死亡。（2）取料关：取用青贮饲料时，一定要从青贮窖的一端开口，按照一定厚度，自上而下分层取用，保持表面平整，防止泥土混入，切忌由一处挖洞掏取。每次取料数量以饲喂一天的量为宜。春季，有害微生物繁殖速度加快，青贮饲料与空气接触时间长，易造成青贮饲料发霉、变质等。因此，在青贮饲料取出后，应立即封闭青贮窖窖口，防止青贮饲料二次发酵。见彩图 22~23。（3）搭配关：青贮饲料虽然是一种优质粗饲料，但饲喂时必须根据奶牛的实际需要与精饲料科学搭配，提高饲料的利用率（彩图 24）。就配料而言，奶牛精饲料与青贮饲料（含水分）饲用比以 1:（3~3.5）范围较合理。如果青贮饲料酸度较大，可在饲料中添加 5%~10% 的小苏打或用 1%~2% 的石灰水处理，冲洗后饲喂，以降低酸度，提高适口性，促进消化吸收。（4）喂量关：青贮饲料具有一定的酸味，应遵守由少到多、循序渐进的原则。与其他精料或干草混拌，第一次少放青贮饲料，以后逐渐加量，在空腹时饲喂，让奶牛逐渐适应。由于青贮饲料含有大量氨基酸，具有轻泻作用，因此母畜妊娠后期不宜多喂，产前 15 d 停喂。一般情况下，犊牛断奶后，就可饲喂青贮饲料。断奶后的犊牛为

5~15 kg 为宜，成年奶牛日饲喂量掌握在 20~25 kg 为宜。其他注意事项：①饲喂过程中，如发现奶牛有拉稀现象，应立即减量或停喂，检查青贮饲料中是否混进霉变青贮或其他疾病原因造成奶牛拉稀，待恢复正常后再继续饲喂。②及时清理饲槽，尤其是死角部位，把已变质的青贮饲料清理干净，再喂给新鲜的青贮饲料。③喂给青贮饲料后，应视奶牛产奶量和膘情，酌情减少一定量的精料投放量，但不宜减量过多、过急。④青贮窖、青贮壕应严防鼠害，避免把疾病传染给奶牛。

28 秸秆氨化如何操作？如何鉴定氨化秸秆饲料的品质？

答：中小型生产规模的牛场可采用窖式氨化，土窖或水泥窖均可，是目前普遍应用的一种处理秸秆的方法。秸秆氨化后，质地松软，适口性增加，消化率提高。具体方法是：将铡短秸秆填入窖内，压实，根据秸秆重量称出尿素（按秸秆干物质 4%~5% 添加）或碳铵（按秸秆干物质 8%~12% 添加），将尿素（或碳铵）溶于水，分层、均匀地喷洒在秸秆上，一层一层地喷洒，每层秸秆厚约 30 cm，一直到垛顶，要注意调整水分含量，然后用塑料膜封好，用土压紧、封牢。氨化时间随环境温度而变化，温度越高则反应速度越快；反之，温度低时反应速度就变慢。不同气温时的氨化时间推荐如表 4。在秸秆密闭氨化期间，要严加保护管理，防止人、畜祸害。在风雨天，要防止风刮坏塑料薄膜和雨水冲掉窖边的泥土。一旦发现损坏，出现破口或漏气，应及时修补。氨化饲料秸秆在饲喂之前应检验品质，以确定能否用于饲喂奶牛。鉴定方法主要有：（1）感官鉴定法：根据氨化秸秆饲料的颜色、软硬度、气味等来鉴定秸秆的好坏。氨化好的秸秆，质地变软，颜色呈现棕黄色或浅褐色，释放余氨后气味糊香。如果秸秆变为白色、灰色，甚至发黑、发熟、结块，并有腐烂味，说明秸秆已经霉变，不能再喂家畜。如果秸秆的颜色跟氨化前一样，说明没有氨化好；（2）化学分析鉴定法：通过分析秸秆氨化前后主要指标，如干物质消化率、粗蛋白质等，鉴定秸秆质量的改进幅度。据报道，利用青贮窖氨化秸秆，氨化后的麦秸、稻草和玉米秸的粗蛋白质含量分别都有提高；（3）生物技术鉴定法：是采用反刍动物瘤胃瘘管尼龙袋测定秸秆消化率的方法。据报道，用绵羊瘤胃瘘管尼龙袋消化试验的方法测定秸秆干物质瘤胃降解率，结果表明，氨化麦秸降解率为 77.6 %，未氨化麦秸为 52.1 %。

表 4 不同气温时的氨化时间

日间气温（℃）	氨化所需时间（周）
0~10	4~8
10~20	2~4
20~30	1~2
30 以上	1 周以下

29 秸秆氨化如何保存和利用？

答：氨化秸秆在垛、窖中可长期保存，只要塑膜不破、不漏氨，就不会霉变腐败。氨化到期后，即可开垛（窖、袋）。氨化好的秸秆，开窖后有强烈氨味，不能直接饲喂，必须放净余氨。放氨的方法是选择晴朗天气，把氨化好的秸秆摊开，并用叉子经常翻动，一般1~3 d即可。此时，秸秆呈糊香或微酸香味。对湿度大的秸秆，晒一下适口性会更好。切不可让雨水淋浇，导致养分损失；也不可将开窖后的潮湿秸秆长时放置在外，以免引起霉变。饲喂时由少到多，少给勤添，一般训饲一周即可自由采食。氨化秸秆单独饲喂，可基本维持生命活动，但一般需适当补料，才能取得更好效果。

30 养牛应该种植什么牧草？

答：适合养牛的牧草种类很多，主要有：紫花苜蓿、羊草、无芒雀麦、高丹草、苏丹草等。其中高丹草是一年生禾本科牧草，该品种综合了高粱茎粗，叶片大和苏丹草分蘖力，再生力强的优点。生长期长，每年可刈割2~3茬，产量高，营养丰富，消化率高。可鲜用也可青贮或调制成青干草。

31 舔砖加工工艺流程是怎样的？

答：原料粉碎—过筛—配料（含添加剂）—搅拌—加黏结剂—搅拌均匀—加填充剂—压制成型—自然风干。

32 反刍动物用的舔砖是指什么？有哪些具体用途及效果？

答：舔砖饲料用于饲喂反刍动物，在欧美等畜牧业发达国家对其研究、生产与应用已有几十年的历史。在这些国家中，多数牛、羊场已将舔砖作为必需的饲料品种。亚非等一些发展中国家从20世纪80年代起，在联合国粮农组织的帮助下，开始试用及推广这种饲料。在此期间，我国一些相关单位也同时开展了舔砖饲料的研究与试验，取得了良好的试喂效果。但因国内研制的舔块饲料生产线存在单机产量低、生产工艺多数达不到要求、舔砖质量不过关等问题，所以一直未能形成产业化生产和大面积推广。有的地方还从美国引进了舔砖饲料生产成套设备，而进口设备由于投资大，生产工艺复杂，运行成本高，致使产品价格贵，用户难以接受，被迫停产。舔砖饲料是根据牛、羊等反刍动物的生理特点和舔食习性，应用营养科学配方和特殊的生产工艺加工而成的一种块状精料补充料。它具有营养性、适口性、高密度、便于运输与贮存、饲用简单方便等优点。按营养特性，舔砖饲料分为矿物质舔砖和蛋白质舔砖，前者主要由食盐、钙及矿物质预混料及少量糖蜜组成；后者主要由非蛋白氮、粗蛋白质、糖蜜、部分谷物及复合预混料等组成。按成形工艺，舔砖饲料又可分为压制式舔砖和浇注式舔砖，前者是通过机械压缩或挤压制造工艺加工而成；后者是依赖物料间相互化学反应自行凝结成块的一种化学浇注制造工艺加工而成。采用压制式生产工艺，舔砖成形快、硬度易控制、产品质地好，生产效率高、便于实现工厂化生产，且节省劳力及场地。由于舔砖饲料，特别是蛋白质舔砖富含补充牛、羊等反刍动物生长和繁殖所需的有效营养物质，如蛋白质、可溶性糖、矿物质等。饲喂舔砖可明显地提高反刍动物的生产性能和降低饲养成本，经济效益高。尤其对于主要以麦秸、稻草、玉米秸等为基础饲料的秸秆养畜地区效果更为显著。据我国有关畜牧行业在不同地区用舔砖饲喂牛羊的试验测定，证明可以提高增重，提高产奶量。舔砖饲料更适于作为我国北方广大草原牧区、长达 7~8 个月的枯草区。

33 舔砖含有哪那些养分及舔砖产品有哪几种？

答：舔砖是给牛羊草食家畜补充矿物质元素、非蛋白氮、可溶性糖等易缺乏养分的简单而有效的一种理想方式。补饲舔砖能明显改善牛羊营养状况和健康状况，提高采食量和饲料利用率，促进生长，提高经济效益。在我国，由于舔砖的生产处于初始阶段，技术落后，没有统一的标准。舔砖的种类很多，叫法各异，一般根据舔砖所含成分占其比例的多少来命名。舔砖以矿物质元素为主的叫复合矿物舔砖；以尿素为主的叫尿素营养舔砖；以糖蜜为主的叫糖蜜营养舔砖；以糖蜜和尿素为主的叫糖蜜尿素营养舔砖；以尿素和糖蜜为主的叫尿素糖蜜营养舔砖。在我国现有的营养舔砖中，大多含有尿素、糖蜜、矿物质元素等成分，一般叫复合营养舔砖，彩图 25 为程宗佳博士 10 年前开发的膨化大豆舔砖，放在办公室至今未发霉变质，彩图 26 为程宗佳博士 2 年前开发的功能性添加剂舔砖。

34 膨化技术对过瘤胃蛋白有哪些影响？

答：反刍动物胃内含有大量的微生物，摄入的蛋白质或非蛋白氮由微生物降解到不同程度，再进入肠道消化吸收。并非瘤胃中所有产生的氨都能转化成微生物蛋白，当饲喂可溶性含氮饲料时，大量氨被吸收，容易造成氨中毒。如果摄入的蛋白能形成过瘤胃蛋白，通过瘤胃，逃逸微生物降解，就可直接进入肠道消化，以氨基酸形态被吸收。产奶量越高，对过瘤胃蛋白 / 微生物蛋白的比例要求越高。对高产奶牛，需要增加饲料摄入量；提高营养成分的消化率；提高过瘤胃蛋白的比例；同时保证营养物在瘤胃中同步降解。由于高产牛对过瘤胃蛋白的需求量高，必须在日粮中补充。

膨化技术不使用化学添加剂，通过热处理提高过瘤胃蛋白含量。膨化料中由于存在大量糊化淀粉，将蛋白质紧密地与淀粉基质结合在一起，生成瘤胃不可降解蛋白（过瘤胃蛋白）。

35 生产膨化大豆选用干法膨化还是湿法膨化？哪种情况效果更好？

答：根据大豆的水分来定。（1）大豆水分较高时，最好用干法膨化，有利于水分的蒸发和大豆粉水分含量的降低。（2）大豆水分较低时，可使用湿法膨化，因为通过加蒸汽易于调质，可以提高单位时间内的产量，而且对一些抗营养因子具有更强的破坏作用，能进一步改善和提高大豆粉的营养价值。尽量提高调质效果，有利于膨化大豆的蛋白溶解度（彩图 27~28）。

36 蒸汽压片机的加工机理及其应用如何？

答：专业术语“压片”通常表示谷物在对辊式粉碎处理之前所进行的加热或润湿的过程。压片玉米在进入蒸汽仓蒸煮 30~45 min，使谷物淀粉充分糊化，当水分提高到 18%~20% 时，再进入预先加热过的大型轧辊轧成薄片（彩图 29）；蒸煮后的玉米通过重型对辊式粉碎机，使最终的水分含量降至约 14%。蒸汽压片的工艺流程简单，收购的原料经过清理，清除大杂、小杂、轻杂、石块、金属等物质，进入调质罐，经过 30~45 min，使玉米淀粉充分糊化，进入压片机压片，压片的厚度可以调节，再进入干燥冷却机使物料温度降低，水分降到安全储藏水分。这时候的物料就可以打包入库（彩图 30），或以散装的形式直接运到养殖场。蒸汽压片的加工机理是通过蒸汽热加工使谷物膨胀、软化，再用一对反向旋转辊产生的机械压力压裂这些已膨胀的谷物，将谷物加工成规定密度的薄片。蒸汽压片处理谷物的机理实际上是一个凝胶化的过程，即将紧密结合型的谷物淀粉，通过凝胶化来破坏细胞内淀粉结合的氢键，从而提高动物对谷物淀粉的消化率。此外，蒸汽压片处理过程中，谷物中蛋白质的化学结构改变，有利于反刍动物吸收。蒸汽压片处理谷物促进凝胶化过程和提高整体消化率的作用因素主要是水分、热量、处理时间及机械作用，水分起膨胀和软化作用，加热可使电子发生移动，破坏氢键，促进凝胶化反应，足够的蒸汽调质处理时间是获得充分凝胶化过程的保证，滚辊的机械作用是一个压碎成型及达到规定压片密度的过程。蒸汽压片谷物提高瘤胃、小肠与全消化道中的淀粉消化率，并且随压片密度降低而提高。碳水化合物在瘤胃中利用率的提高，对瘤胃微生物的有效并最大化的生长必不可少。在肉牛和奶牛上，蒸汽压片可提高饲料蛋白质向微生物蛋白质的转化效率。瘤胃中淀粉的消化影响能量供应，而能量供应又直接影响乳的合成。加工谷物增加瘤胃可利用碳水化合物，提高产乳量、乳蛋白率与产量。在欧洲和美国等畜牧业发达国家，蒸汽压片处理加工技术在奶牛、肉牛、肉羊饲养中已经广泛应用。美国有 9 800 万头围栏育肥肉牛，大部分肉牛肥育场使用蒸汽压片处理的谷物。使用蒸汽压片谷物的奶牛场数量也有 60%~70%。近年来，韩国和日本也开始使用蒸汽压片谷物饲料饲喂牛羊。

37　奶牛利用尿素的原理及影响尿素利用的因素？

答： 尿素是奶牛生产中最常用的非蛋白氮饲料之一，已在养牛业中广泛使用。尿素能够大量生产，成本低，因此是我国养牛业中开辟蛋白质饲料来源的重要途径。尿素的溶解度高，在瘤胃中很快转化成氨，氨在瘤胃中微生物的作用下与碳架结合形成菌体蛋白，这些菌体蛋白随食糜进入后段消化道被消化吸收。对产奶量低的奶牛及育成牛，尿素可占混合精料的2%或占日粮干物质的1%，但尿素的用量不能超过蛋白质总量的1/3；对日产奶量高于30 kg的奶牛和瘤胃未发育完全的犊牛不饲喂尿素。影响尿素利用的因素：（1）日粮的蛋白质水平：牛日粮中蛋白质含量较低时，尿素能代替部分蛋白质。当日粮中有足够蛋白质时，再喂尿素便造成浪费。一般认为添加尿素日粮中蛋白质的含量以10%~12%为宜。在生产中饲喂劣质粗饲料为主的日粮，用尿素补充蛋白质时，加喂高淀粉精料效果较好。（2）蛋白质的可溶性：日粮蛋白质在瘤胃中的可溶性，直接影响尿素的利用。饲料蛋白质的可溶性强，在瘤胃中释放氨的速度加快，从而影响尿素的利用。相反，蛋白质的可溶性差，则能提高尿素的利用率。近年来的研究表明，饲料中加甲醛可以降低蛋白质的可溶性，提高非蛋白质氮的利用率。但如甲醛用量过高，会降低饲料的消化率，蛋白质超过一定限度，加甲醛的效果亦不显著。（3）日粮中碳水化合物的种类：碳水化合物给瘤胃微生物提供了利用氨时所需的能源，因而碳水化合物的种类和数量能直接影响非蛋白质氮的利用。其中纤维提供能量的速度太慢，糖过快，以淀粉的效果最好。熟淀粉比生淀粉好。糊化淀粉尿素在瘤胃中释放氨的进度较慢，能保持较低的氨水平，从而使用微生物能较充分地利用氮去合成菌体蛋白质。（4）硫的补充：硫是瘤胃细菌合成蛋氨酸、胱氨酸所需原料。一般认为日粮中氮硫比应不小于（10~14）：1，微量元素钴对尿素氮的利用也有影响，钴是维生素B_{12}的组成成分，维生素B_{12}在蛋白质代谢过程中起重要作用，饲粮缺钴，维生素B_{12}合成缓慢，影响饲粮中含氮物质的利用。

38　阴离子盐对奶牛有何作用？使用方法？

答： 阴离子盐是一种新型添加剂，主要机理是在产前一定时间内通过补饲阴离子盐，使母牛体内产生低血钙症状，机体反射地动员骨钙进入血液，在生产前建立好骨钙动员机制，以避免产后低血钙。阴离子盐对减少产后疾病的发生具有良好效果。在代谢病发病率高的奶牛群中，饲喂阴离子盐是减少产褥热、酮病、胎衣滞留和真胃移位的主要防治措施。即使在管理良好、产褥热和酮病等代谢病发病率较低的奶牛群体；饲喂阴离子盐可避免亚急性低血钙，从而增加泌乳期产奶8%~10%。饲喂阴离子盐使繁殖性能明显改进，受胎率明显提高，空怀期缩短，使用寿命延长。另外，饲喂阴离子盐还有提高乳脂率，降低体细胞数，提高乳品质量的作用。阴离子盐仅应用于围产前期干奶牛（产犊前21 d至产犊）。为了降低这一时期的日粮阳阴离子差，首先应通过饲喂低钾牧草以降低日粮的阳阴离子差。然后根据日粮的主要阳阴离子（K、Na、S和Cl）的含量计算日粮的阳阴离子差。一般干奶牛日粮的阳阴离子差值为 +50~-300 毫当量 / 千克干物质。计算其添加量，添加阴离子盐后日粮阳阴离子差应降至 -150~-50 毫当量 / 千克干物质。另外，围产前期干奶牛日粮中其他指标也有相应要求，如 Ca 含量为 1.2%~1.4%，S 0.4%，Mg 0.4%。添加阴离子后，日粮中无需添加食盐，以免降低动物采食量。阴离子盐不应单独饲喂。有 TMR 饲喂系统的奶牛场，应将阴离子盐与其他饲料制成全混合日粮（TMR）饲喂；没有 TMR 饲喂系统的奶牛场或个体户，可将阴离子盐产品与其他精料混匀后饲喂。为了准确掌握阴离子盐的用量，应定期抽样检测使用阴离子盐日粮的干奶牛尿液酸度，确保奶牛尿液 pH 值控制在 5.5~6.5。

39 奶牛日粮配制原则有哪些?

答：按照产奶量对奶牛分群，参考《奶牛饲养标准》为每群奶牛配制日粮，在饲喂时，再根据每头奶牛的产乳量和实际健康状况适当增减喂量，即可满足其营养需要。奶牛日粮配制原则有以下几点：（1）日粮配制必须以奶牛饲养标准为基础，充分满足其不同生理阶段的营养需要。（2）饲料种类应尽可能多样化，可提高日粮营养的全价性和饲料利用率。（3）确保奶牛足够的采食量和消化机能的正常，应保证日粮有足够的容积和干物质含量，高产奶牛（日产奶量 25~30 kg），干物质需要量为体重的 3.3%~3.6%；中产奶牛（日产奶量 15~25 kg）为 2.8%~3.3%；低产奶牛（日产奶量 10~15 kg）为 2.5%~2.8%。（4）日粮中粗纤维含量应占日粮干物质的 15%~24%，否则会影响奶牛正常消化和新陈代谢过程。这要求干草和青贮饲料应不少于日粮干物质的 60%。（5）精料是奶牛日粮中不可缺少的营养物质，其喂量应根据产奶量而定，一般每产 3 kg 牛奶饲喂 1 kg 精料。（6）配合日粮时须因地制宜，充分利用本地的饲料资源，以降低饲养成本，提高生产经营效益。

40 奶牛的精、粗饲料比多少为好?

答：奶牛的精、粗饲料比是代表奶牛生产水平的一个主要标志，粗饲料的比例越大，说明的奶牛生产水平越高。奶牛业发达的国家高达 20：80。

41 奶牛最理想的精、粗饲料是什么?

答：奶牛的精料是玉米、豆粕、麸皮等，添加方式玉米以整粒压扁的为好，豆粕、麸皮和添加剂混合制成颗粒，再和压扁玉米一起喂牛。奶牛的粗饲料有羊草、青贮玉米、玉米秸、稻草、豆秸、啤酒糟、白酒糟、甜菜丝、胡萝卜等。

42 奶牛日粮中需要添加水溶性维生素吗？

答：一般认为反刍动物体内可合成水溶性维生素，满足其需要。近年来研究表明，某些条件下可能需要补充烟酸、生物素等。尚未建立完全瘤胃功能的犊牛可能也需要B族维生素的补充。犊牛常易发生生物素、烟酸的缺乏。随着奶牛生产水平的提高，奶牛瘤胃合成的B族维生素不能满足机体的需要。（1）生物素：奶牛日粮中添加20 mg/kg生物素能改善牛蹄的健康水平。（2）叶酸：犊牛出生后从10日龄到16周龄，每周肌内注射40 mg叶酸，可使其在断奶后的5周内日增重提高8%；从妊娠45 d到分娩后6周，每周注射160 mg叶酸，可提高头胎或经产母牛泌乳中后期的奶产量和乳蛋白质含量。（3）烟酸：可促进瘤胃微生物蛋白质的合成，降低甲烷的产量。夏季在泌乳牛日粮中每头牛添加烟酸6g/d，可提高产奶量。NRC（2001）指出，饲喂代用乳的犊牛需要补充烟酸，断奶后的生长小母牛无需补饲。（4）硫胺素：饲料和瘤胃合成量基本满足硫胺素需要，瘤胃pH值过低，会引起硫胺素的缺乏。核黄素不需要添加，饲料中的核黄素100%在瘤胃中被破坏，微生物合成的量可以满足需要。（5）胆碱：饲喂瘤胃保护性胆碱或灌注15~90 g/d氯化胆碱，奶牛产奶量提高。（6）维生素C：可在牛的肝脏和肾中合成。一般奶牛饲料中不需要添加维生素C，但在夏季为缓解高温热应激，一般在每吨精饲料中添加20 g维生素C。

43 肉牛精饲料的配制原则是什么？哪些主要注意事项？

答：肉牛主要以粗饲料为主，但粗饲料不能满足其营养需要，需要补喂精饲料。精饲料营养全面与否，直接影响到肉牛生长发育。在配制肉牛精饲料时需要注意以下事项。（1）精饲料的配制：精饲料包括能量饲料、蛋白质饲料、矿物质饲料、微量（常量）元素和维生素。能量饲料主要是玉米、高粱、大麦等，占精饲料的60%~70%。蛋白质饲料主要包括豆粕、棉粕、花生粕等，约占精饲料的20%~25%。产棉区育肥肉牛蛋白质饲料应以棉粕为主，以降低饲料成本，犊牛补料、青年牛育肥可以添加5%~10%豆粕。小作坊生产的棉饼不能喂牛，以防止棉酚中毒。棉粕、豆粕、花生粕最大日喂量不宜超过3 kg。矿物质饲料包括食盐、小苏打、微量（常量）元素、维生素添加剂，一般占精饲料量的3%~5%。冬、春、秋季节食盐添加量占精饲料量的0.5%~0.8%，夏季添加量占精饲料量的1%~1.2%。以酒糟为主要粗饲料时，应添加小苏打，添加量占精饲料量的1%，其他粗饲料喂牛时，夏季可添加精饲料量的0.3%~0.5%。（2）精饲料配制的注意事项：严禁添加国家不准使用的添加剂、性激素、蛋白质同化激素类、精神药品类、抗生素滤渣和其他药物。饲料中的水分含量不得超过14%。（3）颗粒饲料育肥牛：将精、粗饲料按比例混合，制成颗粒全价料饲喂育肥牛可提高增重，减少饲料浪费，显著缩短牛的采食时间，缩短工人劳动时间和劳动强度，提高劳动定额，从而大幅度降低成本。

44 配制奶牛日粮需要注意钾含量吗？

答：奶牛钾的需要量为饲料干物质的0.8%，泌乳牛饲料中粗料多时不致缺钾，精料用量多时有缺钾的可能。在高温应激条件下，饲料钾应增加到1.2%。奶牛缺钾表现为采食量低下、奶产量下降和肌肉软弱无力。

45 奶牛日粮中常用缓冲剂有哪些？

答：奶牛生产中常用的缓冲剂有碳酸氢钠、氧化镁、丙酸钠、碳酸氢钠—氧化镁复合缓冲剂、碳酸氢钠—磷酸二氢钾复合缓冲剂、碳酸钙等。目前最安全有效的缓冲剂为碳酸氢钠。碳酸氢钠用于奶牛饲料中可调节体内的pH值，以利于纤维细菌的生长，增进食欲，减缓对饲料营养成分的降解速度，加强菌体蛋白在瘤胃的合成。高精料时在产奶牛日粮中添加占精料1%~1.5%的碳酸氢钠，对增加奶牛的采食量，促进生长，提高产奶量和乳脂率均有良好效果；氧化镁不仅是缓冲剂，还能增加奶牛血液镁，在乳脂生成中有助于乳腺吸收大分子脂肪酸而增加脂肪，提高奶中的乳脂率，适用于反刍动物的使用。氧化镁还有控制碳酸氢钠在瘤胃内的分解速度、增强其效果的作用。在奶牛混合精料中添加1.5%的碳酸氢钠和0.8%的氧化镁，比单纯添加1.5%碳酸氢钠增奶、增效、提高乳脂率效果明显。

46 什么是TMR?

答：TMR（Total Mixed Ration）为全混合日粮的英文缩写，TMR是根据奶牛在不同生长发育和泌乳阶段的营养需要，按营养专家设计的日粮配方，用特制的搅拌机对日粮各组成分进行搅拌、切割、混合和饲喂的一种先进的饲养工艺。TMR保证了奶牛所采食每一口饲料都具有均衡性的营养。见彩图31~32。

47 奶牛饲喂TMR全混合日粮的优点有哪些？

答：饲喂TMR全混合日粮的优点包括以下几点：（1）增加每天的采食次数。（2）可增加干物质采食量，改善饲喂效率。（3）确保日粮满足固定的精－粗比。（4）为瘤胃微生物提供更加稳定的营养成分，且能够维持瘤胃pH值的稳定，有效降低瘤胃酸度。（5）降低消化性疾病发生的危险性。（6）有效避免奶牛挑食，可使工业副产品、适口性差的饲料以及非蛋白氮利用率提高。

可以避免有些牛采食过多的精料，而有些牛却采食太多的饲草。（7）在粗饲料有限的地方，TMR全混合日粮可降低日粮中粗饲料的用量，以更多的非粗饲料纤维替代。（8）可使配方、饲喂、管理和库管更加精准。（9）机械化程度提高，有效降低劳动力的用量。

48 TMR加工过程中原料添加顺序是怎样的？TMR的水分要求多少？搅拌时间是多长？

答：（1）基本原则：遵循先干后湿，先精后粗，先轻后重的原则。（2）添加顺序：精料、干草、副产品、全棉籽、青贮、湿糟类等。（3）如果是立式饲料搅拌车应将精料和干草添加顺序颠倒。（4）TMR冬夏季的水分要求不同，冬季45%，夏季45%~55%。（5）一般情况下，最后一种饲料加入后搅拌5~8 min即可，一个工作循环总用时在25~40 min（彩图33）。

49 如何应用TMR技术缓解夏季热应激？

答：（1）增加加工次数，确保日粮的新鲜度。（2）每天少量多次饲喂以促进采食，同时在任何时候都应保证有充足的饲料供应以便奶牛采食。（3）在每天最凉爽的时段饲喂，提高晚上饲料的投放量。（4）提供充足的饲槽空间。（5）提供充足、方便、清凉的饮水。（6）增加日粮的能量和其他养分的浓度以弥补采食量的不足，并在实际采食量基础上进行日粮配合。（7）通过增加日粮中的精料含量来提高能量浓度的同时，避免过多的可发酵碳水化合物，以防止瘤胃酸中毒。（8）向日粮中添加适当比例的脂肪以提高能量浓度和效率。（9）饲喂足够的日粮纤维来维持瘤胃的功能。（10）通过加强优质粗饲料的应用，尽可能减少日粮中粗饲料含量。（11）确保适宜的蛋白质数量和质量，避免过多的瘤胃可降解蛋白质。（12）确保矿物质和维生素的适宜水平，特别是与免疫系统有关的矿物质和维生素。（13）适当添加某些特定添加剂水平，例如K、Na、Mg、维生素C和小苏打。（14）每天清扫饲槽以防止饲料变质。

50 使用TMR饲料搅拌车应注意哪些事项？可能影响TMR搅拌效果的因素有哪些？

答：（1）根据搅拌车的说明，掌握适宜的搅拌量，避免过多装载，影响搅拌效果，通常装载量占总容积的70%~80%。（2）严格按日粮配方，保证各组分精确给量，定期校正计量控制器。（3）根据青贮及精饲料等的含水量，掌握控制TMR水分。（4）添加过程中，防止铁器、石块、包装绳等杂质混入搅拌车，造成车辆损伤。可能影响TMR搅拌效果的因素有：原料的装填次序，搅拌切割时间，原料水分含量，一次加工量，搅拌车刀片磨损程度。

51 怎样检测 TMR 的质量?

答:检测 TMR 质量的方法通常有 3 种。(1)直接检查:随机的从牛 TMR 中取出一些,用手捧起,观察,估测其总重量及不同粒度的比例。一般推荐,可测得 3.5 cm 以上的粗饲料部分超过日粮总重量的 15%。有经验的牛场管理者通常采用该评定方法,同时结合牛只反刍及粪便观察。(2)宾州过滤筛:专用筛由两个叠加式的筛子和底盘组成。上面的筛子的孔径是 1.9 cm,下面的筛子的孔径是 0.79 cm,最下面是底盘。具体使用步骤:奶牛未采食前从日粮中随机取样,放在上部的筛子上,水平摇动两分钟,直到只有长的颗粒留在上面的筛子上,再也没有颗粒通过筛子。这样,日粮被筛分成粗、中、细 3 部分,分别对这 3 部分称重,计算它们在日粮中所占的比例,见彩图 34。TMR 日粮的粒度推荐值见表 5、表 6。另外,这种专用筛可用来检查搅拌设备运转是否正常,搅拌时间、上料次序等操作是否科学等,从而制定正确的全混日粮调制程序。宾州筛过滤是一种数量化的评价法,但是到底各层应该保持什么比例适宜,与日粮组分、精饲料种类、加工方法、饲养管理条件等有直接关系。(3)观察奶牛反刍:奶牛每天累计反刍 7~9 小时,充足的反刍保证奶牛瘤胃健康。观察奶牛反刍是间接评价日粮制作粒度的有效方法,随时观察牛群时至少应有 50%~60% 的牛正在反刍。运用以上方法,坚持估测日粮中饲料粒度大小,保证日粮制作的稳定性,对改进饲养管理,提高奶牛健康状况,促进高产十分重要。

表 5 TMR 日粮的粒度推荐值

饲料种类	一层(%)	二层(%)	三层(%)	四层(%)
泌乳牛	15~18	20~25	40~45	15~20
后备牛	40~50	18~20	25~28	4~9
干奶牛	50~55	15~20	20~25	4~7

表 6 TMR 日粮和全株青贮的粒度对比

	TMR 日粮	全株青贮
上层筛 > 1.90 cm	6%~10%(10%~15%)	5%~10%
中层筛 0.79~1.90 cm	30%~50%	45%~60%
底盘 < 0.79 cm	40%~60%	20%~30%

52 什么是霉菌毒素?对奶牛生产有何危害?如何防控霉菌毒素?

答:霉菌毒素是真菌产生的次级有毒代谢产物。饲料中常见的产毒素霉菌主要有:曲霉属、青霉属、镰孢菌属和麦角菌属等。对乳业生产造成严重的危害有黄曲霉毒素脱氧雪腐镰刀菌烯醇、玉米赤霉烯酮、T–2 毒素、伏马菌素、赭曲霉素、烟曲霉毒素、蛇形毒素和青霉毒素。霉菌毒素对奶牛的影响有以下几个方面：采食量、产奶量、增重下降；营养物质的利用率降低；安静发情或发情周期不正常；受胎率降低；流产和胚胎早期死亡增加；免疫功能下降，感染性疾病发病率增加；产后疾病增加、乳腺炎多发。

对霉菌毒素的防控关键是做好饲料的防霉和脱毒两个环节。（1）饲料的防霉：饲料中霉菌毒素的控制可以从多种途径进行，如控制好饲料的原料质量，防止饲料原料如玉米在生产前就霉变；控制好饲料的加工过程，特别是控制好饲料的水分及高温制粒后的降温过程；控制好饲料的贮藏和运输，防止饲料因潮湿、高温、包装损坏、昼夜温差太大、雨淋等因素而霉变；在饲料中加入足量的防霉剂；饲料中添加防霉剂是预防霉变的重要措施，需要指出的是，以上措施不能对已经产生的霉菌毒素起作用，因此，还需要用其他的方法来降解或去除饲料中的毒素。（2）霉菌毒素的脱毒：霉菌毒素的脱毒是指通过物理、化学、微生物学的方法，使饲料中的霉菌毒素得到不同程度的失活或去除。①物理降解法：应用加热的方法，或者结合应用加热和加压，尤其是在潮湿的条件下，可破坏大多数霉菌毒素。②物理吸附法：在饲料中添加可以吸附霉菌毒素的物质，使毒素在经过动物肠道时不被动物所吸收，直接排出动物体外，这是目前饲料市场上较为成熟较可行的一种毒素脱毒方法，目前用于物理吸附的物质主要包括：铝硅酸盐类、活性炭、酵母或酵母的细胞壁成分等。③生物学方法：生物学去毒法是筛选某些微生物，利用其生物转化作用，使霉菌毒素破坏或转变为低毒物质的方法。

53 奶牛饲养场应重点预防哪类霉菌毒素？

答：奶牛饲养场主要防止两种毒素，即黄曲霉毒素和玉米赤霉烯酮；由于奶牛个体庞大，具有强大的瘤胃消化道，其耐受能力较强，因此少量的霉菌毒素对其几乎没有任何影响，但是青贮料加工过程中黄曲霉毒素往往较高，精料中玉米赤霉烯酮以及黄曲霉毒素也往往较高，一旦黄曲霉毒素过渡进入奶牛血液，就有可能在牛奶中以黄曲霉毒素 M_1 的形式出现，此种毒素毒性仅次于黄曲霉毒素 B_1，对人类危害极大。

54 主要饲料原料品质控制有什么质量要求？

答：饲料条件对提高奶牛的产奶量和奶成分起着决定性的作用，也是奶牛饲养的最大成本。饲料原料质量检验包括感官性状和理化指标两个方面。（1）玉米：玉米的适口性好，没有使用限制。质量标准如下：水分≤ 14%； 杂质含量≤ 1%； 生霉粒量≤ 2%，色泽、气味正常，黄曲霉毒素 B_1 允许量≤ 50 ug/kg。籽粒整齐、均匀，色泽呈黄色或白色，无发酵、霉变、结块及异味异嗅（彩图 35~36）。（2）高粱：高粱的成分接近于玉米，用于反刍家畜有近似于玉米的营养价值。水分≤ 14.0%； 杂质≤ 0.30%；单宁含量≤ 0.85%，籽粒整齐，色泽新鲜一致，无发酵、霉变、结块及异味异嗅（彩图 37~38）。（3）豆粕：豆粕是奶牛主要优质蛋白原料，适口性好，可长期使用。水分≤ 13%，粗蛋白质≥ 44%、粗纤维 < 5%、粗灰分 < 6% 为一级。脲酶活性≤ 0.40，浅黄褐色或淡黄色不规则的碎片状，色泽一致，无发酵、霉变、结块、虫蛀及异味异嗅。（4）棉籽粕：棉粕是奶牛主要蛋白质原料，一般占奶牛精料的 20%~30%。水分≤ 12%，粗蛋白质≥ 40%、粗纤维 < 10%、粗灰分 < 10% 为一级。黄褐色粉状，色泽新鲜一致，无发酵、霉变、虫蛀及异味异嗅。（彩图 39~40）。（5）菜籽粕：菜粕是奶牛重要的蛋白质原料，奶牛精料中使用 10% 以下。水分≤ 12%，粗蛋白质≥ 40%、粗纤维 < 14%、粗灰分 < 8% 为一级。黄灰色或浅褐色粗粉状或碎片，色泽一致，无发酵、霉变及异味异嗅。（6）玉米酒精糟（DDGS）：DDGS 是谷物发酵生产酒精后的副产品（彩图 41），对于奶牛，干态（含水 10%）和湿态（含水 65%）玉米酒精糟在日粮中所占比例分别为 20% 和 40%。以干物质为基础其养分含量变化范围为粗蛋白质 26.7%~32.9%、粗脂肪 8.8%~12.4%、中性洗涤纤维 33%~40%、酸性洗涤纤维 7.5%~18.5%。此外，还富含 B 族维生素和维生素 E。感官要求：浅亮黄色至棕褐色粉状或颗粒状，随着颜色变深，其蛋白质的消化率大幅降低。浅亮黄色为最好，应有发酵的气味。（7）米糠：奶牛精料配方中可用到 20%。水分≤ 13%，粗蛋白质≥ 13%、粗纤维 < 6%、粗灰分 < 8% 为一级，淡黄灰色的粉状，色泽新鲜一致，无发酵、霉变、结块及异味异嗅。（8）麸皮：奶牛精料中可使用 25%~30%。水分≤ 13%，粗蛋白质≥ 15%、粗纤维 < 9%、粗灰分 < 6% 为一级，细碎屑状，色泽新鲜一致，无发酵、霉变、结块及异味异嗅。（9）青贮玉米：青贮玉米是奶牛当家饲料，一般每头每天 15~20 kg 的量饲喂。干物质约为 28%~33%，品质优良的青贮饲料，具有较浓的芳香酸味，呈青绿色或黄绿色，拿在手上较松散，质地柔软而略带湿润。（10）苜蓿干草：苜蓿草是奶牛主要优质粗饲料。我国苜蓿干草捆的分级标准是，水分≤ 14%、粗蛋白质含量≥ 22%、NDF < 34%、杂类草含量 < 3%，粗纤维 < 12% 为特级。色泽鲜绿，具有特殊的清香气味。

55 奶牛场库存原料如何使用和管理？

答：根据牛群结构对饲料的需求，制订饲料定额，按定额标准组织饲料安排饲料生产、定期采购，妥善保管，对库存饲草及原料要定期检查。库存原料先要确定进仓之原料品质，使用时应按照先进先用的原则。饲料、饲草原料入库堆放时要留有通风道，注意防火；粉碎后的玉米等谷物饲料应尽快用完，配合饲料夏季库存应在 15 d 内；青贮窖要防止渗漏，切面要整齐，防止青贮饲料二次发酵和霉变。精料加工需符合生产工艺规定，加工为成品后应在 10 d 内喂完，每次发 1~2 d 的量，特别是潮湿的季节，要注意防止霉变。干草要求堆码整齐，棚顶不漏水，注意通风，防止雨淋霉变；未吃完的青绿饲料要逐日按次序将其堆好，堆码不能过厚过宽，否则易发生中毒。

56 如何提高奶牛的饲料转化率？

答：饲料转化率是每千克饲料能够生产多少千克牛奶，是衡量奶牛生产效率的重要指标。（1）通过遗传选择提高饲料利用率。据估计饲料转化率的遗传力为0.5，它与产奶量之间的遗传相关很高（0.88~0.95），因此通过产奶量的选择，就可间接提高饲料转化率。（2）提高日粮消化率。饲料转化率与日粮消化率存在显著的强相关性。在配制日粮时，应考虑影响饲料消化率的因素，如粗饲料品质、日粮组成、饲料加工储藏、奶牛的产奶量、采食量等。（3）加强饲养管理。奶牛所处的饲养环境、如温度、湿度、光照不适宜、空气中有害气体含量过高及运动不足或过多、疾病等均可导致饲料转化率降低，研究表明，热应激下奶牛瘤胃微生物的活性受到影响，进而影响饲料消化率。奶牛处于39℃温度下，相对于30℃的环境温度，奶牛饲料转化率降低0.1个单位。寒冷可导致奶牛维持需要增加，料奶比下降。因此，在炎热夏季应当注意防暑降温，冬季应注意防寒保暖。影响奶牛饲料转化率的因素还很多，如饲喂技术、饲槽的长短、饮水是否充足等，这些方面均应予以考虑。

57 什么叫过瘤胃氨基酸？

答：过瘤胃氨基酸，又称瘤胃保护氨基酸，瘤胃旁路氨基酸，大致分为两大类。第一类包括氨基酸类似物、衍生物、聚合物、金属螯合物等，其中应用较多的是蛋氨酸羟基类似物（MHA），其保护原理是，在瘤胃内分解羟基变为氨基，完成从类似物到氨基酸的转化，从而达到过瘤胃保护的效果；第二类为包被氨基酸，其保护原理是，选择对pH值敏感（如脂肪，纤维素及其衍生物或由苯乙烯和2-甲基-5-乙烯基吡啶组成的共聚物）包埋氨基酸，在瘤胃内（pH值=5.4）稳定，在真胃（pH值=2.4）内被分解，使氨基酸游离出来，被小肠吸收，以达到保护的目的。

58 如何编制奶牛场的饲料计划？

答：为了使养牛生产可持续发展，每个牛场都要制定饲料计划。编制饲料计划时，先要有牛群周转计划、各类牛群饲料定额等资料，按照牛的生产计划定出每个月饲养牛的头日数 × 每头日消耗的草料数，再增加5%~10%的损耗量，求得每个月的草料需求量，各月累加获得年总需求量（表7），即为全年该种饲料的总需要量。各种饲料的年需要量得出后，根据本场饲料自给程度和来源，按月份条件决定本场饲草料生产计划及外购计划，即可安排饲料种植计划和供应计划。

表 7　牛场饲料计划

饲料类别 牛别	平均饲养头数	年饲养头日数	精料		粗料		青贮料		青绿多汁料		牛奶	
			定额	小计	定额	小计	定额	小计	定额	小计	定额	小计
成年母牛												
青年母牛												
犊公牛												
犊母牛												
合　计												
计划量												

注：“计划量”为各类饲料的年需要量加上年损耗量。精料和牛奶以 5% 计算，粗料、青贮饲料、青绿多汁饲料和牛奶以损耗 10% 计算（引自：邱怀，1990）

59 怎样根据牛类型进行育肥？

答：（1）牛品种：按生产性能可分为肉用牛、役用牛、乳用牛、肉乳兼用、肉役兼用、肉乳役多用等。由于品种不同，在育肥期采用的技术也有差异，如肉用牛的增重速度高于役用牛，因此，在制定饲料配方和日采食量等方面不能完全一样。（2）牛体型：分为大体型牛和中体型牛及小体型牛。对不同体型的牛，在育肥期应有不同的育肥方法，体型大、中、小之间最佳育肥结束期体重差别大。（3）牛体成熟度：分早熟型和晚熟型。早熟型牛的体重为 400~500 kg，晚熟型牛的体重为 600~700 kg。由于牛体成熟时间的差异，在育肥中应采用不同的育肥技术，如早熟型品种牛较适合直线育肥法，晚熟型品种较适合分阶段育肥法。（4）纯种牛和杂交牛：有效的杂交组合产生的杂交牛，因其具备高于双亲生活能力的杂交优势，所以其生产能力要高于纯种牛（亲本），同样的饲料饲喂量，杂交牛的日增重高于其亲本。因此，在编制育肥牛饲料配方、确定饲料饲喂量等方面，要考虑到纯种牛和杂交牛的不同。

60 育成牛的饲养管理要点是什么？

答：育成牛是断乳犊牛到 2 周岁左右的牛，是牛生长发育最快的阶段。尤其在 6 月龄至 1 岁间，是肌肉和牛胃发育的关键时期。（1）育成牛的饲养：6 月龄至 1 岁间胃容积扩大 1 倍左右，但因处于快速生长发育时期，即使优质粗饲料充分，也不能满足正常发育所需的养分。故此阶段牛的饲养应以粗料为主，并用少量混合精料补充营养上的不足。（2）育成牛中期管理要点：一是分群，公、母分群饲养，以便于管理，防止早配、乱配；二是舍饲条件下拴系饲养管理；三是孕期管理，加强受胎后母牛的日常饲养管理工作。

第二部分 营养与管理

1 奶牛的泌乳阶段如何划分？

答：奶牛的主要生产性能是泌乳，故其生产周期是围绕着泌乳划分，因而称泌乳周期。规定母牛从这次干奶到下次干奶这段时间称为一个泌乳周期，时间约一年，其间伴随着配种、妊娠和产犊。奶牛的一个泌乳周期包括两阶段，即泌乳期（约 305 d）和干奶期（约 60 d）。在泌乳周期中，奶牛的产奶量并不固定，采食量，体重也呈一定的规律性变化，为了能根据这些变化规律进行科学的饲养管理，将泌乳期划分为 3 个阶段，即泌乳早期、泌乳中期、泌乳后期。如图 1 所示。

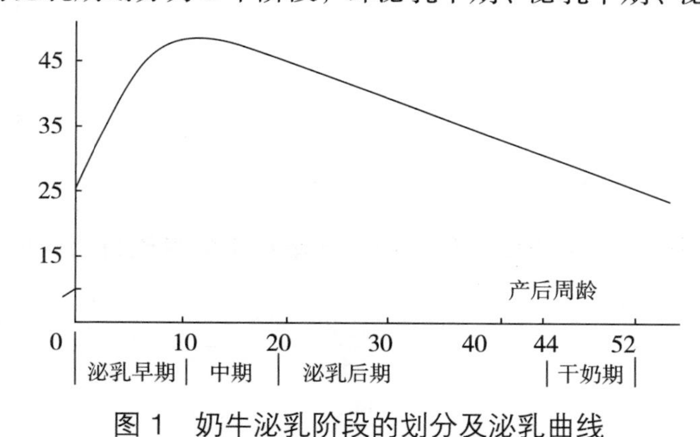

图 1 奶牛泌乳阶段的划分及泌乳曲线

2 奶牛在整个泌乳周期中产奶量、进食量和体重的变化规律？

答：（1）母牛产犊后产奶量迅速上升，至 6~10 周达到高峰，以后逐渐下降，下降的速度，依母牛的营养状况、饲养水平、妊娠期、品种及其生产性能而有所不同。高产奶牛一般每月下降 4%~5%，低产奶牛可下降 9%~10%；最初月数下降较慢，第三至第六泌乳月下降 2%~5%，以后直至干奶。由于胎儿的迅速生长，胎盘激素和黄体激素的分泌加强，会抑制脑垂体分泌催乳素，泌乳量开始迅速下降，每月下降 7%~8%。低产奶牛产奶高峰维持时间短，高产奶牛产奶高峰维持的时间较长，30~60 d。高产奶牛的峰值较高，一般高峰期峰值多出 1 kg 奶，整个泌乳期能多产奶 400 kg。牛奶的乳脂率和泌乳量相反，在泌乳期的最初 2~3 个月，乳脂率略有下降，以后随着泌乳期的发展，泌乳量下降乳脂率逐渐升高。（2）母牛产犊后进食量逐渐上升，产后6个月达到最高峰，以后逐渐下降，干奶后下降速度加快，临产前达到最低点。（3）由于母牛产犊后产奶量迅速上升，但进食量的上升速度没有产奶量得快，食入的营养物质少于奶中排出的营养物质，造成体重下降。泌乳高峰过后，母牛产奶量开始下降，而进食量仍在上升，在产后第三个月时进食的营养物质与奶中排出的营养物质基本平衡，体重下降停止。以后随着泌乳量的迅速下降和采食量的继续上升，进食的营养物质超出奶中排出的营养物质，体重开始上升，在产后第六、七个月体重恢复到产犊后的水平。以后母牛进食量虽然开始下降，但泌乳量下降较快，到第十泌乳月后干奶，因而体重仍继续上升，到产犊前达到体重的最高点。

3 奶牛休息时间和产奶量有何关系？

答：奶牛每日多休息1 h，每日就会多产奶1 kg（表8~表9）。

表8 泌乳母牛的每日时间分配（h/d）

活动	每日所需时间（h）
采食	3~5（9~14次/d）
躺卧休息	12~14
相互接触	2~13
反刍	7~10
饮水	0.5
挤奶、来回行走	2.5~3.5

表9 奶产量最高10%的母牛和平均奶产量母牛的每天行为时间分配（h/d）

活　动	奶产量最高10%母牛	平均奶产量母牛
饲槽采食	5.5	5.5
休息	14.1	11.8
走道站立	1.1	2.2
牛床栖立	0.5	1.4
饮水	0.3	0.4

4 奶牛采食量过低的原因有哪些？

答：造成奶牛采食量过低的原因有以下几个方面：精料占日粮的比例超过60%的DM，粗料占日粮的比例低于40%的DM；饲喂了发酵不好的青贮料或饲料发霉变质；饮水不足；食槽太脏；粗料切割过短；咀嚼和反刍次数减少；日粮不平衡；日粮矿物质水平太低或太高。

5 如何提高奶牛干物质采食量（DMI）？

答：（1）使用TMR，提供足够清洁饮水。如彩图42。（2）使用营养平衡日粮，提高饲料适口性，并控制日粮的水分含量，一般在25%~50%为宜。如彩图43。（3）奶牛常习惯于挤奶之后采食，故挤奶后饲槽内应有新鲜饲料，鼓励牛多采食。（4）每天应保证饲槽中20 h有饲料，永远不要让奶牛超过6个小时吃不到饲料。（5）给每头牛提供60~75 cm槽位，每日清扫饲槽，特别在炎热季节更应如此。（6）采取措施，为牛创造一个舒适的环境。（7）提供照明。

6 奶牛干奶有何意义？干奶的方法有哪些？

答：在分娩前有一段时间停止泌乳，该期称为干奶期，一般干奶期60 d。干奶的意义在于：（1）保证妊娠后期胎儿迅速发育生长的营养需求，使胎儿能得到充分发育。（2）改善母牛的营养状况为今后的生产做准备。（3）适应产后日粮的变化，减少应激。（4）弥补（经产）母牛因产奶造成的体内养分损失，恢复体况使乳腺组织有个更新的机会。（5）减少产后疾病的发病率（产后瘫，酮血病等）。

奶牛干奶的方法有：（1）逐渐干奶法：是用1~2周的时间将泌乳活动终止。在预定停奶前1~2周停止按摩，改变挤奶次数和挤奶时间，由每天3次挤奶改为2次，而后每日1次或隔日1次；改变日粮结构，停喂多汁饲料，减少精料，增加干草喂量，控制饮水量（夏季除外），以控制乳腺组织分泌活动。当产奶量降至4~5 kg时，一次挤尽即可。这种干奶法适合于患隐性乳房炎的高产奶牛，因此停奶操作时间较长，控制营养不利牛体健康，在生产中较少采用。（2）快速干奶法：即在预定干奶之日不论当时奶量多少，认真热敷按摩乳房，将奶挤净，挤完奶后即刻用70%~75%酒精消毒乳头，而后向每个乳区注入一只含有长效抗生素的干奶药膏，最后用消毒液浸浴乳头。对曾有乳腺炎病史或正患乳腺炎的母牛不宜采用。同时对于产奶量较高的奶牛建议在干奶前一天停喂精料，以减少乳汁分泌，降低乳腺炎的发病率。采取什么样的方法视产奶量而定。停挤3~4 d内随时注意乳房变化，出现红肿热痛等乳房炎症状时，积极采取治疗措施。

7 干奶牛饲养管理的目标和方法有哪些？

答：（1）维持或增强免疫功能。（2）尽量减少产前产后体脂肪的分解。（3）维持产犊时及产后血钙的浓度。（4）最大程度提高奶牛在产前产后的食欲。干奶期饲养管理是保证奶牛顺利产犊和产后健康的关键，必须加强干奶期奶牛饲养管理，饲喂干奶期牛料，为胚胎的发育创造良好的环境，减少奶牛产后疾病的发生。在干奶的一周内，应观察乳房情况，如有硬块，奶牛不安，须迅速治疗，待病情好转后再干奶。在此阶段的日粮应以粗饲料为主，适当搭配精料，精料用量一般占体重的0.6%~0.9%，即3.5~5 kg，精粗料的干物质比为（30：70）~（20：80）。日粮粗纤维含量不低于 18%。对于初次分娩的母牛，应增加 10%~18% 的饲料定量，以防产犊后牛体过瘦的代谢负平衡。干奶牛的日粮必须由品质优良、易消化的饲料搭配而成，不可用腐败变质的饲料，低营养浓度的粗饲料及多汁饲料的用量要限制，以免压迫胎儿，引起早产。另外，还应给予洁净的饮水，夏季水温最好控制在 10℃左右，冬季 15℃左右，切忌饮用冰水。在干奶后期，应给母牛中上等的营养水平，以使母牛产犊时的膘情接近 4.5 分。因此，应根据当时奶牛的体况、食欲、粪便类型及预期的产奶量，确定增加精料的喂量，一般将精料增加到每百千克体重 1~1.5 kg，但必须保证日粮精粗比控制在（30：70）~（40：60），粗纤维水平不低于 17%。当然精料水平的提高要有时间梯度，一般每天增加的幅度为 0.3 kg。当奶牛有厌食现象时，不可再增加精料，只有待奶牛消除这种现象后才可考虑再略加精料。临产前 20~30 d，应饲喂低钙日粮，将日粮干物质中的钙含量降到 0.2%，并减少食盐用量。

8 干奶至产前 2 周目标是什么？

答：（1）顺利干奶，防止乳房感染，促进乳腺组织的恢复。（2）促进体况恢复，维持适宜体况。（3）胎儿正常发育，初生重 40 kg 以上。本阶段停用产奶料，使用干奶料，每日喂 3~5 kg，喂给洁净的水和优质饲草，少喂高钙饲草。

9 产前 2 周至产犊目标是什么？

答：（1）减少产后疾病、母牛顺利分娩。（2）产后食欲正常，奶量均衡增长。本阶段干奶料逐步递减，产奶料逐渐增至 1 kg，少喂青贮，多喂干草和洁净饮水。

10 围产期奶牛饲养管理措施有哪些？

答：奶牛分娩前后约 2 周的时间称围产期。在此期奶牛从干奶转为泌乳，经受着生理上的极大应激，表现为食欲减退，对疾病易感，容易出现消化代谢紊乱等疾病。（1）围产前期的饲养管理：分娩前 2 周为围产前期。此时期逐渐增加精料喂量，同时供给优质饲草，以增进奶牛对精料的食欲。并注意逐渐将日粮结构向泌乳期转变，以防产后日粮的突然改变影响奶牛的食欲。围产前期的奶牛应转入产房，做好接产准备。（2）围产后期的饲养管理：围产后期指奶牛产后 15 d 内。产后 1 周内饲养上以优质干草为主，任其自由采食。精料量逐日增加 0.45~0.5 kg，对产奶潜力大，健康状况良好，食欲旺盛的多加，反之少加。在加料过程中要随时注意奶牛的消化和乳房水肿情况，如发现消化不良，粪便稀或有恶臭，或乳房硬结，水肿迟迟不消，就要适当减少精料，待恢复正常后再逐渐增加。青贮、块根、多汁饲料要适当控制。奶牛分娩后要做好卫生工作。产后 2~3 d 不宜将乳房内的奶完全挤净。产后 1 周内的奶牛不宜饮用冷水，以免引起胃肠炎，一般最初水温宜控制在 37~38℃，1 周后方可逐渐降至常温。为了增进食欲宜尽量让奶牛多饮水，但对乳房水肿严重的奶牛，饮水量应适当控制。

11 为什么蛋白过瘤胃保护可以影响瘤胃运动？

答：目前，常通过对蛋白质饲料保护以减少蛋白在瘤胃内的降解，也可通过加快瘤胃的排空速度而增加过瘤胃蛋白量，从而增加反刍动物小肠内可消化蛋白质、肽和氨基酸水平，减少因饲料蛋白在瘤胃大量降解而造成的浪费，有效地提高饲料蛋白利用率。动物的中枢及胃肠肌间神经丛和平滑肌上分布有大量阿片样受体细胞，如肠壁神经元、小肠黏膜细胞、壁细胞等，阿片样活性物质能够与阿片受体结合，实现对胃肠运动的调节。此外，也可经神经传导引起垂体内源性阿片肽释放，影响胃肠运动。

12 牛羊饲料中为什么要添加缓冲剂？常见的缓冲剂有哪些？

答：添加缓冲剂的目的是为了改善瘤胃内环境，有利于瘤胃微生物的生长繁殖。牛羊在强度育肥时，精料量增多，粗饲料减少，瘤胃内会形成过多的酸性物质，影响食欲，抑制瘤胃微生物区系；对饲料的消化能力减弱。添加缓冲剂可增加瘤胃碱性物质的蓄积，中和酸性物质，促进食欲，提高饲料转化率。常用的缓冲剂有碳酸氢钠和氧化镁。

13 新生犊牛应该如何护理？

答：犊牛应该自然分娩，如需助产也应等到犊牛露出两腿，同时要做好母牛、环境及助产用具的消毒。犊牛由母体产出后应立即做好如下工作，即清除犊牛口腔和鼻孔内的黏液、剪断脐带、擦干被毛、饲喂初乳。见彩图 44~45。（1）犊牛吸入羊水后的处理：一般犊牛经自然分娩，在产犊过程中，由于母牛产道的压缩犊牛会排出口鼻中的羊水。但由于倒生及助产过快，可导致口鼻中羊水排不出或排不净，影响犊牛呼吸，若不采取紧急措施，后果严重。犊牛口鼻或气管有羊水表现为频频张口，或哞叫不用鼻呼吸。这时应立即由两人将犊牛头部朝下倒提起，一人拍打犊牛胸部、头部，用手掏出口鼻中黏液，一次不行可连续数次，直至犊牛用鼻呼吸为止。（2）剪断脐带：犊牛出生后，若脐带还未挣断，可用手掐断，并用 5% 碘酒充分消毒，预防脐带炎发生，一般消毒后不用结扎，个别犊牛有局部血管闭合不全，造成大量出血，应注意，流血不止的应结扎。（3）擦干被毛：犊牛出生后应尽快使其被毛干燥，经母牛舔舐或用干毛巾等檫干。冬季应注意保暖，必要时可用火将被毛烘干。（4）应尽快喂给初乳：喂给初乳越快越好，因犊牛肠道随出生后时间的延长，其对初乳中大分子抗体蛋白吸收能力减弱，影响犊牛获得抗体，合格的初乳中免疫球蛋白含量在 50 mg/mL 以上。初乳应在出生后 1 h 内供给，最晚不迟于 2 h。喂量按犊牛体重和体质喂给 1~2 kg，奶温控制在 37~39℃。犊牛往往有拒食初乳的现象，应耐心教食，用手指粘奶刺激舌头，使其形成吮吸反射。每次喂完乳应抹净犊牛嘴边的乳渍，以防形成互舔等恶癖。当喂给浓稠的混合初乳发生消化不良或出现拉稀时，可将牛乳用等温的温开水稀释后再喂。挤出的初乳应立即哺喂犊牛，如奶温下降需经水浴加温至 38~39℃再喂。饲喂过凉的初乳是造成犊牛下痢的重要原因。相反，如奶温过高则易因过度刺激而发生口炎，胃肠炎或犊牛拒食，初乳切勿明火直接加热，以免温度过高发生凝固。（5）弱犊处理：若犊牛体质太弱，环境温度低造成犊牛体温降低则应采取紧急措施。这时犊牛表现为舌头凉、口温低、牙关紧咬、不断哞叫、头无力不能抬起。采取措施有：①尽快用生火等方法提高环境温度，使其被毛干燥。②补充能量：5% 葡萄糖注射液 400 mL 加 50% 葡萄糖注射液 100 mL，维生素 C 10 mL，静脉注射。

14 犊牛的消化生理特点？

答：胎牛真胃发育较为充分，而前胃发育不充分，特别是瘤胃黏膜乳头短小且软，微生物区系尚未建立，不具备发酵饲料营养物质的能力。因此，初生犊牛主要靠真胃和小肠消化吸收摄入的营养物质，必须主要依靠乳汁和精饲料提供所需营养。初生犊牛小肠黏膜可将一部分来自母乳的免疫球蛋白完整吸收到体内。随着消化道机能的完善，这种吸收大分子物质的能力迅速消失，称为肠壁闭锁。在发生肠壁闭锁后，蛋白质分子被分解为氨基酸或小肽后才能被吸收。出生到 15~20 日龄的犊牛，在吮奶时可形成食管沟反射，使奶直接流入皱胃。犊牛吃奶过急，会有少量奶进入瘤胃和网胃，引起异常发酵，导致犊牛腹泻。初生犊牛肠道内存在足够的乳糖酶活性，缺少淀粉酶和麦芽糖酶的活性，几乎没有蔗糖酶的活性。因此，初生犊牛能很好地消化奶中的乳糖，但不能很好地消化淀粉类碳水化合物。出生 2 周后，乳糖酶的活力随着年龄增加而逐渐降低，淀粉酶和麦芽糖酶的活性升高。初生犊牛胰脂肪酶活力低，随着年龄增加而迅速增加，8 日龄时就可达到相当高的水平，可使犊牛很容易消化利用乳脂及代乳品脂肪。初生犊牛由皱胃分泌的凝乳酶消化牛奶。随着生长，凝乳酶活力逐步被胃蛋白酶所代替。从犊牛出生后消化道酶活性的变化情况可以看出，3~4 周龄内犊牛的主要营养来源是乳汁或以乳成分为主的代乳料。

15 瘤胃的发育规律如何？

答：充分发挥牛的生产潜能，必须使其瘤胃尽早且充分的发育。（1）瘤胃的一般发育规律：初生犊牛，瘤胃的容积小，加上第一、二胃（即瘤胃、蜂巢胃）仅占四个胃总容积的 1/3，10~12 周龄时占 67%，4 月龄时占 80%，1.5 岁时占 85%，基本完成了反刍胃的发育。犊牛在 1~2 周龄时，几乎不反刍，3~4 周龄开始反刍。这时对精料和干草只能摄取少量，同时消化这些固体饲料则以第四胃及肠道为主。真胃没有淀粉酶，这是早期断奶时必须考虑的问题。（2）饲料的种类与瘤胃的发育：犊牛除喂适量的全乳外，加喂精料及干草，可促使瘤胃发育。在 12 周龄时，喂全乳加固体饲料，前两胃的容积约为单胃全乳的两倍，瘤胃乳头少而大，同时胃组织的重量约大两倍以上。瘤胃乳头的颜色也变为成年牛具有的暗褐色。在仅喂全乳的情况下，在8周龄以后，第一、二胃的容积变小。如果在生后4~8周内，用适当的方法予以断乳，那么前两个胃的容积即可超过四个胃总容积的80%，从而达到与成年牛胃容积比例相近似的程度，这就是早期断乳在生理上的主要依据。（3）精料和干草对瘤胃发育的作用：在犊牛生后4~12周，多喂精料（90%）组的犊牛，其瘤胃乳头成长较为良好，而多喂干草（90%）组则以胃容积和组织发育较为优越。如果精料的比例增加为100%而完全不喂干草，则使瘤胃的发育推迟，并且瘤胃的乳头发育不良，同时也降低了日增重。由此可见，必须饲喂干草。犊牛瘤胃、网胃的发育包括容积和吸收能力两个方面。机械刺激能够促进容积的发育，饲喂固体饲料，尤其是粗饲料，对于瘤胃和网胃的容积的发育很有好处。固体饲料对刺激瘤胃发育所产生的效果，并非单纯是物理的作用，其中还包括精料和干草两方面共同发生的营养作用。因在瘤胃内的发酵产物中，最主要的乙酸、丙酸和丁酸，这些挥发性脂肪酸的产生是刺激瘤胃发育的因素之一。（4）挥发性脂肪酸促进瘤胃发育，将乙酸、丙酸、丁酸分别以中性溶液的状态通过导管直接注入犊牛的瘤胃中，呈现了促进瘤胃发育的效果（每头犊牛给予16 kg/12周），瘤胃乳头的成长显著，同时瘤胃组织的重量也有所增加。瘤胃网胃吸收机能的发育，则主要受到饲料瘤胃发酵终产物的刺激，主要是挥发性脂肪酸的刺激，其中丙酸、丁酸在刺激吸收机能发育上的作用较强。

16 牛的一般生长发育规律？

答：牛一般生长发育的规律与其他家畜基本相同，在机体组织中神经组织属于与生命关系最重要的部分，优先发育，其次是骨骼、肌肉及脂肪组织的发育。内脏的发育，除肝脏的大小与牛的营养水平密切相关，瘤胃的发育与饲料的种类关系极为密切外，其他如心、肺、脾、胰、肾等，都是与生命攸关的脏器，因而大致是与体重按一定的比例发育。（1）体重增长：在正确的饲养条件下，犊牛体重增长迅速。犊牛初生重占成母牛体重的7%~8%，3月龄时达成牛体重20%，6月龄达30%，12月龄达50%，18月龄达75%。5岁时生长结束。由此可以看出，3月龄到12月龄的犊牛和育成牛体重增长最快，18月龄至5岁时体重增长较慢，仅增长25%左右。（2）体型的生长发育：初生犊牛与成年牛在体型的相对发育上，明显不同。初生犊显得头大、体高、四肢长，尤其后肢更长。实践表明，母牛妊娠期饲养不佳，胎儿发育受阻，初生犊牛体高普遍矮小；出生后犊牛体长、体深发育较快，如发现有成年牛体躯浅、短、窄和腿长者，则表示哺乳期、育成期犊牛、育成牛发育受阻。所以犊牛和育成牛宽度是检验其健康和生长发育是否正常的重要指标。正常饲养条件下，6月龄以内荷斯坦牛平均日增重为500~800 g；6~12月龄母牛，每月平均增高1.89 cm，12~18月龄平均增长1.93 cm，18~30月龄（即第一胎产犊前）平均每月增高0.74 cm。

17 什么是累积生长、绝对生长、相对生长？

答：累积生长、绝对生长、相对生长是常用的生长发育的计算指标。（1）累积生长：任何一次所测的体重和体尺，都是代表牛在测定以前生长发育的累积结果，称为累积生长。（2）绝对生长：利用一定时间内的增长量来代表牛的生长速度，称为绝对生长，如平均日增重。（3）相对生长：利用增长量与原来体重的比率来代表牛在一定时间内的生长强度，称为相对生长。不同年龄的牛在同一时间内很可能生长速度相同，但生长强度并不完全一致，年龄小体重轻的个体，其生长强度较大。生长强度以幼龄牛为最高，随年龄增长而迅速下降。

18 犊牛的饲养管理目的是什么？

答：（1）提高存活率，少生病。（2）恰当使用优质粗饲料，促进犊牛消化机能的形成和消化器官的发育，降低乳品使用量，降低成本。（3）尽量利用放牧条件，加强运动并注意泌乳器官的锻炼。这会为犊牛长大成为成年牛的时候拥有良好体型结构和优良的生产性能奠定健壮的体质基础。

19 犊牛的饲养管理策略包括哪些方面？

答：（1）出生 7 d 内目标：尽快吃上初乳，获得免疫力，防止下痢。（2）出生后 2 h 内，可喂出生重的 1/10，第 1 次喂给至少 1kg，以后 3 次 /d，1.5 kg / 次。（3）出生 7 d 至 49 d 目标：①提高存活率，快速、健康成长；②促进瘤胃功能发育；③ 降低乳品的使用，降低成本。饲喂常乳：每天 2 次共 4 L，逐步递减；犊牛料：少量多次，连续 3 d 能吃 1 kg 以上可以断奶。（4）5 月龄前目标：发育正常、2 月龄体重达 80 kg。饲喂犊牛料：1.2~2.5 kg/d，饲喂少量优质饲草和洁净饮水。（5）5~6 月龄目标：①日增重达 0.8kg 以上，②胃肠功能完全发育，③ 乳腺正常发育。饲喂犊牛料逐步递减，逐步过渡到青年牛料，供给洁净的水和饲草。

20 犊牛哺乳期如何进行科学饲养与健康管理？

答：（1）科学饲养方法：①建立稳定的饲喂制度：定时、定量、定温、定人。一般要求每天 3 次定时饲喂；每天每次喂量基本相同，改变喂量时应逐渐增减，不做突然变动；奶温 36~39℃，冬季可稍高。可手测奶温，用手背接触奶，奶温与手温相等或稍热为宜；定人使牛和人有亲近感，减少应激。通过这些饲喂制度，可使犊牛形成良好的条件反射，对犊牛健康十分有利，可保证犊牛安全断奶。②哺乳量：犊牛哺乳期的长短和哺乳量可根据培育方向、所处的环境条件、饲养条件进行调整，传统的哺喂方案是采用高奶量。③哺乳次数：每天喂奶 2 次与 3 次，对犊牛增重的影响不显著。若采用两次喂奶，最好每次喂量相等，占体重的 4%~5%，以防喂量超过犊牛皱胃容积，多余牛奶反流到瘤胃造成消化不良，引起瘤胃臌气。④植物性饲料的饲喂：犊牛生后 1 周，即可训练采食精料，生后 10 d 左右训练采食干草。训练犊牛采食犊牛精补料时，每日 15~20 g 混入牛奶中饲喂或抹在犊牛口腔处教其采食。几天后即可将精料拌成干湿状放在奶桶内或饲槽里让犊牛自由舔食，少喂多餐，做到卫生、新鲜。喂量逐渐增加，至1月龄时每天可采食1 kg甚至更多。刚开始训练犊牛吃干草时可在犊牛的草架上添加一些柔软优质的干草，让犊牛自由采食。喂量逐渐增加，但在犊牛没能采食1 kg精补料以前，干草喂量应适当控制，以免影响精料的采食。⑤饮水：犊牛出生7 d后，单靠奶中的水分已不能满足其代谢需要，一般在犊牛喂奶后1 h左右供给饮水，水温开始应在35~37℃，随着日龄的增长水温应逐渐降低，到断奶前应让犊牛适应常温水。注意：饮水量不宜过大，否则会引起水中毒，尿血尿。（2）健康合理的管理措施：①每日要进行多次健康观察，发现问题尽快处理和解决。a. 测体温：一般犊牛的正常体温38.5~39.5℃，育成牛38.0~39.5℃，成母牛38.0~39.0℃。b. 测心跳次数和呼吸次数：刚出生的犊牛心跳很快，每分钟为120~190次，以后逐渐减少。心跳次数的正常值如下：哺乳期犊牛90~110次/min，育成牛70~90次/min，成牛65~85次/min。呼吸次数的正常值为：犊牛20~50次/min，成牛15~35次/min。c. 观察粪的形状颜色和气味。观察刚刚排出的粪便可了解消化道的状态和饲养管理状况。d. 观察犊牛的精神状态。注意有无咳嗽和气喘；发现病牛及时进行隔离。②卫生：对犊牛生活环境，牛舍每周进行一次消毒；垫草要柔软干燥并且勤换；喂奶用具（奶壶、奶桶等）每次用后用碱水清洗干净然后泡入消毒液中，用前清水清洗；喂奶完毕，用干净毛巾将犊牛嘴缘的残留乳汁擦干净，防止犊牛之间相互吮吸，造成舔癖。③刷拭：每天给犊牛刷拭1~2次（最好用毛刷）可促进皮肤血液循环，增强抵抗力。不要用铁刷刷头顶和额部，易养成顶撞的坏习惯。④运动：生后8~10 d可在运动场做短时间运动，对增强犊牛体质健康有利。⑤打耳标：一般出生后即可打耳标、编号、建档，有利于管理。⑥去角：便于成年后管理，减少牛体相互受到伤害，10日龄左右进行去角较易，且食欲和生长很少受影响。方法：电烙铁破坏角基细胞。⑦剪除副乳头：适宜时间2~6周龄。方法：将乳房周围清洗消毒，将副乳头轻轻拉向下方，用剪刀从乳头基部将乳头剪下，在伤口上涂少量碘酒即可。

21 早期断奶方法是什么?

答：早期断奶的犊牛哺乳期短，哺乳量少，节省鲜奶，减轻劳动强度，降低培育成本。因较早地采食犊牛料等植物性饲料，促进了犊牛的消化器官发育，尤其是瘤网胃的发育，提高了犊牛的培育质量。试验表明，在犊牛出生后及早补饲植物性饲料，在生后4~8周瘤网胃的容积可望达到四个胃总容积的80%。推荐早期断奶哺乳方案（表10）。犊牛料在出生后7 d开始教料，25 g/d，并给予优质干草，自由采食。随日龄增长逐渐增加犊牛料喂量，不可一次增加太多。30日龄后可逐渐给一些柔软的青贮，到45日龄左右采食精料0.75 kg/d时可断奶。注意：（1）干草自由采食，质地柔软优质。（2）青贮要晚给，30~40日龄后再喂给。（3）补足饮水。

表10　早期断奶哺乳方案

犊牛日龄	日喂奶量（kg）	阶段喂奶量（kg）
0~5（初乳）	3~4.5	15~22.5
6~20（常乳）	4.5~6.0	67.5~90
21~30（常乳）	4.5	45.0
31~45（常乳）	3	45.0

22 怎样用酸初乳喂犊牛？

答：用酸初乳喂犊牛可以节省全乳或代乳料，一般奶牛场都可采用。酸初乳的贮存比较简单，将多余的初乳贮于清洁的桶内，同一日产犊的初乳可同贮一桶中发酵。对于不同日产犊的初乳应分桶贮存待发酵后才可倒在一起。因为这些初乳发酵速度不同，混在一起，很可能酸化得不好。同时，贮存的初乳每天应搅拌一次，因酸化过程会起凝块和泡沫。初乳应贮存于荫凉处，一般可使用 3~4 周，视天气情况，冬季可贮久些，夏季则短些。贮存过久，出现败坏，则不能使用。发酵好的酸初乳呈淡黄色，有酸香味，品尝似醋，有时有少量乳清析出。发酵不好的酸初乳较稀，不能成块状，有味刺鼻，甚至有臭味，呈灰色。酸初乳可以从第四天开始喂用，因第四天初乳酸味较弱，可以使犊牛渐渐习惯酸初乳的味道。喂用时可用两份初乳加一份温水冲喂，等犊牛稍大后，甚至可水乳各半使用。

23 犊牛代乳料的特点有哪些，如何使用？

答：犊牛代乳料是一种为代替全乳而配制的饲料，其主要原料是乳业副产品。传统的代乳料包括脱脂奶、乳蛋白浓缩物、脱乳糖乳清粉和乳清粉。使用代乳料的目的是节约全乳，降低培养费用，以及补充全乳某些营养成分的不足。代乳料的主要营养指标为蛋白质和脂肪。蛋白质不低于 20%；脂肪不低于 15%，有的高达 20%；粗纤维含量低于 0.5%。犊牛出生后 4~6 d 即可饲喂代乳料。代乳料的含脂量通常低于全奶（以干物质计算），因而其所含能量较低（为全奶的 75% ~80%）。饲喂代乳料的犊牛通常比饲喂全奶的犊牛日增重稍低。代乳料的营养成分应与全奶相近。乳清蛋白、浓缩的鱼蛋白或大豆蛋白可作为代乳料中的蛋白质成分。但某些产品，如鱼粉、大豆粉及单细胞蛋白质，不适宜作为代乳料的蛋白质成分，因其不易被犊牛吸收。使用代乳料时，应严格按照产品说明正确稀释。多数干粉状代乳料可按 1∶7 稀释，以达到与全奶相似的固体浓度。

24 犊牛开食料的特点有哪些，如何使用？

答：犊牛开食料断奶前后专为适应犊牛需要的混合精料。适口性强，易消化且营养丰富。其形状为粉状或颗粒状，但颗粒不应过大，一般以直径 0.3 cm 为宜。犊牛开食料以植物性高能量籽实类及高蛋白料为主。粗蛋白质 16%~18%，粗纤维 6%~7%，含 80% 的总可消化养分。目前研究表明，犊牛生后 3 周龄时饲喂开食料最为适宜，饲喂过早或过晚都会对犊牛生长发育和健康不利。犊牛开食料喂至 8 周以后即可渐转为一般配合饲料。

25 断奶至 6 月龄犊牛的饲养？

答：在具有良好的饲料条件和精细规范的饲养管理下，一般犊牛在 6~8 周龄，即每天采食犊牛料 1~1.5 kg 时即可断奶。但对于体格较小或体弱的犊牛应适当延期断奶。犊牛断奶后继续饲喂断奶前的犊牛精补料，当犊牛每天采食 1.5~2.0 kg 犊牛精补料时，可改为育成牛料。犊牛断奶后进行小群饲养，将年龄和体重相近的牛分为一群。日粮中应有足够的精饲料，一方面满足犊牛的能量需要，另一方面也为犊牛提供瘤胃上皮组织发育所需的乙酸和丁酸。同时，日粮中应有较高比例的蛋白质，长时间日粮蛋白不足将导致后备牛体格矮小，生产性能降低。此外，还要考虑瘤胃容积的发育，酌情供给优质干草。

26 生长育成牛的饲养管理策略包括哪些方面？

答：（1）6 月龄至配种目标及措施。①体型发育正常、体重增加迅速，正常发情配种。②配种时体重 350 kg 以上。③乳腺机能发育正常，妊娠正常。本阶段要特别注意：要保持适宜体况，避免过肥。饲喂：按体重的 1.0%~1.5% 供给，每日饲喂 2.5~4 kg 育成牛料；日粮应以粗饲料和多汁饲料为主，给优质干草、青贮饲料或其他副产品、饮水等。（2）配种至产前 2 个月措施：配种受胎，生长缓慢，体躯显著向宽深发展，应保持牛适宜体况，刺激其进一步增长。日粮以优质的干草、青草、青贮料和根茎类为主，育成牛精料可以少喂。到达妊娠后期，由于胎儿生长迅速，必须另外加精料，每日 2~3 kg，精粗比（25~30）:（70~75）。

27 生长育成牛饲养中存在的问题有哪些？

答：①配种过早：体重或月龄不达标，早配现象较为突出；②饲料过于单一：只喂粗料，部分只喂青贮料，营养不足。以上问题的存在，可能导致育成牛体成熟和性成熟非平衡发育，体成熟延迟，瘤胃容积未扩大，降低奶牛的生产性能和可利用年限。

28 7 月龄至 15 月龄育成牛如何饲养？

答：这一时期育成牛的饲养目的主要是通过合理的饲养使其按时达到理想的体形、体重标准和性成熟，按时配种受胎，并为其一生的生产打下良好的基础。此期育成牛的瘤胃机制已相当完善，可以自由采食优质粗饲料，精料一般根据粗料的质量酌情补充，如果粗料质量一般，精料喂量为 2.5 kg 左右，使育成牛的平均日增重达 700~800 g，13~16 月龄体重达 360~380 kg 配种。此阶段育成牛生长迅速，抵抗力强，发病率低，容易管理。

29 育成牛初次妊娠期应怎样管理？

答：在妊娠前期可按育成牛条件来饲养。放牧条件好时，再供给些干草供自由采食，一般可满足需求；若舍饲每天可喂1.0~2.0 kg精料，干草10~12 kg；如果用青贮饲料，则粗饲料可用干草5~6 kg，青贮饲料10 kg左右。具体精料喂量应根据粗饲料品质和牛的情况适当调整。临产前2~3个月，妊娠对营养物质的需要量明显增加；同时，子宫压迫瘤胃，使粗饲料的采食量受到限制，此应适当增加精料用量，但精料用量应该控制在体重1%以内。青贮料每日喂给6~10 kg，干草可供自由采食。标准是在产前2~3月内，日增重1 kg左右。在妊娠期舍饲时应保持轻度的运动，以增进食欲，有益健康，对顺利产犊及产后恢复均有好处。一般按摩在妊娠后5~6个月开始，每天一次，每次3~5 min，至产前半个月停止按摩。自由饮水。产后头几天，可维持产前饲料供给水平，不要急于加料，待牛的机能恢复，乳房消肿，食欲恢复后，再增加精料和优质粗料量。

30 配种至产犊青年牛如何饲养？

答：育成牛配种后仍可按配种前日粮饲养。当育成牛怀孕至分娩前3个月，由于胚胎迅速发育，以及育成牛自身的生长需要额外增加0.5~1.0 kg的精料，具体日粮配方见表11。如果此阶段营养不足，将影响育成牛的体格，以及胚胎的发育，但营养过于丰富将致过肥，引起难产，产后综合征等。产前60 d最好换成干奶期精补料。在产前20~30 d要求将妊娠青年牛移至清洁干燥的环境饲养，以防疾病和乳房炎。此阶段可以逐渐增加精料喂量，于产前15 d由育成期精料换成泌乳期精料，以适应产后高精料的日粮，但食盐和矿物质的喂量应控制，以防乳房水肿。

表11 推荐日粮组成表

妊娠月	精料量（kg）	干草（kg）	青贮（kg）
4~5	2.5	2.5	15~17
6~9	3.0~4.5	7.0~5.5	11~6

31 产奶牛的饲养管理目标及措施有哪些？

答：产奶牛的饲养管理目标有以下几个方面。保证奶牛健康，尽快达到产奶高峰，尽可能多产优质牛奶；尽可能减少体损失；及时返情配种。管理措施包括：（1）泌乳前期：提高奶牛的干物质采食量，尽可能减小能量负平衡的影响；提高日粮钙、磷水平，且易吸收；提供优质干草，实现日粮多样化，逐步增加精补料的喂量。（2）泌乳中期：泌乳量进入相对平稳时期，干物质采食量达到高峰，体重开始恢复，子宫已恢复正常，开始发情。注重调控日粮营养的全价性和饲喂量，以控制泌乳量的下降幅度；观察母牛的返情情况，及时配种。（3）泌乳后期：奶量明显下降，妊娠进入中后期母牛体重增加和胎儿发育同时进行，饲料代谢能转化为体重的效率高于生产的效率。需控制膘情适当控制青贮饲料的喂量，严禁饲喂发霉、冰冻的饲料及过凉的饮水，注意运动，加强保胎。

32 泌乳盛期的饲养管理措施有哪些？

答：（1）泌乳盛期的饲养：指产后第 16~100 d 内。奶牛产后奶量迅速上升，一般 6~8 周达产奶高峰。产后虽然食欲逐渐恢复，但 10~12 周干物质进食量才达高峰。由于干物质采食量的增加跟不上泌乳对能量的增加，奶牛能量代谢呈现负平衡，不得不分解体组织，以满足产奶的营养需要，故牛体逐渐消瘦，体况不佳，体重减轻。为了尽快安全地达到产奶高峰，减少体内能量的负平衡，是此期的工作重点。为此，可采取以下饲养措施。①除根据体重和产奶量按饲养标准给予饲料外，每天额外多给 1~2 kg 精料，以满足产奶量继续提高的需要，只要奶量能随饲料增加而上升，就应该继续增加，待到增料不增奶时，才将多余的精料降下来。降料比增料的速度慢些，逐渐降至与产奶量相适应为止。同时，应增喂青绿多汁、青贮饲料和干草数量。该饲养法的特点：a. 可使奶牛瘤胃微生物区系在产犊前得到调整，以适应产后高精料日粮。b. 可使奶牛，特别是高产奶牛在产犊前体内贮备足够的营养物质，以满足产奶高峰时的需要。c. 增进干奶牛对精料的食欲和适应性，使它在产犊后仍能继续采食大量精料，从而使奶牛在泌乳早期就迅速达到泌乳高峰，不致因吃不进精料而使产奶量受到限制。d. 可使多数奶牛出现新的产奶高峰，增产的趋势可以持续整个泌乳期。e. 在泌乳初期奶牛即可采食丰富的能量，满足了奶牛泌乳的需要，减少酮病的发生。请注意该饲养法仅对高产奶牛有效，而对低产奶牛则不宜使用，否则将导致奶牛过肥，反而产生不利影响。给产前 1 周至产后 8 周的母牛，特别是食欲不振的牛补饲或灌服丙二醇（150 g/d）或丙酸钙，可以预防酮病、皱胃移位及蹄叶炎，提高产奶量。由于在泌乳盛期较多使用精料，在配制日粮时，可考虑添加缓冲剂如小苏打和氧化镁。②从奶牛产前 2 周开始至产犊后泌乳达到高峰时，喂给高水平能量，适量粗料，多喂精料。每天喂给 2.5 kg 精料，以后每天增加 0.45 kg，直到母牛每 100 kg 体重吃到 1.0~1.5 kg 精料为止。产犊后继续按每天 0.45 kg 增加精料，直到产奶高峰。泌乳高峰过后，奶量不再上升逐渐缓慢下降时，可按产奶量、体况等情况调整精料喂量。在整个饲养期，供给优质饲草，任其自由采食，并给予充足饮水。影响奶牛泌乳高峰的因素主要有：产犊时奶牛过肥；饲料不足产犊时体况不佳；营养及卫生方面引起的疾病；乳腺炎；饲料受干扰或日粮突然改变；转群运输以及气温等方面的刺激；挤奶技术或挤奶机械故障。（2）泌乳盛期的管理：分群饲养，细心照料；要注意营养和卫生方面的问题，如果泌乳 90 d 后泌乳降低速度，低于 1 %表明奶牛或是未孕，或是泌乳高峰未达到预期产量。若奶牛达到高峰，但不能持续，应检查日粮能量。对于奶牛未达到预期产奶高峰，应检查日粮的蛋白水平。如果体重或体况下降过大，可能是饲喂不足或慢性疾病所致。在泌乳盛期要加强乳房护理，挤奶要严格按操作规程，不可经常更换挤奶员；及时配种。

33 泌乳中期奶牛如何饲养管理?

答：一般产后101~200 d为泌乳中期。此期一方面奶牛产奶量开始下降，另一方面，奶牛食欲旺盛，采食量达到高峰。这一阶段应根据奶牛的体重和泌乳量每周或者隔周调整精料喂量。在满足奶牛营养需要的前提下，逐渐增大粗料比重，精粗比为40∶60。此期的饲养管理工作要点：（1）每月产奶量下降的幅度控制在5%~7%。（2）饲料供应上应根据产奶量、体况、定量供给精料，粗料自由采食。（3）充足的饮水，加强运动，正确的挤奶方法及正常的乳房按摩。

34 泌乳后期奶牛如何饲养管理?

答：产后201 d至干奶之前的这段时间称为泌乳后期。此期奶牛由于受胎盘激素和黄体激素的作用，产奶量开始下降，应根据体况和泌乳量进行饲养。每周或隔周调整精料喂量1次。同时，泌乳后期是奶牛增加体重，恢复体况的最佳时期。凡是泌乳前期体重消耗过多和瘦弱的，此期应适当比维持和产奶需要多喂一些。高产奶牛泌乳阶段吃了很多精料使瘤胃代谢处于特殊状态，如若奶牛能在泌乳后期恢复体况，干奶期仅喂粗料或粗料外加少量精料就能满足其营养需要，这样就可使瘤胃恢复正常发酵，使其在一年的生产周期中有休息时期。

35 奶牛的一般管理有哪些?

答：（1）刷拭：每天必须刷拭奶牛，刷拭能清除牛体的污垢、尘土和粪便，保持牛体清洁，促进血液循环，增进新陈代谢，有益于牛的健康，还可防止寄生虫病。刷拭应由颈部开始往后刷。先用毛刷和铁刷刷掉牛体粪便，再用水清洗牛体。（2）修蹄：由于受遗传和环境因素的影响，有的奶牛蹄会出现增生或病理症状，如变形蹄、腐蹄病、蹄叶炎等。如不及时修整，会造成奶牛行动上的困难和产奶量下降。修蹄应每年春秋各进行1次。

36 奶牛夏季饲养技术要点有哪些?

答：奶牛较耐寒不耐热，改善夏季饲养是实现全年高产的重要途径。（1）夏季炎热，牛体散热困难，带来的后果是：①奶牛体重减轻，体况下降；②乳产量及乳脂率同时下降；③繁殖力下降；④疾病增加，甚至死亡。（2）夏季奶牛饲养原则应以防暑降温为主，把高温的不良影响减到最小限度：①在高温条件下，高产牛通过增强新陈代谢，加速向体外散热，以保持正常体温。

据测定，每升高 1℃需要消耗 3% 的维持能量，即在炎热季节消耗能量比冬季大（冬季每降低 1℃需增加 1.296 的维持能量），所以夏季要增加营养。饲料中含能量、粗蛋白质等营养物质要多一些、浓一些，但也不能过高。而且要有一定数量的粗纤维（17%），如果平时喂精料 4 kg，夏天可增加到 4.4 kg；平时喂豆饼占混合料 20%，夏天可增加到 25%。②选择适口性好，营养价值高的青粗饲料如胡萝卜、苜蓿、优质干草、冬瓜、南瓜、瓜皮、聚合草等。③延长饲喂时间，增加饲喂次数，夏天中午舍内比舍外温度低，为了使牛体免于受到太阳直射，12 时上槽，这既可增加奶牛食欲，又能增加饲喂时间；如由 3 次改为 4 次饲喂，夜间补饲 1 次，增奶效果更好。④喂稀料，既增加营养，又能满足水的需要为此将部分精料改为粥料是有益的。⑤坚持饲料品质检查，青贮出窖，干草进槽应建立质量检查责任制。⑥预防为主，减少疾病防止乳房炎、子宫炎、腐蹄病、食物中毒是提高夏季产乳的关键，建议采取以下措施：从 5 月开始用 1%~3% 次氯酸钠溶液浸泡乳头；母牛产后 15 d，检查一次生殖器官，发现问题及时治疗；每月 2 次用清水洗刷牛蹄，并涂以 10%~20% 硫酸钠溶液；每天刷洗 1 次食槽。⑦减少温度，增加排热降温措施牛舍内相对湿度应控制在 80% 以下。相对湿度大，大气的容热量变小，牛体散热受阻加大。所以，牛舍必须保持干燥，且通风良好，早晚打开门窗，有条件者，可安装吊扇，以加风速。⑧保持牛体和牛舍环境卫生牛舍不干净，最容易污染牛体，这既影响牛体皮肤正常代谢，有碍牛体健康，而且严重影响牛乳卫生。夏天要经常刷拭牛体，以利牛体散热。夏天蚊蝇多，干扰奶牛休息，容易传染疾病，可用 1%~1.5% 敌百虫药水喷洒牛舍及其环境。饮水：水槽要不断水，最好饮用低温水，应保证饮水新鲜、清洁，并适量喂些食盐。喂料：多喂一些有利于降温、青绿多汁的饲料，不喂热性饲料。补料：尽量在夜间补饲料。由于白天炎热，牛食欲减退，而夜间温度低，补喂饲草、料能增加采食量。通风：牛舍窗户要打开，加大空气对流量。有条件可安装通风设备，来降低温度。冲洗：气温超过 34℃时，最好用凉水冲洗牛体，有条件可采用淋浴。遮阴：牛舍朝阳窗、门、运动场要遮阴。消毒：定期对舍内外用 5% 的来苏尔溶液喷洒灭菌消毒，并填平污水坑，排除蚊蝇的产生和干扰。

37 奶牛每天要喝多少水？

答：奶牛的饮水量受产奶量、干物质进食量、气候条件、日粮组成、水的品质以及奶牛的生理状态等的影响。泌乳牛每日的饮水量（kg）可通过以下等式预测：每日饮水量 = 14.3+1.28 × 日产奶量（kg）+0.32 × 日粮干物质含量。

38 缓解奶牛热应激的方法有哪些？

答：夏季高温季节，缓解奶牛热应激的方法有很多，以下措施均可以有效缓解奶牛热应激。（1）搭建凉棚。（2）牛舍配套风扇和喷淋。（3）提供清凉饮水。如彩图 46~49。（4）调整饲料精粗比。（5）提高维生素、微量元素添加量。（6）注意补充钠、钾、镁，以维持水平衡、离子平衡和酸碱平衡。（7）采用全混日粮饲喂。（8）提高能量和蛋白质水平，使用过瘤胃脂肪。（9）调整作息时间。

39 奶牛饮水的适宜温度是多少?

答：（1）犊牛：饮水的温度最好控制35~38℃，因为犊牛本身抗寒能力尚未发育完全，如果一直提供低于5℃的饮水，不仅影响犊牛的采食和饮水量，对犊牛身体发育都会产生不良影响。犊牛饮乳的温度也应控制在35~38℃为宜，无论是初乳还是常乳都应该在加热消毒后冷却到35~38℃时喂给。（2）泌乳牛：在冬季，普通泌乳牛的饮水温度也不应低于8℃，如果长期供给低温的饮水，首先饮水量会大大下降，直接导致产奶量下降。另外，饮用冷水对奶牛是一个冷刺激，奶牛要消耗一部分本来可以用于产奶的能量来抵御寒冷，这样必然导致产奶量下降。有研究表明，在冬春季节将奶牛的饮水温度控制在9~15℃可比饮水温度没有控制（0℃左右）的奶牛日均产奶量高出0.57 kg，即仅通过饮水温度控制可提高产奶量。另外，奶牛产后一般会由于损失大量水分而饮水，在冬季，如果我们给刚生产的奶牛提供足量的温度在40℃左右的麦麸水来代替温度在5℃甚至更低的水，能起到很好的补充体液，温暖身体的功效，同时也会减少产后疾病。

40 寒冷天气下奶牛饲养管理技术有哪些?

答：奶牛虽耐寒不耐热，但环境温度在10~16℃才能发挥最佳生产性能，特别是在极端严寒气候下，对奶牛生产和健康造成极大损害，如出现新生犊牛成活率降低，奶牛乳头冻伤、奶产量下降等现象。为避免这些问题，应采取以下措施。（1）提高牛舍保温性能：将牛舍特别是犊牛舍迎风面的门窗、墙缝堵严，防止贼风侵袭。犊牛栏内垫上较厚的垫草，避免身体直接与地面接触。（2）控制牛舍湿度：牛舍湿度尽量控制在50%~60%，因此冬季牛舍尽可能地少用水冲洗地面，勤换垫草，及时清理粪便，可以定期用干锯末等将牛舍地面吸干并清扫，保持圈舍干燥。对于封闭式牛舍在中午气温较高时要通风换气，以免舍内湿度太高。（3）户外适度运动：在中午阳光充足，气温高时，把牛赶出牛舍，在运动场自由活动，每天2 h以上。（4）提高饮水温度：冬季将饮水温度维持在9~15℃，严禁饮喂冰冻冷水。（5）调整奶牛日粮：由于气温低导致奶牛用于维持和生产的营养需求增加，冬季的饲养要求一般要比正常饲养标准高10%~15%。也可在奶牛日粮中添加过瘤胃脂肪、全棉籽等能量高的饲料。（6）注意矿物质和维生素补给：冬季更要保证日粮中的钙、磷含量。另外，冬季奶牛饲料单一，青绿饲料缺乏，容易导致维生素摄入不足。冬季奶牛易缺乏维生素A和维生素E，应注重的添加，维生素A和维生素E的喂量可提高一倍。（7）做好犊牛保温工作：对于单间犊牛舍，可用塑料膜将运动场上空封闭，改建成临时塑料暖棚；

如果是活动式犊牛岛，可将其移到舍内。犊牛舍地面应该铺垫较厚的垫草，避免犊牛爬卧在冰冷的地面上。

41 奶牛的理想体况及评分时间？

答：奶牛体况评分（5分制）理想体况及评分时间见表12。

表12 理想体况及评分时间表

	评定时间	体况评分及说明
成年母牛	干奶期（产前60至产前15 d）	3.2~3.9
	分娩期、围产期（产前16至产后15 d）	3.1~3.9
	泌乳盛期（产后16~100 d）	2.6~3.4
	泌乳中期（产后101~200 d）	2.5~3.5
	泌乳后期（产后201~305 d）	2.8~3.8
青年母牛	6月龄	2.5~3.0
	配种时（16~17月龄）	2.6~3.2
	分娩时（25~26月龄）	3.0~3.9

42 奶牛的体况评分及标准是什么？

答：奶牛体况是奶牛营养代谢正常与否及饲养效果的反映，也是奶牛高产与健康的标志之一，奶牛体况通常以体膘评分来衡量。评分是以肉眼观察母牛尻部而得，主要部位有髋骨（髋结节）、臀角（坐骨结节）和尾根。另外，腰椎上的脂肪（或肌肉）量也被用于评分指标。评分范围从1分（极瘦）到5分（极胖），见图2。（1）观察奶牛整个躯体的大小、全貌、肋骨的显露程度和开张程度，背线、腰角、坐骨及尾根等部位的肥瘦程度。（2）手触摸或按压以下各部位：①肋骨：用拇指和食指掐捏肋骨，检查肋肌的丰瘠程度。过肥的牛，不易掐住肋骨。②背线：用手掌在牛的肩、背、臀（尻）部移动按压，以测定其肥胖程度。③腰角和坐骨：用手指和掌心掐捏腰椎横突，触摸腰角和臀角。④尾根：如过瘦，尾椎与坐骨间的凹陷非常明显。（3）体况评分时，还需要考虑被毛光泽及顺逆、腹部的凹陷度。（4）具体评分说明见表13。

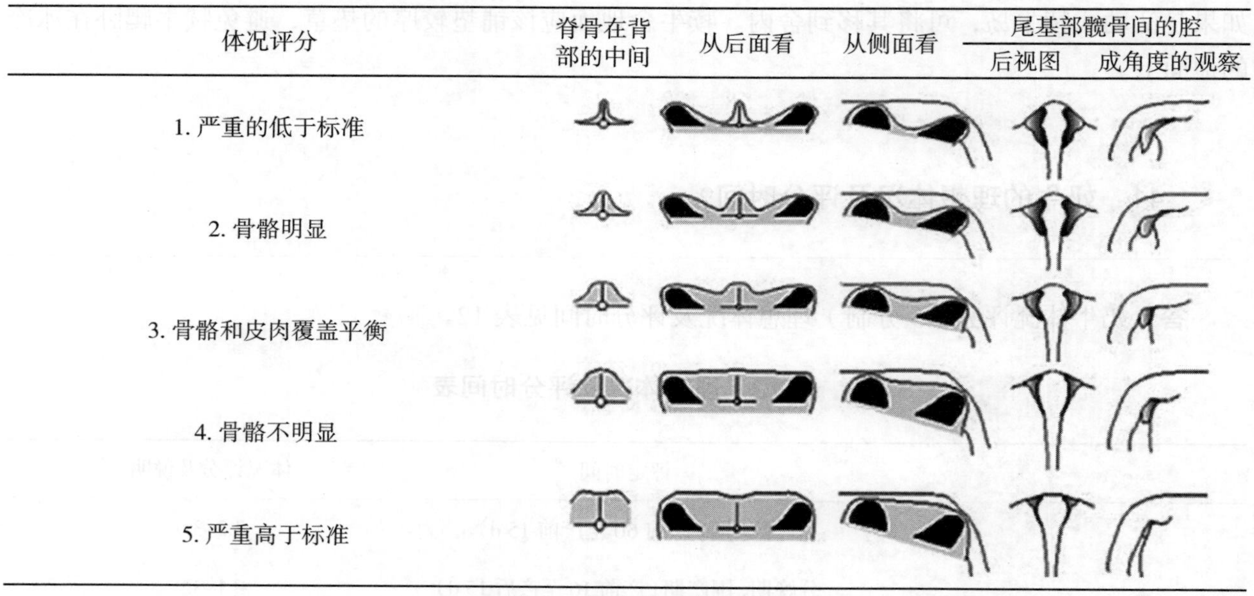

体况评分	脊骨在背部的中间	从后面看	从侧面看	尾基部髋骨间的腔 后视图	尾基部髋骨间的腔 成角度的观察
1. 严重的低于标准					
2. 骨骼明显					
3. 骨骼和皮肉覆盖平衡					
4. 骨骼不明显					
5. 严重高于标准					

图 2 奶牛评分部位

表 13 奶牛体况评分及标准

体况评分	评分标准	备注
1.0 分	* 脊椎骨明显，根根可见 * 短肋骨根根可见 * 髋部下凹特别深 * 荐骨、坐骨及联接二者的韧带显而易见 * 尾根下凹	奶牛太瘦，没有可利用的体脂贮存
2.0 分	* 脊椎骨突出，但并非根根可见 * 短肋骨清晰易数 * 髋部下凹很深 * 荐骨、坐骨及联接二者的韧带明显突出 * 尾根两侧皆空	有可能从这些奶牛身上获取充分的产奶量，但缺少体脂贮存
2.5 分	* 脊椎骨丰满，看不到单根骨头 * 椎骨可见 * 短肋骨上覆盖有 1.5~2.5 cm 体组织 * 肋骨边缘丰满 * 荐骨及坐骨可见但结实 * 联接荐骨及坐骨的韧带结实并清晰易见 * 髋部看上去较深 * 尾骨两侧下凹，但尾根上已开始覆盖脂肪	理想体况，这些奶牛在大多数产奶阶段健康
3.5 分	* 在椎骨及短肋骨上可感觉到脂肪的存在 * 联结荐骨及坐骨的韧带上脂肪明显 * 荐骨及坐骨丰满 * 尾根两侧丰满 * 联结荐骨及坐骨的韧带结实	奶牛理想体况评分的上限，体况评分再高一点就该归入肥牛行列 3.5 分是后备牛产犊时及干奶时理想体况
4.5 分	* 背部"结实多肉" * 看不到单根短肋骨，只有通过用力下压时才能感觉到短肋骨 * 荐骨及坐骨非常丰满，脂肪堆积明显 * 尾根两侧显著丰满，皮肤无皱褶	这些奶牛身体上脂肪太多

43 如何进行奶牛饲槽评分及调整？

答：对饲槽评分和调整见表 14。

表 14 饲槽评分及调整表

评分	饲槽状况	调整
0	饲槽中无饲料	增喂 5%
1	大部分饲槽缺乏饲料	增喂 2.3%
2	饲槽有小于 2.5 cm 厚的饲料，看着与 TMR 相似	保持现状
3	饲槽有 5~7.5 cm 厚的饲料	查清楚原因并调整
4	饲槽有大于 50% 的饲料	查清楚原因并调整
5	饲料最终无采食	查清楚原因并调整

44 如何根据粪便进行评分？不同奶牛评分目标值是多少？

答：（1）奶牛粪便评分见表 15 至表 16 和彩图 50。

表 15 奶牛粪便评分表

粪便评分	粪便状态	奶牛状态
1	液体状态（排便时伴有破裂音）	霉菌毒素、消化器官感染和营养成分异常发酵等问题
2	掉落地面时不能形成饼而分散（排便时伴有破裂音）	产奶量高、饲料摄取非常正常，大部分为高产奶牛
3	掉落地面时形成饼，不分散	奶牛状态没有问题，比评分 4 产量高
4	稍微硬，仍有流动性	蛋白质含量低或低品质粗饲料摄取量过多，产奶量不高
5	坚硬，表面焦黑，如球塌陷状态	脱水等几乎疾病状态

表 16 奶牛粪便颜色评判表

粪便颜色	饲料种类和状态
暗绿色	摄取一般青草的状态
黄褐色	摄取干草
接近黄色的褐色	摄取较多浓缩饲料
灰色	腹泻
黑色或有血	由于腹泻、霉菌毒素、球虫病引起肠内出血
如宿便浅绿色或花色	可能感染沙门氏菌等病菌
异常粪便颜色	治疗患病牛，注入药物时

★ 粪便的颜色受饲料的种类或胆汁浓度以及饲料通过率的影响

（2）不同奶牛粪便评分目标值见表 17。

表 17 不同奶牛粪便评分目标表

不同奶牛	粪便评分目标分
犊牛	2.5
小母牛	3.5
临产干奶牛	3.0
产后牛	2.5
泌乳高峰期牛	2.75
泌乳后期牛	3.25
干奶牛	3.5

45 奶牛行走评分的必要性及评分目标有哪些？

答：因跛行母牛造成的经济损失十分明显。因为采食量的减少，发情配种的延迟均导致奶产量的下降，都与经济损失有关，所以，监测行走评分是了解是否成为问题的最好办法。评分目标：评分为 3、4、5 的母牛数要低于 10% 为好，见表 18~19、彩图 51–52。

表 18 奶牛行走评分表

评分	目标	实际调查
1	25	50%~60%
2	15	25%~30%
3	9	11%~16%
4	0.5	3%~8%
5	0.5	1%~2%

表 19 奶牛步行指数评判标准表

步行指数	评判标准
1	正常步行
2	轻微瘸腿
3	严重瘸腿 + 背弯曲 + 碎步
4	严重瘸腿 + 背弯曲 + 爬行 + 缓慢步行
5	艰难起立 + 腿抬起发抖

第三部分 牛品种及特征

1 奶牛的主要品种有哪些？

答：世界上乳用牛品种共有81个，著名的有荷斯坦牛、娟姗牛、爱尔夏牛、更赛牛、瑞士褐牛和乳用短角牛等。在世界现代奶牛品种中，荷斯坦牛占绝对多数，该牛体型大，产奶量高。饲料报酬高，故国内外饲养荷斯坦牛的头数日益增多，奶牛品种趋于单一化。荷斯坦牛的缺点是乳脂率和乳蛋白率低，耐粗、抗热性差，适于鲜奶需要量大、饲料条件较好的大中城市饲养。在饲料条件较差的中小城市和乡村，宜饲养能耐粗饲、适应性较好的欧洲乳肉兼用型荷斯坦牛比较合适。

2 荷斯坦牛体形外貌和生产性能的特点是什么？

答：乳用型荷斯坦牛（彩图53）：体型高大，结构匀称，皮薄骨细，皮下脂肪不发达，被毛细短。头清秀，略长；角致密光滑，不粗大，向前弯，角基白色，角尖黑色；颈细长，两侧有皱纹，垂皮不发达；乳房大，乳静脉明显；后躯明显比前躯发达，尻发育良好，毛色为黑白花。公牛体重为900~1 200 kg，母牛650~750 kg，犊牛初生重40~50 kg。年均产奶量6 500~7 500 kg，乳脂率3.6%~3.7%。荷斯坦牛对饲料条件要求高，乳脂率较低，不耐热，高温时产奶量明显下降。因此，夏季饲养，尤其南方要注意防暑降温。

3 我国荷斯坦牛体形外貌和生产性能的特点是什么？

答：中国荷斯坦奶牛是纯种荷兰牛与本地母牛的杂种，经长期选育而成，也是我国唯一的乳用牛品种。目前中国荷斯坦牛头数已达295万头，其中注册登记的品种牛各胎次产奶量为6 359 kg，乳脂率3.56%，良种牛305 d产奶量7 022 kg，乳脂率3.57%。且有了国家标准，分北方型和南方型两种，质量不断提高。①外貌特征：毛色为黑白花。白花多分布牛体的下部，黑白斑界限明显。毛色一般为黑白相间，花层分明，额部多有白斑；腹底部，四肢膝关节以下及尾端多呈白色，体质细致结实、体躯结构匀称，泌乳系统发育良好，蹄质坚实。体格高大，结构匀称，头清秀狭长，眼大突出，颈瘦长，颈侧多皱纹，垂皮不发达。前躯较浅、较窄，肋骨弯曲，肋间隙宽大。背线平直，腰角宽广，尻长而平，尾细长。四肢强壮，开张良好。乳房大，向前后延伸良好，乳静脉粗大弯曲，乳头长而大。被毛细致，皮薄，弹性好。体型大，成年公牛体重 1 000 kg 以上，成年母牛 500~600 kg。犊牛初生重一般在 45~55 kg。中国荷斯坦牛，因受荷兰兼用荷斯坦牛的影响，近似兼用型。在培育过程中，各地引进的荷斯坦公牛和本地母牛的类型不一，以及饲养条件的差异，其体型分大、中、小三个类型。大型：主要是用了从美国、加拿大引进的荷斯坦公牛与本地母牛长期杂交和横交培育而成。特点是体型高大，成年母牛体高 136 cm 以上。中型：主要是引用日本、德国等的中等体型的荷斯坦公牛与本地母牛杂交和横交培育而成，成年母牛体高 133 cm 以上。小型：主要用从荷兰等欧洲国家引进的兼用型荷斯坦公牛与本地母牛杂交，或用北美荷斯坦公牛与本地小型母牛杂交培育而成。成年母牛体高在 130 cm 左右。②生产性能：泌乳期 305 d 第一胎产乳量 5 000 kg 左右，优秀牛群泌乳量可达 7 000 kg。少数优秀者泌乳量在 10 000 kg 以上。母牛性情温顺，易于管理，适应性强，耐寒不耐热。③杂交改良效果：荷斯坦牛同我国本地黄牛杂交，杂交效果良好，其后代乳用体型得到改善，体格增大，产奶性能大幅度提高。中国黑白花奶牛参数见表 20~22。

表 20　中国黑白花奶牛小、中、大型的体高、体重等参数

指标	小体型	中体型	大体型
体高（cm）	133	135	137
体重（kg）	500	550	600
体斜长（cm）	152	157	162
胸围（cm）	191	197	203

表 21　大体型黑白花奶牛 1、3、5 胎的体高、体重等参数

指标	1 胎	3 胎	5 胎
体高（cm）	134	138	139
体重（kg）	520	610	639
体斜长（cm）	155	163	164
胸围（cm）	193	204	208

表 22　大体型黑白花奶牛后备母牛各发育阶段的体高、体重等参数

指标	初生	6 月龄	12 月龄	18 月龄
体高（cm）	73	101	116	126
体重（kg）	38	170	300	410
体斜长（cm）	74	107	128	142
胸围（cm）	81	127	155	176

4 娟珊牛体形外貌和生产性能的特点是什么？

答：（1）外貌：头轻而短，两眼间距宽，额部凹陷，耳大而薄，鬐甲狭窄，肩直立，胸浅，背线平坦，腹围大，尻长平宽，尾帚细长，四肢较细，全身肌肉清秀，皮肤单薄，乳房发育良好（彩图 54）。（2）成年体高：公 121.5 cm，母 113.5 cm。（3）成年体重：公 650~700 kg，母 360~400 kg。（4）性成熟年龄：10 月龄。（5）适配年龄：15~16 月龄。（6）平均单产：3 000 ~ 3 600kg。（7）乳脂率：5%~7%。（8）适应性：该牛以乳脂率高名，耐热性好，对寒冷适应差。适应于热带气候，当地以放牧饲养为主，仅在冬季补喂粗饲料。对于改良热带的乳牛很有帮助。

5 爱尔夏牛体形外貌和生产性能的特点是什么？

答：（1）外貌：体格中等，结构匀称，额稍短，角细长，且由基部渐渐向上方弯曲，角色白，尖黑色，颈垂皮小，胸深较窄，关节粗壮，乳房匀称，乳头中等长，毛色红白花，鼻镜，眼圈浅红色，尾帚白色。见彩图 55。（2）成年体重：公 800 kg，母 550 kg。（3）平均单产：4 000~5 000 kg。（4）乳脂率：4.0%~5.0%。（5）适应性：早熟，耐劳，适应性好。

6 更赛牛体形外貌和生产性能的特点是什么？

答：（1）外貌：头小，额窄，角较长，向上方弯，颈长而薄，体躯较宽深，后躯发育良好，乳房发达，毛色浅黄为主，有浅褐的个体，额、四肢、尾帚多为白色，鼻镜淡红色。见彩图 56。（2）成年体重：公 750 kg，母 500 kg。（3）平均单产：3 500~4 500 kg。（4）乳脂率：4.4%。（5）适应性：适应性良好，遗传稳定，抗病力强。

7 西林水牛有什么特征？

答：西林水牛属高原山地型水牛，主要分布于广西壮族自治区的西林、隆林、田林等县及其周围地区。该牛体躯较高，脸短、鼻镜宽，鬐甲显露，肩强而有力，后躯发育较好，四肢粗壮，为粗糙紧凑型体质。西林水牛的毛色多为灰黑色，少数为白色，白色占 15%~20%。灰黑色的水牛，在咽喉和颈部有 1~2 条白带，有的在两眼内角及下腭两侧有白斑，四肢及下腹部毛色较浅，蹄与角是灰黑色；白色水牛的皮肤和蹄、角均呈肉色，个别白牛的角尖呈蜡黄色。颈肩结合良好，头大小适中，额宽平，鼻镜黑色（白水牛的鼻镜为肉色）。公牛及阉牛的角长大而尖；角形一般分为近圆形、半圆形、禾叉形、直角四种，个别还有垂角。母牛的角较纤细而向后向内弯曲，长短适中。胸深宽、胸围大，前胸突出。背腰部宽长，鬐甲显露，中躯发育良好，腹部不过于膨大下垂。尻宽大、倾斜，部分牛有尖尻。乳房多呈肉色，优良的呈米黄样的绢丝色，乳头短小，乳房不发达。四肢粗壮有力，前肢距离宽，稍呈弧形，后肢飞节内弯，蹄圆大。西林水牛成年公牛体高、体长、胸围、管围和体重分别为：126.14 cm，147.86 cm，191.86 cm，23.67 cm 和 485.42 kg，成年母牛分别为：120.11 cm，136.6 cm，180.49 cm，21.2 cm 和 406.00 kg。西林水牛结构匀称，骨骼粗壮，四肢强健，性温驯，力大持久，耕作能力强，在放牧不补料的情况下生长发育良好，耐粗饲，善爬山，适应性和抗病力强，是高寒山区的地方役用良种之一。西林水牛繁殖性能好。发情周期 20~25 d，平均 21.04 d，母牛终年发情，无季节限制。在广西壮族自治区，西林水牛主要作为杂交母本使用，与外来优良品种进行杂交改良，可使其从原来的役肉兼用向奶肉兼用方向发展。与摩拉水牛杂交三代平均泌乳期产奶量 2 389 kg，最高日产奶量 15.3 kg，平均乳脂率 7.9%。

8 中国水牛的主要分布情况如何?

答：中国水牛是我国唯一的水牛地方品种，属于沼泽型水牛。水牛是水稻生产不可缺少的畜力，因而中国水牛的分布与水田的分布密切相关，主要分布于我国南方 18 个省（自治区、市），集中于广东、广西壮族自治区、湖南、湖北、云南、贵州、四川等 7 个省（自治区），约占全国水牛总数的 78.8%。因此，这些省（自治区）是中国水牛的主要产区，也是水牛奶业的开发基地。中国水牛分布地域的海拔高度由沿海一带的 4 m 到云贵高原的 2 500 m；平均气温 12~29℃，年均降水量 800~1 500 mm，属热带、亚热带和温带等不同气候条件的主要水稻产区。

9 奶水牛有什么生理特点？

答：（1）消化特点：奶水牛消化力强，耐粗饲；是反刍家畜，通过反刍，粗饲料被第二次咀嚼，混入唾液，以增大瘤胃细菌的附着面积；前胃发达，加之长期处于粗放饲养管理条件下，形成消化力强、耐粗饲的特性，特别是对粗纤维的消化能力很强；在奶水牛的日粮中，一般应有 40% ~70%的粗饲料，以保证其消化生理需要。（2）营养特点：奶水牛能够利用非蛋白氮。在饲料中加入一定量的非蛋白氮，如尿素、铵盐等，增加瘤胃中氨的浓度，有利于蛋白质的合成。碳水化合物在奶水牛消化中被分解成挥发性脂肪酸，作为能源或构成体组织的原料。在青贮饲料、青草及胡萝卜等正常供应的情况下，奶水牛的日粮不需要另外添加合成的维生素。（3）成熟特点：奶水牛成熟比较晚，利用年限比较长；初情期为 22~24 月龄，初配期 34 月龄，体成熟多在 6 岁左右；利用年限较长，一般为 16~17 岁。（4）抗热特点：奶水牛抗热性比较好，在炎热的夏季，当气温高于 33℃时仍正常采食。另外，在高温的夏季，奶水牛喜欢滚泥或浸泡在水中，一方面散热，另一方面可以防止蚊、虻侵袭和减轻热辐射。

10 尼里－拉菲水牛有什么特征？

答: 额部、四蹄、尾部、眼睛虹膜为白色，其余为黑色，被毛黑色，角卷曲，肌肉丰满，尾过飞节，乳房发达；具有性情温顺、耐热、抗病力强、产奶量高等特点（彩图 57）。

11 奶牛外型结构有何特征？与生产性能有什么关系？

答: 从外型上看，奶牛的身体可分为四大部分：头颈部、躯干部、乳房和四肢。（1）头颈部：母乳牛的头较公牛清秀、狭长。乳牛的头部和颈部应大小比例匀称、端正；与躯干的结合良好，自然。（2）躯干部：包括鬐甲、胸、背、腰、腹、尻及尾等。长鬐甲是任何用途牛的共同要求，厚度适当；肋骨开张良好，肋间隙宽，胸深而宽阔；背以长直而宽平并与鬐甲和腰部结合良好为理想；背腰平直，腰要长而宽，与背尻在一直线上；腹要宽、深、丰满，腹大而不下垂，尻部要宽、长而平，亦即腰角间与坐骨端间距离要宽，而且要在一个水平线上；尾粗细要适中，尾根不易过粗，要着生良好。（3）乳房：乳房应向前、后延伸，呈浴盆状，容积大。乳头大小适中，垂直，呈柱形，间距均匀。（4）四肢：正确姿势站立时，四肢要端正，各转折角度适当；不应呈“X”形或“O”形。各关节和蹄应结实，匀称。四肢强壮，开张良好，两后肢间距离要宽，后肢飞节外弯曲度以145° 为最好。乳牛的体型外貌与其生理功能、生产性能、经济类型、健康状况和膘情评定等相互关联。乳牛应具有发育良好的泌乳器官。外貌上的某些缺陷除影响乳牛本身外，一旦遗传下去，还会贻害后代。外形结构与牛的生产性能密切相关，是选择和鉴定牛体质和生产潜力的手段之一，一般外形结构较好的奶牛，多数生产性能都是较好的。但外形结构与生产性能之间的关系是相对的，不是选择牛只的唯一标准，因为生产性能还受许多因素的制约。如奶牛的泌乳性能除了与乳腺的外部形态和结构有关以外还受其本身的分泌功能、其他的生理系统功能和外界条件（饲料、营养、气候、管理等）影响。

12 高产奶牛有何外貌特征？

答:（1）整体看：体格硕大；骨壮皮薄，被毛短细而有光泽；肌肉不发达，皮下脂肪沉积不多，棱角突出，血管显露。背腰长阔而平直，胸腹宽深；后躯和乳房十分发达；四肢稍长，端正而结实；肢间距宽，蹄质坚固。侧望、前望、上望均呈“楔型”。（2）局部看：头清秀，颈长，颈侧多纵行皱纹，颈垂较小；甲长平，胸部发育良好，肋骨开张；背腰平直，腹大而深；尻长、平、宽、方，腰角显露；四肢端正结实，两后腿间距宽，乳房发达，前后附着良好，4个乳区发育匀称，乳头分布均匀，长短、粗细适中，乳静脉粗大，弯曲多，乳井大而深。

13 如何进行奶牛的体质外貌评定？

答：外形特征如下：（1）一般外形：四肢修长，皮薄骨细，被毛短细而有光泽，血管显露，肌肉不发达，皮下脂肪沉积不多，关节明显，外形清秀，全身细致紧凑，侧视、前视和背视的轮廓均趋于楔形。（2）头部：头轻而稍长，轮廓清晰，皮薄毛细、短、密，皮下结缔组织不发达，角细、质地致密。（3）颈部：细长而薄，肌肉与结缔组织不发达，垂皮不发达，皮薄而松软，毛细、短、密。（4）鬐甲及肩部：鬐甲不发达，略呈楔形（夹角略小于60°），与肩胛骨连接紧密。肩斜、长，前后连接好，无凹陷。（5）胸部：宽深适度，前胸不饱满、不单薄，以前裆距为37 cm，胸深中等偏上，为体高的55%左右为佳，肋骨长而后斜，肋骨弓弯曲好，肋间距离宽，最后两肋骨间距大于5 cm。胸部皮薄，皮下脂肪不发达，从侧面应看到2~3根肋骨弓隆起，肌肉发育中等。吸气时可较清晰地看到肋弓、肌束、腱等。（6）背腰：背长而直，宽窄适当，和鬐甲、腰连接良好，不宜丰满，无皮下脂肪，背椎棘突隐约显露。腰较宽，与背、尻部成水平线，腰椎横突明显，不呈复背和复腰。（7）腹部：应粗壮、饱满，发育良好，不下垂，发育明显优于胸部，膁窝不明显，腹为严重缺点。（8）尻部：应宽、长、平，即尻宽50 cm，尻长53 cm以上，尻角度为正2° 左右，坐骨端宽为腰角宽的2/3。荐骨不隆起，皮薄，皮下组织不发达，线条清晰。尻角负斜、正斜过大、屋脊尻、尖尻、斜尻均为不良。（9）四肢：肢势端正，关节明显，长短适中，肢蹄结实，后肢股胫夹角145°、系蹄夹角呈60° 左右为佳。后裆宽，股部肌肉不丰满。（10）乳房：大、深且底平，前乳房向腹下延伸，附着良好，后乳房充分向股间上方延伸，附着点高，乳房愈宽愈好，并借助强壮有力的韧带附着在两股间。四个乳区要发育匀称，分布均匀，圆柱状乳头分布均匀，长8~12 cm，直径3~5 cm，容量应在20 mL以上，乳头括约肌正常。有时会出现副乳头。不正常的乳头形状有锥形、短乳头，长乳头、基部膨大乳头、附赘生乳头等。四方乳房向前后延伸不够，口袋乳房（下垂乳房）虽然容积大，泌乳量高，但此种乳房的底部已堕于牛后腿的飞节以下，行走时左右前后摆动，极易受外伤，牛从卧下起来时也常会自己把乳房、乳头踩伤，故很不好管理，属于不理想乳房。“肉”乳房、“山羊状”乳房、四分乳房、发育不良乳房、“梨状”乳头乳房和后视乳房宽度过窄的乳房均容量小，产奶量极低。选购牛时必须注意，并且这类牛的后代也不宜留作后备牛。良好的乳用成年母牛外貌应该是全身毛短细而密、皮肤薄、皮下结缔组织与脂肪组织不发达、肌肉中等发达，骨细、骨架高大。

14 什么是乳静脉、乳井、乳镜？

答：乳静脉是从乳房沿下腹部经过乳井到达胸部，汇合胸内静脉而进入心脏的静脉血管，分为左右两条。它们是由乳房向心脏输送血液的脉管。高产牛的乳静脉比干奶牛或低产牛的粗大、弯曲且分枝多，这是血液循环良好的标志。乳井是乳静脉在第八、九肋骨处进入胸腔所经过的孔道，它的粗细是说明乳静脉大小的标志。因此在鉴别乳静脉时，尤其是在深层乳静脉表现不明显的情况下，更要借助于乳井的触摸来鉴定乳静脉的发育情况。乳镜是指乳房后面沿会阴向上夹于两后肢的稀毛区，乳镜宜宽大。乳镜宽度与产奶量呈中强度的正相关，可以通过对乳镜宽度的选择来提高乳房宽度和产奶量。

15　如何进行奶牛体尺测量?

答：奶牛的站位：牛站在平坦的地面上，肢势端正，四肢成两行，从前往后看，前后腿端正，从侧面看，左右腿互相掩盖，背腰平直，头自然前伸，不左顾右盼，不昂头或下垂，待体躯各部呈自然状态后，迅速、准确地进行测量。（1）常测量的体尺见图 3。

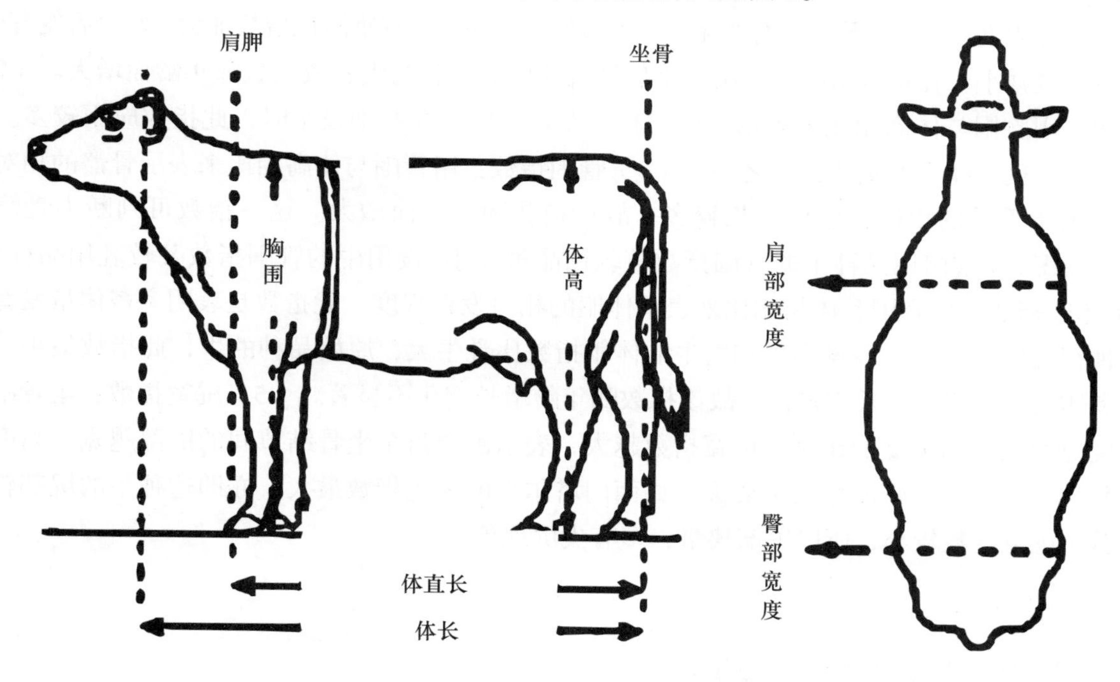

图 3　奶牛的身体尺寸

①体高：鬐甲最高点到地面的距离（测杖）。②体长（体斜长）：肩端到同侧坐骨端的距离。③体直长：肩端到坐骨端后缘的水平距离（测杖）。④胸围：肩胛骨后缘处体躯的水平周径，松紧度以能插入食指和中指自由滑动为准（卷尺）。⑤管围：前肢掌骨上 1/3 处的周径（卷尺）。⑥胸宽：从肩胛骨后缘测量胸部最宽的距离。⑦腰角宽：两腰角外缘的距离。⑧骨宽：两坐骨结节外缘突起的宽。⑨腰高：即十字部高，两腰角之中央到地面的垂直距离。⑩腿围：从右侧后膝前缘，在尾下绕胫股间至对侧后膝前缘的距离。注意保持卷尺呈水平位置。测 2 次以上，取平均值。（2）体重估测：估重公式是根据实重与体尺的相关性得出的，常用的估重公式为：

体重（kg）= 胸围（cm^2）× 体斜长（cm）/10 800

由于不同生产类型、品种、年龄、体重、膘情的牛的体形结构差别较大，较难用统一的估重公式准确计算体重，在采用上述公式时，会有一定的误差，所以必须用校正系数。校正系数是事先从同类型的牛群中，选出具有代表性的6头牛，实称其重量，再与估测体重比较而得出。校正系数 = 实际体重 / 估测体重。

16 计算体尺指数有何用途？

答：体尺指数是一种体尺对另一种与它在生理解剖上有关的体尺数字的比率。这样才可反映出两个部位间的关系和牛体各部位发育的相互关系与比例。但体尺指数并非固定不变，它因牛的年龄、性别和外界条件的不同而变化，所以它除了能显示外形特征外，还能反映出外界因素所给予不同程度的影响。常用的体尺指数如下：（1）体长指数：用体长与体高相比来表示体长与体高的相对发育程度。如果胚胎期发育受阻，则体高生长较小，因而使体长指数加大；如生后发育受阻，则体长指数减小。在正常情况下，由于生后体长比体高增长为大，故指数随年龄而增大。（2）胸围指数：用胸围与体高相比来表示体躯的相对发育程度。在鉴别役牛时，此指数应用较多。因为胸围是役牛役用能力的重要指标之一。（3）管围指数：用管围与体高相比来表示骨骼的相对发育程度。由于管骨的粗度在生后生长较多，故该指数随年龄而增大。这一指数可判断牛骨骼相对发育的情况，通常肉用品种牛的管围指数较乳用品种要小，役用牛的管围指数又较乳用品种要大。（4）体躯指数：用胸围和体长相比来表示体躯的相对发育程度。此指数是表明家畜体量发育情况的一种很好的指标。一般役用牛和肉牛的体躯指数比乳牛大，原始品种的牛，此指数最小。由于胸围和体长在生后的生长均较快，故该指数随年龄增长变化不显著。（5）尻宽指数：坐骨结节间的宽度对两腰角间宽度的比例。尻宽指数越大，表示由腰角至坐骨结节间的尻部越宽。高度培育的品种，其尻宽指数较原始品种要大。如西门塔尔牛的尻宽指数最大，亦即这种牛的尻部较宽。中国黄牛尻宽指数较小，所以尻部狭窄，多有尖尻现象。

17 什么是奶牛的线性鉴定？

答：线性鉴定是针对奶牛体型外貌进行数量化处理的一种鉴定方法，是对每个性状，按生物学特性的变异范围，定出性状的最大值和最小值，然后以线性的尺度进行评分。由于此种评定奶牛方法不是按照鉴定人员的理想型概念打分，而是由主观印象评定转为客观描述，用线性评定单个生物性状可以大大提高遗传改良作用。中国荷斯坦牛体型线性鉴定采用9分制评分法，是把性状表现的生物学两极端范围看作一个线段，把该线段分为1~3分、4~6分、7~9分3个部分。两个极端和中间3个区域观察该性状所表现的状态在3个区域内哪个区域，再看其属于该区域中哪一个档次而确定其评分分数。中国奶牛协会规定，凡参加牛只登记、生产记录监测及公牛后裔测定的牛场所饲养的全部成年母牛，必须在第1胎，第2胎，第3胎和第4胎分娩后第60~150 d内，在挤奶前进行体型鉴定，用最好胎次成绩代表该个体水平。鉴定部位为；体躯结构 / 容量；尻部；肢蹄；乳房；乳用特征。

18 如何进行奶牛的年龄鉴定？

答：年龄是评定经济价值的重要指标，也是进行饲养管理、繁殖配种的重要依据，要知道牛年龄的鉴定技术，尤其是在没有记录的条件下，更需这项技术。牛的年龄鉴定，一般多采用牙齿鉴定法，角轮鉴定法和外貌鉴定法作为辅助方法。牙齿鉴定法：根据牙齿出生的先后次序分为乳齿和永久齿两类。乳齿小而洁白，齿颈明显，齿根植入齿槽浅，附着不稳，齿间有空隙，齿冠平滑细致。随着牛的生长发育，乳齿逐渐被永久齿替换。永久齿大而黄，齿颈不明显，齿冠长而排列整齐，齿根植入齿槽深，齿间无孔隙，附着稳，不如乳齿细致。初生犊的牙齿叫乳齿，犊牛初生时有乳门齿1~2对，一般3周龄时乳门齿全部长出，3~4月龄长齐，之后开始磨损，在1.5~2岁以后逐渐脱换为永久齿。牛无犬齿和上门齿。牛的下门齿有4对（共8枚）：中间齿（钳齿，也叫第一对门齿）、内中间齿（第二对门齿）、外中间齿（第三对门齿）和隅齿（第四对门齿或边牙）。牛的门齿分为齿冠、齿颈和齿根3部分。齿冠是牙齿上面露出的部分，齿根位于下颌骨齿槽内，齿颈是齿根和齿冠中间收缩的部分。门齿由于磨损而形成咀嚼面，磨损到一定程度，咀嚼面上可看到象牙质中间有一颜色较浅的线，即齿线。继续磨损，齿线由长变短，由窄变宽，成为矩形、圆形或椭圆形，即齿星。齿线和齿星都是年龄鉴定的重要凭证（表23）。

表23　牙齿与年龄对照表

牙齿形态	年龄判断	牙齿形态	年龄判断
2个或2个以上乳齿出现	初生至1月龄	第一对乳齿由永久门齿代替	1.5~2岁
第二对永久门齿代替	2.5岁	第三对永久门齿出现	3.5岁
第四对永久门齿出现	4.5岁	永久门齿磨成同一水平，第四对亦出现磨损	5~6岁
7~8岁，第一对门齿中部出现珠形圆点 8~9岁，第二对门齿中部呈现珠形圆点 10~11岁，第四对门齿中部呈现珠形圆点	7~10岁	牙齿的弓形逐渐消失，变直，呈三角形，明显分离，进一步成柱状，随年龄而越加明显	12岁以上

19 如何选购荷斯坦奶牛？

答：选择饲养高产奶牛是提高养牛经济效益的一项重要措施，如何选择荷斯坦牛，不仅是专家、学者关注的问题，更是广大养牛户所关心。选购奶牛有一定的技术性，养牛生产中挑选荷斯坦奶牛必须掌握以下几要点：（1）购买奶牛应具有奶牛典型特征：个体乳用特征明显，从整体看，体型高大，外形清秀，皮薄骨细，被毛细短而有光泽，血管显露而粗，肌肉不发达，皮下脂肪沉积不多，属于细致紧凑型体质。侧视、前视和背视均呈“楔形”。乳房发达，呈浴盆状，底面平整，乳头大，4 个乳头长短、距离适中，乳静脉粗大，弯曲多。毛色为黑白花，额部有白星，腹下、四肢下部、尾帚为白色。（2）年龄：购买哪类牛，主要取决于希望其产奶的时间。开始建立奶牛群时，往往购买成年母牛、育成母牛或犊牛等。一般买进已达配种年龄的育成母牛或已受孕的青年母牛是开始建立奶牛群的最普遍的方法。（3）系谱档案：系谱资料当中详细记录了该奶牛所有的情况，包括牛只品种、牛号、出生年月日、出生体重、成年体尺、成年体高、体重、外貌评分、等级、母牛各胎次的产奶成绩，以及疾病的预防、检疫、繁殖、健康情况等。在买牛或选留奶牛时，都要特别注意查看系谱、血统，选购亲代和祖代产奶性能高、体型外貌评分高、繁殖性能优良、利用年限长的奶牛。（4）健康状况：挑选奶牛时要特别注意选择健康奶牛，严把疾病预防关，应观察奶牛全身的各个部位，检查生殖器官是否正常，检查粪便、采食情况等。发现有皮肤粗松、被毛竖立，两眼无神，不食不反刍，拉稀甚至带血液和黏液，呼吸急促，鼻镜干燥等症状的牛只不宜引进。（5）不从疫病区进牛：了解当地牛病流行情况，不能到疫区购买奶牛。在成交前还要到兽医卫生防疫部门检查奶牛是否有结核、布氏等传染病，并要求对方出具兽医防检部门对所引牛只的防检证明，确保健康无疫。（6）奶牛的运输：牛头朝前，4 m 车厢装两排，6 m 车厢装三排。铁板车厢应铺垫锯末、碎草等防滑物。装车前不喂饼类、豆科草等易发酵的草料，少喂精料，草半饱，饮水适当。车速不超过 40 km/h，匀速。起动、转弯和停车均要先减速。（7）要有过渡期：购回的牛在隔离圈舍进行健康观察，饲草料过渡 10~15 d。过渡期第一周以粗饲料为主，略加精料，第二周开始逐渐加料至正常水平，同时结合驱虫，证明牛健康无病时，防疫后转入大群。

20 奶牛生产有何特点？

答：牛是具有多种经济价值的家畜。（1）产奶量高：在各种家畜中，奶牛产奶量最高，一头奶牛一般年产奶量可达 4 000~6 000 kg，这些奶除少量用于犊牛外，绝大部分都为人类所利用。（2）饲料转化率高：牛是草食动物，它能充分利用大量不能为人类所直接利用的粗饲料和农副产品，转变为人类生活所必需的奶和肉。牛对粗纤维的消化率可达 50%~90%。各种畜禽将饲料中的能量和蛋白质转化为产品的效率，以奶牛最高，分别为 25.8% 和 33.6%。（3）生产效率高：各种畜禽中奶牛的生产效率最高。一头奶牛年产奶 4 545 kg，提供蛋白质相当于一头体重 568 kg 的肉牛，并且奶牛可以连续使用 6 个以上的胎次，每年可产一头犊牛。（4）牛奶是营养平衡的食品：牛奶和乳制品所含营养物质完善，又易于消化吸收。牛奶中所含的 20 多种氨基酸中有人体必需的 8 种氨基酸，奶蛋白质是全价蛋白质，消化率高达 98%。含有丰富的钙、维生素等，特别是钙、磷比例比较合适，很容易消化吸收。

第四部分 奶牛场设计

1 奶牛场场址应该如何选择?

答：奶牛场厂址选择应该遵循以下几点：（1）地势和地形：场地应地势高燥，地下水位应在 2 m 以下，向阳背风；地面要平坦稍有坡度（1%~3%），与水流方向相同；避开悬崖、山顶、雷击区等地；布局紧凑，尽量少占地，并留有余地为将来发展。（2）土质：砂壤土，透气、透水性良好，持水性小；导热性小、热容量大，土温比较稳定；土质坚实，更适于建筑物的地基。（3）水源：可靠、充足、水质良好，取用方便，符合人畜卫生标准；乳牛每头牛每天 100 kg，人生活用水为牛的 25%。（4）面积：乳牛每头 160~200 m^2；育成牛 80~100 m^2；犊牛 32~40 m^2；半放牧半舍饲按照低限设计，舍饲按照高限设计；牛舍及房舍面积占场地总面积的比例分别为 10%~20%。（5）粗饲料来源：应考虑 5 km 半径内的饲草料资源；根据年产各种饲草、秸秆总量，减去原有草食家畜消耗量，剩余的富余量便可决定牛场规模。（6）其他：牛场位于居民点下风向，地势低于居民点，距居民点 200 m 以上，并在径流的下方向；远离河流，以免粪尿、污水污染河流和水源；远离居民点污水排出口、化工厂、屠宰厂、制革厂；场址应符合兽医卫生要求，周围无家畜传染病；距交通道路大于 100 m，距交通主要道路 200 m 以上；符合牛场远景发展的需要。

2 奶牛场规划与布局有哪些原则?

答：（1）因地制宜，整齐、紧凑，节约基建投资，经济耐用。（2）有利于生产管理和便于防疫、安全。（3）各类建筑合理布置，符合发展远景规划。（4）符合牛的饲养、管理技术要求。（5）放牧与交通方便，遵守卫生和防火要求。

3 确定奶牛场养殖规模应考虑哪些因素?

答：奶牛养殖标准化、规模化是实现质量和效益的保证。目前国内正兴起规模化奶牛养殖场热潮，万头牛场悄然兴起。但奶牛场并非规模越大越好，而是要根据实际情况适度规模化发展。确定合理的奶牛场养殖规模是奶牛场区规划与设计的重要依据，养殖规模的确定应考虑以下几个方面。（1）自然资源：特别是饲草饲料资源，是影响饲养规模的主要制约因素。（2）资金情况：奶牛生产所需资金多，资金回报率低，投资回收周期长。资金雄厚，规模可大，要量力而行。（3）经营管理水平：社会经济条件的好坏，社会化服务程度的高低，价格体系的健全与否，以及价格政策的稳定性等，对饲养规模有一定的制约。确定饲养规模时，应予以考虑。（4）场地面积：奶牛生产，牛场管理，职工生活，病牛隔离治疗与粪污处理区及其他附属建筑等需要一定场地、空间。牛场大小可根据每头牛所需面积、结合长远规划计算出来。一个比较理想的存栏1 000~1 500头奶牛场，采用散栏饲养，TMR饲喂，一般占地面积为150亩（1亩≈666.7 m^2），长/宽= 1.2/1或方形场地为好（土地利用系数高）；建筑系数：20%~25%；绿化系数：30%~35%；道路系数：8%~10%；运动场地和其他用地：35%~40%。现在国内不少养殖业主追求大规模集中饲养，万头奶牛场也是很常见，但其饲养效果并不理想，有的甚至很差，造成很大的经济损失和环境污染。确定养殖规模要长远综合考虑。（5）粪污消纳能力：按通常经验，每头成年奶牛日排粪尿各20~25 kg计算，一个500头成奶牛场一天排粪12 t多，平均每头成年奶牛需配置1 m^3 左右的污水和粪肥储存处理场地。按每头牛需3亩地计算，在理想地理位置，所有需要的土地尽可能与牛场相邻或在1 000~1 200 m之内，牛场与土地总共需1 600亩。（6）兽医防疫：为了牛群健康，安全生产，要求饲养规模控制在适度范围内。一般常用的泌乳牛舍每栋长度在60~85 m，每栋牛舍可拴系100~130头成年奶牛（10~12 m跨度）或散栏饲养150~200头（成年奶牛24~30 m跨度）。每栋奶牛舍控制在这个饲养规模范围内比较适宜。

4 适合于TMR饲喂的新建奶牛场建设应当遵循什么原则?

答：（1）选择适宜的饲养工艺。（2）确定奶牛场饲养规模。（3）计算奶牛舍的尺寸。（4）进行平面布局设计。（5）设计奶牛舍结构。（6）选择适宜的设备。（7）附属设施配套建设要合理。（8）研究饲养奶牛的品种特性和行为。（9）考察当地气候条件，为奶牛创造适宜的内外环境。

5 奶牛场如何合理布局?

答：奶牛场（小区）一般包括3~5个功能区，即生活区、管理区、生产区、粪污处理区和病畜管理区。具体布局应遵循以下原则。见图4、彩图58。（1）生活区：应建在牛场（小区）上风口和地势较高的地段，并与生产区保持100 m以上距离。（2）管理区：包括与经营管理有关的建筑物。管理区要和生产区严格分开，保证50 m以上距离。（3）生产区：应设在场区的较下风位置，入口处设消毒室、更衣室和车辆消毒池。奶牛舍要合理布局，能满足奶牛分阶段、分群饲养的要求，泌乳牛舍应建在靠近挤奶厅的地方，各牛舍之间要保持适当距离，布局整齐，便于防疫和防火。干草库、饲料库、饲料加工调制车间、青贮窖应设在生产区边沿下风地势较高处。（4）粪尿污水处理、病畜管理区：设在生产区外围下风地势较低处，与生产区保持300 m以上的间距，有单独通道，以便于隔离病牛、消毒和处理污物。尸坑或焚尸炉距牛舍 300 m 以上。

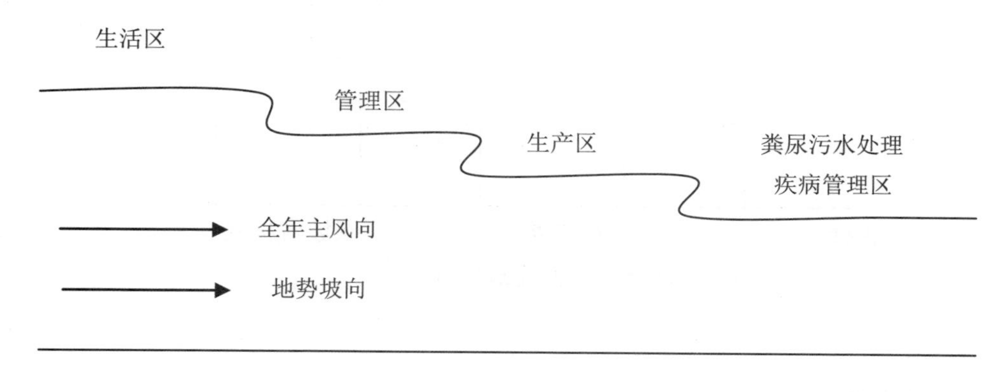

图 4　畜牧场各区依地势、主风向配置示意

6 建设适宜的奶牛舍应遵循哪些原则？

答：修建牛舍的目的是为了给奶牛创造适宜的生活环境，保证牛的健康和生产的正常运行。为此，设计牛舍应掌握以下原则：（1）创造适宜的环境，包括温度、湿度、通风、光照，以及控制空气中的二氧化碳、氨、硫化氢。（2）符合生产工艺要求，保证生产的顺利进行和畜牧兽医技术措施的实施。（3）严格卫生防疫，防止疫病传播。通过修建规范牛舍，为家畜创造良好环境，防止和减少疫病发生。要根据防疫要求合理进行场地规划和建筑物布局，确定畜舍的朝向和间距，设置消毒设施，合理安置污物处理设施等。（4）要做到经济合理，技术可行。

7 牛场的建筑形式及特点有哪些？

答：奶牛圈舍的建筑形式国内主要有双坡对称式、钟楼式和半钟楼式，见图 5、彩图 59。（1）钟楼式：在双坡式牛舍的屋顶上设置 1 个贯通横轴的“光楼”，与双坡或不对称气楼式所不同的是增加了一列天窗，牛舍屋顶坡长和坡度角是对称的。可增加舍内光照系数，有利于舍内空气对流。防暑作用较好，不利于冬季防寒保温，多见于南方的牛舍。（2）半钟楼式：双坡牛舍的另外一种形式，主要在于屋顶的向阳面，设有与地面垂直的“天窗”，牛舍的屋顶坡度角和坡的长短不对称。一般是背阳面坡较长，坡度较大；向阳面坡短，坡度较小。其他墙体与双坡式相同，但窗户采光面积不尽相同，这种形式的牛舍“天窗”对舍内采光、防暑优于双坡式牛舍。夏天通风较好，寒冷地区冬季保温防寒不易控制。（3）双坡对称式：类似相吻合的两幢对列的单坡式。屋顶可适用于较大跨度的牛舍，屋顶是楔形，对小气候的控制较好。牛舍前后墙壁的建筑材料和窗户的设置能影响牛舍的保暖作用和散热功能。

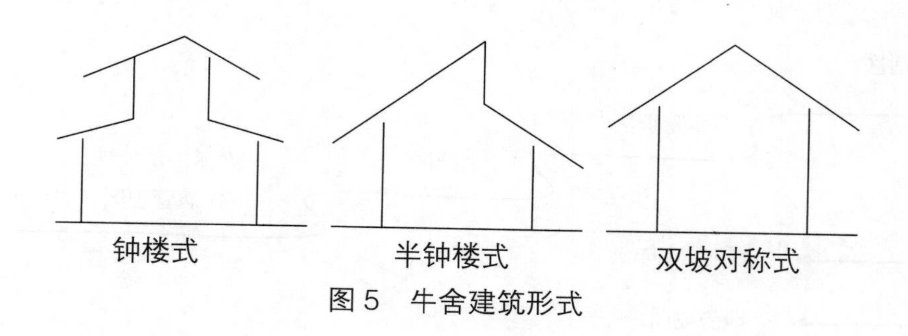

图5 牛舍建筑形式

8 什么是犊牛岛？

答：犊牛岛技术即户外犊牛单独围栏饲养技术。犊牛岛由箱式牛舍和围栏组成，一面开放，三面封闭。其箱式牛舍是由顶板、侧板和后板围合而成（彩图60）。尺寸如下：顶板为 130 cm × 170 cm 的矩形板，侧板（两块）为 150 cm × 140 cm，前高后低的直角梯形板，后板为 140 cm × 120 cm 的矩形板。箱式牛舍的基本构架为 3 cm 左右的木板，外包铁皮。在箱式牛舍的前面设置一运动场，用直径为 1~3 cm 的钢筋围成栅栏形状，围栏长、宽、高分别为 200 cm、120 cm、90 cm。犊牛岛放置的方向为坐北朝南，也可根据季节变换或地区差异而调整方向。一般将犊牛岛放置在舍外朝阳、地势平坦的广场或草坪上，排水良好，冬暖夏凉，为犊牛提供接近自然的饲养环境。犊牛单栏饲养，便于工人对犊牛和其生活环境的清洁与消毒，避免犊牛间互相吸吮，改善犊牛的生活环境，降低下痢和胃肠炎的发病几率。可提高犊牛成活率。适用于0~3个月龄犊牛，该法可以保证牛群快速增长。

9 奶牛舍内设施有哪些？

答：（1）牛床：奶牛床长度 1.6~1.9 m，宽 1.1~1.25 m。也可采取具有宽粪沟的短牛床，将宽粪沟用栅格板盖上，减少粪便对牛床的污染。（2）隔栏：为防止乳牛横卧于牛床上，牛床上设有隔栏，通常用弯曲的钢管制成。隔栏一端与拴牛架连在一起，另一端固定在牛床的前 2/3 处，栏杆高 80 cm，由前向后倾斜，见彩图 61。（3）饲槽：饲槽尺寸见表 24。（4）饲料通道：宽度为 1.2~1.5 m，坡度 1%。（5）粪尿沟：沟宽 30~40 cm，沟深 5~18 cm，沟深超过 15 cm 应加盖板，沟底约带有 6% 的坡度。粪尿沟也可采用半漏缝地板。（6）清粪通道：宽度 1.6~2.0 m，路面最好有大于 1% 的拱度，地面应抹制粗糙，以免牛滑倒。（7）门窗：为便于牛群安全出入，各龄奶牛门的尺寸见表 25。牛舍窗口大小一般为占地面积的 8%，窗口有效采光面积与牛舍占地面积相比，泌乳牛与青年牛分别为 1∶12 和 1∶（10~14）。（8）运动场：运动场的面积，应保证奶牛的活动休息，又要节约用地。各年龄阶段乳牛每头平均运动场占地面积为：泌乳牛 15~20.2 m；犊牛 10.2 m；初孕牛和育成牛 16.2 m。见彩图 62。（9）运动场围栏：围栏高不少于 1.2 m（犊牛运动场围栏高 1~1.1 m），横栏间隙不大于 40 cm（成年牛）、30 cm（育成牛）、20 cm（犊牛）。（10）运动场饮水槽：按 50~100 头饮水槽 5 m × 1.5 m × 0.8 m（两侧饮水）。以水泥灌筑，或工程（无毒）塑料制作，应设在背风向阳之处，并配备污水道，便于清洗。水槽长短应平均每头牛不少于 10 cm，水槽两侧为混凝土地面。见彩图 63。运动场凉棚，可夏季防暑，一般每头成年奶牛 4~5 m^2，青年、育成奶牛为 3~4 m^2。（11）运动场内采食槽：为舍饲奶牛采食粗饲料不足或舍内剩草放在采食槽内让奶牛自由采食。另外在采食槽一端设一个采食盐槽。食槽位置在背风向阳与奶牛舍平行。牛舍各种设备规格，视牛体大小而定，参考表 26。

表 24 乳牛饲槽尺寸（cm）

饲槽类别	槽内（口）宽	槽有效深	前槽沿高	后槽沿高
成年乳牛	60	35	45	65
育成牛	50~60	30	30	65
犊牛	40~50	10~12	15	35

表 25 各龄奶牛门的尺寸（m）

不同奶牛	门宽	门高
泌乳牛	1.8~2.0	2.0~2.2
犊牛	1.4~1.6	2.0~2.2

表 26 舍内各种设置的规格（m）

体别	590 kg 以上	450~590 kg	450 kg 以下
牛床宽	1.2~1.39	1.1~1.2	1.0~1.1
牛床长	1.62~1.80	1.5~1.62	1.37~1.50
尿沟宽	0.4~0.5	0.4~0.5	0.4~0.5
尿沟深	0.25~0.4	0.25~0.4	0.25~0.4
走道宽	1.82~1.37	1.82~1.37	1.82~1.37
饲槽宽	0.45~0.61	0.45~0.61	0.45~0.61
饲槽旁走道	1~1.4	1~1.4	1~1.4

10 奶牛场的附属建筑有哪些?

答：（1）兽医室和人工授精室：规模养殖户在饲养 50 头以上成年牛时，应设兽医室和人工授精合用的工作室，设室外六足栏，作为诊疗病牛保定用。牛诊疗室宽 4 m，长 5 m 为宜。（2）干草库：干草库贮存切碎干草或秸秆，因切碎之后容重增大，可增加贮存量（利用率），为降低每立方米的容积的造价，可采用轻质屋顶，高屋脊，为充分利用库容，应设高窗户，并采取防火门等防火措施，以免火灾损失。（3）奶库：没有条件及时把奶送到加工厂的奶牛场均应设置 0~5℃的冷库。奶库建筑标准按有关食品高温（0~5℃）冷库的标准及每天贮存数量的要求建造，或设置有制冷机的不锈钢贮奶罐作临时贮存。（4）化粪池：采用冲水来处理厩舍粪尿的牛场必须设置排污系统，按每天用水量以及粪尿水腐熟所需的时间设置足够容量的化粪池，经化粪池发酵成熟的粪水可作为肥料。（5）堆粪场：设在牛场下风向最低的地点，离牛舍不少于 50 m，按每头成年奶牛每月 1.5 m^3，犊牛和育成牛平均每头每月 0.6 m^3 粪，高温堆肥可高 1 m、宽 2 m，堆肥间过道 0.5 m，南方地区能堆积 1 个月，北方地区能堆积 4~5 个月的粪量划出粪场面积。

11 如何设计奶牛场干草棚？

答：干草是奶牛重要的粗饲料，所以建设合理的干草贮存设施非常重要。干草棚的设计既要防雨、防潮、防日晒又要通风，确保贮存干草的品质。（1）干草棚选址：干草棚应建在地势较高的地方，或周边排水条件较好的地方，棚内地面要高于周边地面防止雨水灌入，一般要高于周边地面 10 cm 左右。干草棚尽可能地设在下风向地段，与周围房舍至少保持 50 m 以远距离。（2）干草棚形式：一般设计为水泥地坪，简易钢管架库棚，檐高 5~6 m 为宜，单独建造，注意防火。大型牧场干草棚不要设计成一栋或连体式，干草棚之间要有适当的防火间隔，一般距离 30 m 左右。（3）草捆码垛：为了防止雨水淋湿干草，在靠近屋檐以内 30~50 cm 的地方垛起，整齐堆垛，高度应达到屋檐的位置。长方形的草堆，一般高 6~10 m，宽 4~5 m。当干草储备量较大时，为了达到通风效果，垛草时应适当留出 50~100 cm 的通风道。（4）干草棚面积：根据牛群规模、日平均喂量、储存量、堆垛高度及草捆密度等，计算干草棚建筑面积。如：按混合群头日均干草喂量 4 kg（3~5 kg）、每立方草捆重 300 kg、平均堆垛高度 5 m、通道及通风间隙占 20%，储存量按 180 d 计算，则 1 000 头规模的奶牛场干草棚面积 =（1 000 头 ×4kg/ 头 /d × 180 d）÷ 300 kg/m^3 ÷ 5m ÷ 80%=600 m^2

12 奶牛场清理粪便地方式有哪些？各有什么优缺点？

答：粪便的收集：包括人工清粪、机械清粪、水冲洗和刮板或机器人清粪等。各种清粪工艺适用于不同的气候环境和社会生产发展的不同阶段。不同清粪方式对奶牛疾病的影响见表 27。（1）人工清粪：我国目前普遍采取。优点是简单、灵活；缺点是工人工作强度大、效率低，人力成本不断增加。（2）机械清粪：因人工清粪效率低，国内又没有专门的清粪设备的情况下，出现了用拖拉机或铲车改装而成的机械清粪方式。见彩图64。①优点：从全人工清粪发展为机械化清粪。②缺点：工作噪声大，易对牛造成伤害和惊吓；工作时间有限，很难保证牛舍的清洁；运行成本高。（3）水冲洗：70年代初在欧美等发达国家发展起来，在美国较为普遍。适用范围：牧场所处地区气温较高，产生的大量污水有排放的场所。见彩图65。①优点：污粪易于输送，所需的人力少、劳动强度小、能保证牛舍的清洁和奶牛的卫生。②缺点：需大量冲洗水，产生大量的污水。（4）刮板或机器人清粪：建议使用的清粪方式，是规模化奶牛场的发展方向。见彩图66~67。其有以下几个优点：①能时刻保证牛舍地面的清洁。②对牛的行走、饲喂、休息不造成任何影响。③提高奶牛舒适度、减轻牛蹄疾病和增加产奶量。④运行、维护成本低，较少清粪所需劳动。⑤自动化程度高，生产效率高。

表27　不同清粪方式对奶牛疾病影响比较表

项　目	人工清粪	铲车清粪	刮粪板清粪
肢蹄病	20%	15%	3%
乳房炎	10%	8%	3%
淘汰率	20%	15%	8%

13 如何采取措施处理牛场粪污？

答：有效控制牛场环境，除合理规划布局牛场外，还应采取相应措施妥善处理粪尿及污水，绿化环境，防止蚊蝇滋生。（1）制作沼气：利用牛粪尿产生沼气，是我国农村推行的集能源建设和环境建设为一体，并且有经济、社会，环境等综合效益的系统工程，可获取沼气及沼液、沼渣等沼肥，是牛场综合利用的一种最好形式。见彩图68。（2）作为肥料：牛粪尿中含有机成分较多，是优质的有机肥料，使用后其肥效持续时间长，是我国农村主要的肥料来源之一。① 牛粪尿作为肥料直接施入农田：将鲜牛粪、垫草等直接施入农田，然后迅速翻耕土壤，使粪尿、垫草在土壤中进行分解发酵，使寄生虫、病原体的抵抗力降低从而失去活性，此法每1 hm^2 土壤可施鲜粪20 t或更多。②腐熟堆肥法：利用好气性微生物分解牛粪便与垫草等固体有机废弃物，杀死细菌和寄生虫卵，并能使土壤直接得到腐殖类肥料。堆肥中微生物的生长需要的碳氮比为（26~30）：1，牛粪为22：1，再加上垫草的混入，其碳氮比大致相当。在好气发酵的环境下，2周即可达到均匀分解、充分腐熟。③用牛粪栽培蘑菇后再做肥料。④污水循环利用：牛场污水可经过机械分离、沉淀、生物过滤、氧化分解等环节处理后，可循环使用，既减少了对环境的污染，节约用水，又利于疫病防治。处理方法可归纳为物理法、化学法和生物法。⑤加工复合肥料：牛粪经过堆放或人工发酵池发酵后，晒干或烘干、粉碎、过筛。根据不同作物（如果树、蔬菜、花卉等）对肥力的不同要求，添加相应的氮、磷、钾等成分，制成相应的专用复合肥。见彩图69。

14 奶牛对环境的要求有哪些?

答:(1)温度:气温对牛体健康和生产力的发挥影响最大,奶牛是恒温动物,通过机体热调节来适应环境的变化(表28)。(2)湿度:湿度是表示空气潮湿程度的指标,一般用绝对湿度和相对湿度表示,其中相对湿度最常用,是指空气中实际含水汽的克数占同温下饱和水汽克数的百分数(表28)。(3)气流:在炎热的条件下,气温低于皮温时,气流有利于对流散热和蒸发散热,因而对奶牛有良好的作用。冬季,气流会增强奶牛的散热,加剧寒冷的有害作用。(4)气体:奶牛舍内的空气,受奶牛的呼吸、生产过程和有机物质分解等因素的影响,化学成分与大气差异很大。奶牛舍内的有害气体中,最常见和危害最大的是氨和硫化氢(表29)。(5)密度:奶牛的饲养密度是指每头牛占牛床或栏的面积,指舍内牛的密集程度。饲养密度大,则单位面积内饲养牛的头数多。牛的饲养密度受许多因素(品种、体型、用途、生理阶段、气候特点、季节等)的影响。在确保经济效益的前提下,适宜的饲养密度为:在散放饲养时,成年母牛每头占舍内面积5~6 m^2;拴系饲养时牛床尺寸:种公牛2.2 m×1.5 m,带犊成年母牛(1.7~1.9)m×1.2 m,6月龄以上的青年母牛(1.4~1.5) m×1.0 m,临产母牛2.2 m×1.5 m,分娩间3.0 m×2.0 m,0~2月龄犊牛(1.3~1.5) m×(1.1~1.2) m。

表28 牛舍标准温度、湿度和风速参数

项目	温度(℃)	相对湿度(%)	风速(m/s)
哺乳犊牛舍	20	70	0.2
成年奶牛舍	10	80	0.3

表29 奶牛舍中有害气体标准

项目	二氧化碳(%)	氨(mg/m^3)	硫化氢(mg/m^3)	一氧化碳(mg/m^3)
犊牛舍	0.15~0.25	10~15	5~10	5~15
成年牛舍	0.25	20	10	20

15 从哪些方面可判断奶牛舍通风不良?造成牛舍内空气质量下降的因素有哪些?

答:牛舍的通风换气在任何季节都是必要的,直接影响畜舍空气的温度、湿度及空气质量。因此,可从牛舍内的温度、湿度与气味3个方面来判断牛舍内通风。(1)牛舍内气味增大,有害气体特别是氨和硫化氢大量蓄积,对奶牛的黏膜产生刺激和损伤。(2)夏季牛舍通风不良时,牛舍内则会闷热潮湿,从屋面向下滴水;冬季牛舍通风不良则表现为阴冷潮湿,屋顶、墙和地面上结冰。造成牛舍内空气质量下降的主要因素很多,主要可分为以下几个方面:(1)牛场地势较低,且周围有其他建筑遮挡的地区,气流不畅通;(2)牛舍朝向及通风口设计不合理,使自然通风不能满足要求,同时也没有配备相应的通风设备;牛舍间隔距离不合适;(3)规模化养殖导致牛群数量大，每天排放大量粪尿，而不能及时清除。

16 牛舍内出现通风不良现象会造成哪些不良后果?

答：牛舍通风不良，舍内的湿度增高，二氧化碳、硫化氢、氨气等有害气体浓度增加，造成牛舍内空气质量下降。有害气体对奶牛的危害大，可导致生产性能下降，免疫力降低，诱发呼吸系统疾病，严重时可造成牛只死亡。牛舍内的牛粪产生大量氨气，对奶牛呼吸道可造成终身伤害。空气湿度对于牛的健康也有一定的影响。高湿使牛机体的抵抗力减弱，发病率增加，过量的湿气会引起很多呼气道疾病。奶牛长期处于通风不良环境中，产奶量降低、采食量下降、饲料转化率降低，奶品质下降；奶牛繁殖性能降低，成年母牛不发情或安静发情、排卵；机体的抵抗力会降低，对某些传染病和寄生虫的易感性增加。夏季牛舍通风不良会直接导致牛舍内温度、湿度升高，进而导致奶牛热应激；冬季低温高湿，舍内过量的湿气遇冷凝结，会造成屋顶，侧墙和牛道上结冰。奶牛易患各种感冒性疾病，如神经痛、关节炎、风湿症等，犊牛易患痢疾等疾病。

17 要使牛舍通风良好可采取哪些措施?

答：舍内通风不畅会严重影响奶牛健康、奶产量和寿命。所以在牛场设计建设以及管理的过程中应当重视牛舍的通风。（1）牛舍选址：牛场应建在地势高燥、背风向阳的地方。牛舍的选址是的关键。牛舍四周没有树木或其他建筑遮挡，使自然通风发挥作用，以保证气流通畅。（2）牛场规划及牛舍设计：为缓解风向变化对牛舍通风的影响，还必须确定牛舍间最小间隔距离。出于防火考虑，通常牛舍的建筑间隔应该为 23 m，特别是主建筑物和综合建筑物。（3）机械通风：在夏季高温时，仅靠自然通风很难改善舍内的闷热环境，需要辅助机械通风来降低舍温和带走有害气体和水气等。（4）通风管理：牛舍管理人员应根据外界气候环境状况和特殊情况及时调整牛舍通风降温方案。在严寒气候条件下，要避免冷空气直接侵袭。（5）机械设备维护：定期维护机械通风设备，提高机械通风设备的使用率。对已坏设备应及时更换，以保障牛舍内所有设备均能良好运行。

第五部分　疾病及其控制

1 奶牛的主要检疫和免疫包括哪些方面?

答:（1）检疫：奶牛结核病的检疫，每年 2 次；布氏杆菌病，每年 2 次。（2）免疫：奶牛炭疽的免疫，每年 1 次；口蹄疫，每年 3 次。

2 牛场如何消毒?

答:（1）环境消毒：牛舍周围环境及运动场每周用 2% 氢氧化钠或撒生石灰消毒一次；场周围、场内污水池、下水道等每月用漂白粉消毒一次。在大门口和牛舍入口设消毒池，使用 2% 氢氧化钠溶液消毒，原则上每天更换一次。（2）人员消毒：在紧急防疫期间，应禁止外来人员进入生产区，其他时间需进入生产区时必须经过严格消毒，并严格遵守牛场卫生防疫制度。饲养人员应定期体检，如患人畜共患病时，不得进入生产区，应及时在场外就医治疗。喷雾消毒和洗手用 0.2%~0.3% 过氧乙酸药液或其他有效药药液，每天更换一次。（3）用具消毒：定期对饲喂用具、料槽、饲料床等消毒，可用 0.1% 新洁尔灭或 0.2%~0.5% 过氧乙酸，日常用具，如兽医用具、助产用具、配种用具、挤奶设备和奶罐等在使用前后均应进行彻底清洗和消毒。（4）带牛环境消毒：定期用 0.1% 新洁尔灭、0.3% 过氧乙酸、0.1% 次氯酸钠等带牛消毒。消毒时应避免消毒剂污染到牛奶。（5）牛体消毒：挤奶、助产、配种、注射及其他任何对奶牛接触操作前，应先将有关部位消毒。（6）生产区设施清洁与消毒：每年春秋两季用 0.1%~0.3% 过氧乙酸或 1.5%~2% 烧碱对牛舍、牛圈进行一次全面大消毒，牛床和采食槽每月消毒 1~2 次。（7）牛粪便处理：牛粪采取堆积发酵处理，牛粪便堆积处，每周用 2%~4% 烧碱消毒一次。

3　如何搞好牛舍卫生？

答：养好奶牛必须搞好牛舍卫生。（1）及时清除牛舍内外、运动场上的粪便及其他污物，保持不积水、干燥。（2）奶牛舍中的空气含有氨气、硫化氢、二氧化碳等，如果浓度过大、作用时间长，会使牛体体质变差，抵抗力降低，发病率升高等。所以应安装通风换气设备，及时排出污浊空气，不断进入新鲜空气。（3）每次奶牛下槽后，饲槽、牛床一定要刷洗干净。清除出去的粪便及时发酵处理。（4）牛舍内的尘埃和微生物主要来源于饲喂过程中的饲料分发、采食、活动、清洁卫生等，因此饲养员应做好日常工作。（5）降低噪声，奶牛对突然而来的噪声敏感。有报道当噪声达到110~115分贝时，奶牛的产奶量下降10%~30%；同时会引起惊群、早产、流产等症状。所以奶牛场选择场址时应尽量选在无噪声或噪声较小的场所。（6）防暑防寒，夏季特别要搞好防暑降温工作，牛舍应安装换气扇，牛舍周围及运动场上，应种树遮阳或搭凉棚。夏季还应适当喂给青绿多汁饲料，增加饮水，同时消灭蚊蝇。冬季牛舍注意防风，保持干燥。不能给牛饮冰碴水，水温最好保持在12℃以上。（7）严格消毒制度，门口设消毒室（池），室内装紫外灯，池内置2%~3%氢氧化钠液或0.2%~0.4%过氧乙酸等药物。同时，工作人员进入场区（生产区）必须更换衣服、鞋帽。带有肉食品或患有传染病的人员不准进入场区。

4　如何搞好牛体的卫生？

答：经常保持牛体卫生清洁非常重要。（1）严格防疫、检疫和其他兽医卫生管理制度：对患有结核、布氏杆菌病等传染性疾病的奶牛，应及时隔离并尽快确诊，同时对病牛的分泌物、粪便、剩余饲料、褥草及剖析的病变部分等焚烧深埋处理。另外，每年春秋季各进行1次全牛群驱虫，对肝片吸虫病多发的地区，每年可驱虫3次。（2）刷拭：饲养员先站左侧用毛刷由颈部开始，从前向后，从上到下依次刷拭，中后躯刷完后再刷头部、四肢和尾部，然后再刷右侧，每次3~5 min。刷拭宜在挤奶前30 min进行，否则由于尘土飞扬污染牛奶。刷下的牛毛应收集起来，以免牛舔食，而影响牛的消化。试验表明，经常刷拭牛体可提高产奶量3%~5%。（3）修蹄：在舍饲条件下奶牛活动量小，蹄子长得快，易于引起肢蹄病或肢蹄患病引起关节炎，而且奶牛长肢蹄会划破乳房，造成乳房损伤及其他感染疾病（特别是围产前后期）。因此，经常保持蹄壁周围及蹄叉清洁无污物。修蹄一般在每年春秋两季定期进行。（4）铺垫褥草：牛床上应铺碎而柔软的褥草如麦秸、稻草等，并每天进行铺换。为保持牛体卫生还应清洗乳房和牛体上的粪便污垢，夏天每天应进行一次水浴或淋浴。（5）运动：奶牛每天必须保持2~3 h的自由活动或驱赶运动。

5 奶牛有哪几项正常生理指标?

答: 奶牛生理参数的测定要结合日常观察情况和发生疾病后，一般随机测定，测定内容根据具体情况决定。成年牛的正常体温 38~39℃，每分钟呼吸 15~35 次，犊牛 20~50 次；成年牛脉搏数为每分钟 60~80 次，青年牛 70~90 次，犊牛 90~110 次；正常牛每日排粪 10~15 次，排尿 8~10 次。健康牛的粪便有适当硬度，尿一般透明，略带黄色；嗳气 20~40 次 /h；每日平均反刍 6~10 h；每日反刍周期 4~8 个；每次反刍持续时间 40~50 min；瘤胃蠕动次数（次 / 分钟）：反刍时 2.3，采食时 2.8，休息时 1.8；食后反刍 0.5~1.5 h；饮水量 50~100 kg/ 昼夜。

6 主要消毒药使用方法及配比浓度是多少?

答: 常用消毒液见表 30。

表 30　常用消毒液简表

名 称	浓 度	适用范围
百菌消	1:1 000	牛舍内消毒、洗手消毒
消毒威	1:800	牛舍内消毒、洗手消毒
火碱	2%~3%	牛舍外环境、门口消毒池
聚维酮碘	0.5%~1%	挤奶后乳头药浴
百菌消	1:1 000	挤奶前乳头药浴
硫酸铜	4%~5%	奶牛蹄浴
碘灭杀	1:8	挤奶后乳头药浴
福尔马林	5%~10%	奶牛蹄浴

7 怎样防控奶牛布氏杆菌病?

答: 布氏杆菌病是由布氏杆菌引起的一种人畜共患的传染病，该病对人、畜危害极大。牛、羊、猪最常发生，其临床特征是孕牛发生流产、胎衣不下、子宫内膜炎和胎膜炎、不孕症、乳房炎、关节炎等；公牛发生睾丸炎和附睾炎。预防和控制该病应从以下几方面着手：（1）加强环境消毒，对牛舍、牛床、运动场消毒，常用消毒药有 1%~3% 石炭酸溶液、2% 福尔马林溶液。病畜、流产胎儿、胎衣、病畜分泌物、垫料等要销毁处理。定期消灭可传播本病的蝇、蚊、虫。（2）每年两次检疫，对检测出的阳性牛，要扑杀无害化处理。（3）疫苗接种是控制该病的有效措施。猪型号苗使用安全，对奶牛免疫效果良好。（4）不从疫区购买动物，购买奶牛时要求当地动物卫生监督机构出具检疫合格证明；奶牛购回后要向本地动物卫生监督机构报检，监测布病疫情，隔离 30 d 以上，经严格检疫 2 次，才能混群饲养。（5）注意个人卫生，繁殖人员操作时应穿戴工作服和一次性胶手套。发现饲养员有长期低烧、关节酸痛等感冒样症状，要立即排查布氏杆菌病。

8 怎样防控牛口蹄疫病？

答：口蹄疫是由口蹄疫病毒引起的一种人和偶蹄类动物共患的急性、热性、接触性传染病。其临床特征是口腔黏膜、趾间表皮、蹄冠和乳房出现白色水疱，破溃成糜烂状。预防和控制措施：（1）严格执行消毒措施，定期用 2% 苛性钠对全场及用具消毒，粪便及时清除，保持牛舍的清洁、卫生。（2）加强检疫制度，保证牛群健康。不从病区购买牛只及其产品、饲料、生物制品等。（3）接种口蹄疫疫苗，所用疫苗的病毒型必须与当地流行的病毒型相一致。（4）口蹄疫病一般不允许治疗，要就地扑杀，对病死牛只要深埋或烧毁。（5）发生疫情时，按国家有关规定，严格实行划区封锁。口蹄疫流行的地区和划定的封锁区应禁止人畜及畜产品的流动。

9 怎样防控奶牛结核病？

答：结核病是由结核分枝杆菌引起的一种人畜共患的慢性传染病。临床特征是被侵害的组织器官上形成结核结节和干酪样坏死或钙化的结核病灶。肺结核、乳房结核和肠结核最为常见。本病一般不治疗，以预防为主，采取的措施如下：（1）引进或补充奶牛时，要按有关规定进行检疫隔离，外来牛只必须经 2 次检疫全部为阴性者方可混群饲养。不从疫区引进奶牛。（2）每年进行 2 次结核病检疫，发现带菌和病牛及时扑杀淘汰。（3）平时对牛场要做好消毒，效果较好的消毒剂有漂白粉乳剂、3%~5% 来苏尔或 20% 石灰乳。（4）被结核病污染的牛舍、运动场及用具、物品必须严格彻底消毒。饲养场的饲料、垫料可采取深埋发酵处理或焚烧处理，粪便采取堆积密封发酵方式处理。

10 什么叫奶牛乳腺炎？引起乳腺炎的原因有哪些？

答：奶牛的乳腺炎主要是乳腺伴有物理、化学、微生物学的一种炎性变化。包括乳腺感染炎症、微循环和免疫障碍等。其特征是：乳中体细胞数增加、乳汁某些成分发生改变和乳腺组织出现病理变化。根据临床症状，它分成临床型乳房炎和非临床型乳腺炎（隐性乳房炎）。一般来讲临床型乳腺炎损失 30%，非临床型乳腺炎损失 70%，故养牛生产管理中隐性乳房炎的检测和治疗都相当重要。引起乳腺炎的原因主要包括：（1）病原菌（包括金黄色葡萄球菌、无乳链球菌、环境链球菌和大肠杆菌群等）。（2）环境因素（包括乳房外伤、应激反应、挤奶操作不当、挤奶姿势不当和营养关系）。

11 如何预防牛便秘？

答：（1）防止多喂粗饲料或者精饲料，要精粗搭配。（2）喂充足的青绿多汁饲料和饮水。（3）不过度使役。（4）乳牛要保证有一定的运动量。（5）定期驱除肠内寄生虫。

12 临床乳腺炎较实用的检查方法有哪些?

答：（1）临床检查：检查乳房是否肿胀、发热和疼痛，乳房皮肤是否发红发紫，乳汁是否稀薄成水，有乳块、血乳、颜色变化等。①超急性突出肿胀，发展快，乳房皮肤发紫，疼痛，体温升高，卧地鸣叫，挤不出奶，应及时请有经验的兽医抢救。②急性、亚急性乳房有肿痛的症状，有全身症状，请兽医治疗。③慢性乳房有硬块或乳头管有条状硬组织，请兽医检查治疗。（2）物理检查：正常牛奶肉眼检查没有乳凝块，颗粒物，如果挤奶后用纱布过滤，特别是头把牛奶有凝块和碎颗粒状物质，就表明乳房有感染。

13 奶牛隐形乳腺炎的检测方法和判定标准?

答：（1）检测方法：包括采集奶样→加诊断液→溶解→旋转。见彩图 70~73。（2）判定标准：奶牛隐形乳房炎的判定标准见表 31。每月对泌乳牛检测一次，“+ +”以上的牛需要治疗。

表 31　奶牛隐形乳房炎的判定标准表

判定	符号	乳汁凝集反应程度	颜色反应
阴性	—	无变化或有微量凝集，回旋后凝集消失	黄色
可疑	±	少量凝集回旋后不消失	黄色或微绿色
弱阳性	+	有明显凝集反应呈黏稠状	黄色或微绿色
阳性	++	大量凝集，黏稠性强呈半胶状	黄色、黄绿色或绿色
强阳性	+++	完全凝集，黏稠呈胶冻状，回旋后黏稠向中心向上凸起	黄色、黄绿色或绿色

14 奶牛乳房炎的发病原因及症状有哪些?

答:（1）细菌感染：是引起乳房炎的主要原因。引起乳房炎的病原微生物有无乳链球菌、乳房炎链球菌、停乳链球菌、葡萄球菌、化脓性棒状杆菌及病毒等。细菌的感染有两种：一是血源性的，指细菌经血液转移而引起，如患结核病、布氏杆菌病、胎衣不下、流行热、子宫内膜炎等时，乳房炎为其继发症状；另一种是外源性的，指细菌由外界侵入而引起。（2）机械挤乳：主要是由于机械抽力过大，引起乳头裂伤、出血；电压不稳，抽力忽大忽小；频率不定，过快或过慢；抽的时间过长，跑空机；乳杯大小不合适，机器配套不全，内壁弹性低、松软等；机器用完未及时清洗，或刷洗不彻底。（3）没有严格按操作规程挤奶：如挤奶员的手法不对，或将乳头拉得过长，或过度压迫乳头管等，都会损伤乳头黏膜而引起乳房炎。（4）其他原因：乳房或乳头有外伤；牛场内环境卫生差，挤奶用具消毒不严，洗乳房的水不清洁，或突然更换挤奶员。（5）发病症状：①隐性乳房炎：细菌侵入乳房，未引起临床症状，肉眼观察乳房见乳汁无异常，但乳汁在生化上及细菌学上已发生变化。②临床型乳房炎：肉眼可见乳房、乳汁发生异常。根据其变化与全身反应程度不同，可分为以下几种：轻症：乳汁稀薄、发懈，呈灰白色，最初几把乳常有絮状物。乳房肿胀，疼痛不明显，产奶量变化不大。食欲、体温正常。停乳时，可见乳汁呈黄色、黏稠状。重症：患区乳房肿胀、发红、质硬、疼痛明显，乳呈淡黄色；产奶量下降，仅为正常的1/3~1/2，有的仅有几把乳。体温升高，食欲废绝，乳上淋巴结肿大，健区乳房的产奶量也显著下降。恶性：发病急，患畜无乳，患区和整个乳房肿胀，坚硬如石。皮肤发紫，龟裂，疼痛极明显。患区仅能挤出1~2把黄水或血水，患畜不愿行走，食欲废绝，体温41.5℃以上，呈稽留热型，持续数日不退。心跳增数（100~150次/min），泌乳停止。病初粪干，后呈黑绿色粪汤，消瘦明显。见彩图74~75。

15 奶牛乳房炎的防治措施有哪些?

答:（1）首先要加强饲养管理，搞好环境卫生。①配制和饲喂营养均衡的日粮。提供充足的维生素和丰富的矿物元素，以确保奶牛营养需要，增强母牛对乳房炎的抗病性。提供新鲜饲料（草），清洁饮水。②挤奶后添加新鲜饲料，促使牛可以继续站立，减少此时乳头与环境接触的机会，使乳头孔牢牢闭合以后，牛再躺卧。③牛舍保持干燥、通风，夏季凉爽，冬季保暖。每月定期消毒1次，夏秋季每月2次；铺上干净垫草，防止挤压、碰撞等对乳房的伤害事件发生。④及时清理牛舍及运动场粪便、积水、污水；保持牛体清洁；分娩牛和泌乳牛分舍饲养；严禁将患临床型乳房炎奶牛的奶挤到牛床或运动场上。⑤奶牛在犊牛期时要去角，避免牛群打斗时牛角划伤乳房。牛舍地面不要太光滑，哄赶牛群时要慢慢哄赶，避免奶牛相互拥挤或滑倒。水槽和饲槽要有足够的宽度，尽量避免牛群抢水抢料。奶牛转群时尽量安排在夜间。要注意及时隔离和淘汰患有严重乳房炎的病牛。⑥每年至少对挤奶设备保养检修2次，及时更换破损部件。为了防止橡皮奶杯“疲劳”，要有两套定期轮换使用。（2）严格执行消毒措施，以防止细菌感染。①挤奶前用50~60℃的温水清洗乳房及乳头，或用1∶4 000的漂白粉液、0.1%的新洁尔灭、0.1%高锰酸钾液洗乳房。②用3%次氯酸钠液、0.3%的洗必泰或70%的酒精浸泡乳头。③挤奶机在每次挤完奶后应彻底消毒，夏天每天要用1%的碱水清刷一次，内胎可在85℃热水中浸泡。④患牛的奶应集中处理，不可乱倒。（3）建立良好的挤奶程序及制度，并严格执行之。①始终保持挤奶厅的清洁、干燥、通风、透光。②挤奶工每天挤奶时逐头观察、逐个记录、分析并果断的采取解决措施，以便有效地降低发病率，提高治愈率。③按照先挤头胎牛，再挤高产牛、中产牛，最后挤有疑似乳房炎的牛的顺序挤奶。奶牛进入挤奶厅以后，用40~45℃的清洁温水喷洗乳房的下部和乳头。挤奶员用清洗过的手按摩乳头。④用一次性的纸巾（或干净的毛巾）擦干乳头。⑤每一乳头用手挤去头3把奶，观察乳质有无异常变化。⑥用药液对乳头行药浴20~30 s。完毕后，必须擦干乳头。⑦挤奶时间长短由产奶量决定，控制好挤奶时真空泵压力，脉冲次数每分钟应控制在50~60次。分泌异常乳的奶牛，所挤牛奶不得进入正常管道系统。⑧确认挤完后，关掉真空阀门，等待3~5 s待真空全部释放再卸下挤奶器。要使牛奶挤净，但不能挤过。⑨挤完奶以后，用无刺激性的乳头洗浴液对乳头进行二次药浴，最好对乳头进行喷雾处理。洗浴结束，用一次性纸巾擦干乳头。⑩每批牛挤完后，都要清洗挤奶设备。并用38~45℃的热水冲洗。再用60~74℃的漂白粉溶液洗涤（手工洗涤时水温为49℃）。（4）治疗措施：消灭病原微生物，控制炎症的发展，改善牛的全身状况，防止败血症。①急性乳房炎：肌内注射：青霉素800万~1 200万，庆大霉素100万，30%安乃近10 mL×3支；一天2~3次；3~5 d为一个疗程。对于病情严重的急性乳房炎，可以静脉注射：5%糖盐水2 000~3 000 mL，0.5 g盐酸四环素8~10 g，庆大霉素200万，10%氯化钾10 mL×7支，10%安钠加10 mL ×（2~4）支。一天二次；三天一个疗程。②慢性乳房炎：采用乳区灌注：青霉素80万+链霉素100万+蒸馏水50 mL，3 d一个疗程。没有好转，可考虑选用红霉素50万+卡那霉素100万。肌内注射：青霉素400万 ×2，庆大霉素20万 ×5。③局部治疗：a. 患区外敷：用10%酒精鱼石脂、10%鱼石脂软膏、安得列斯涂剂涂布患区。b. 用青霉素40万国际单位、链霉素50万~100万国际单位、蒸馏水50~100 mL，一次注到乳头内，每天2次。④全身疗法：a. 用青霉素200万~250万国际单位，一次肌内注射，每天2次。b. 根据病情可静脉注射葡萄糖、碳酸氢钠、安辛内咖等。⑤其他治疗方法：a. 增加挤奶次数：每次尽可能把奶挤净，并且增加2~3次挤奶次数，这是治疗乳房炎最好的方法。b. 冷敷疗法：急性乳房炎初期可冷敷，这种方法适用于乳房肿胀而奶汁未变质的乳房炎，方法是将毛巾浸入冷水中，拧半干敷于乳房上，毛巾发热后立即更换。冷敷时间不宜过长，一般每次15 min左右，每日3次，连敷2日，使局部充血减轻，毛细血管收缩，热量散失，肿胀减轻乃至消失。c. 热敷疗法：乳房炎炎症的中后期可用热水敷患部，方法是将毛巾放于热水中，拧半干不烫手时，反复敷于患处，热敷2~3 min更换毛巾。每次敷15 min左右，每日3次。d. 按摩乳房疗法：按摩乳房应在挤奶后进行，边按摩边挤奶，这样可以把乳房内剩余变质残留的奶都挤出来，并能明显降低乳房中微生物的数量。e. 封闭疗法：乳房红肿严重，疼痛不安的患畜，可用0.25%普鲁卡因注射液20 mL+青霉素160万国际单位，在乳房基部进行封闭，效果明显。

16 发生哪些情况可判断母牛分娩发生难产？

答：（1）奶牛出现分娩症状（阵缩与努责）后 4 h 以上，仍未见尿羊膜囊破裂或排出阴门外。（2）尿囊破裂 2 h，羊膜囊破裂 1 h 以上，仍未见胎儿双肢露出。（3）阴门外见胎儿双肢后半小时以上，但胎儿仍不能分娩出来。

17 子宫内膜炎的发病原因及防治措施有哪些？

答：（1）病因：①助产不当；产后子宫弛缓，恶露蓄积；胎衣不下，子宫脱落，阴道和子宫颈炎症处理不当，治疗不及时，消毒不严而使子宫受细菌感染，引起内膜炎。②配种时不严格执行操作规程，不坚持消毒，如输精器、牛外阴部，人的手臂消毒不严格，输精时器械损伤，输精次数频繁等。③继发性感染，如布氏杆菌病、结核病等。（2）临床症状：①卡他性脓性子宫内膜炎：患牛全身反应不明显，阴道分泌物随病程而异，初呈灰褐色，后变为灰白色，由稀变浓，量由多变少，具腐臭；卧地后，常见从阴道内流出，或于坐骨结节黏附、结痂。有的患牛有弓背、举尾、努责、尿频等症状。阴道检查时可见阴道黏膜、子宫颈膜充血、潮红，子宫颈口开张约 1~2 指，阴道内有不同的量的分泌物。②坏死性子宫内膜炎：由于细菌的分解作用，黏膜腐败坏死，全身症状加剧，如患牛精神沉郁，体温升高，食欲废绝，泌乳停止。阴唇发绀，阴道黏膜干燥，从阴道内排出褐色、灰褐色、含坏死组织的分泌物。直肠检查可见子宫壁和子宫角增厚，手压有疼痛反应。③慢性卡他性子宫内膜炎：患牛的性周期、发情及排卵均正常，但屡配不孕，或配种受孕后流产。阴道内集有少量的混浊黏液，或于发情时从子宫内流出混有脓丝的黏液，子宫角增粗，子宫壁肥厚，收缩反应微弱。④慢性卡他性脓性子宫内膜炎或脓性子宫内膜炎：子宫壁肥厚不均，性周期不规律，故发情不规律或不发情。阴道分泌物稀薄，发情时增多，呈脓性。子宫角粗大、肥厚、坚硬，收缩反应微弱。卵黄上有持久黄体。（3）预防措施：①助产时，牛的阴门及其周围，人的手臂及助产器械等应严格消毒，操作要仔细。②配种时，人工输精器械和牛的生殖道都应严格消毒。③合理配合饲料，特别注意矿物质、维生素的供应，以减少胎衣不下病症的发生。④奶牛的全身性疾病，如产后瘫痪、酮尿症、乳房炎等，均可引起子宫内膜炎的发生，故应及时治疗。⑤对流产病畜应及时隔离观察，并作细菌学检查，以确定病性，及时采取措施，防止疾病的流行。（4）治疗措施：①子宫内注入法：a. 将土霉素粉 2 g，或金霉素粉 1 g，或青霉素 100 万国际单位，溶于蒸馏水 250~300 mL 中，一次注入子宫，隔天一次，直至分泌物清亮为止。b. 对病程较长、分泌物具脓性的牛，可用以下药物：卢格氏液（复方碘溶液）：碘 25 g、碘化钾 50 g，加蒸馏水 40~50 mL 溶解，再用蒸馏水加至 500 mL，配成 5% 碘溶液。取该溶液 20 mL，加蒸馏水 500~600 mL，一次注入子宫。鱼石脂溶液：取纯鱼石脂 80~100 g，溶于蒸馏水 1 000 mL 中，配成 8%~10% 溶液。每次注入子宫内 100 mL，隔天一次，一般用 1~3 次。②其他疗法：a. 一次肌内注射己烯雌酚 15~25 mL。b. 按摩子宫法：将手伸入直肠，隔肠按摩子宫，每天一次，每次 10~15 min，有利于子宫收缩。c. 全身疗法：

根据全身状况，可补糖、补盐、补碱，并用抗生素和磺胺类药物。

18 引发奶牛流产的原因及其综合防治措施有哪些？

答：（1）非感染性流产的原因主要有：①营养性因素：粗放式饲养，特别是在奶牛干奶期实行粗放式饲养，会造成母牛瘦弱，胎儿得不到足够的营养，由此造成怀孕母牛流产；如饲料单一，饲料中缺乏维生素 A、维生素 E、维生素 D、矿物质（微量元素）等，也会造成胎儿发育迟缓及母畜生殖器官的病变与激素分泌的紊乱而引起流产。②中毒性因素：饲喂发霉、变质饲料，误食某些农药或有毒植物，会引起流产或者早期胚胎死亡。能引起中毒的有硝酸盐、亚硝酸盐、麦角碱、玉米烯酮等。另外，霉菌毒素类也能引起奶牛的流产。③疾病性因素：奶牛的心、肺、肝、肾及肠道疾病，子宫内膜炎、宫颈炎等生殖系统疾病，严重的大出血、下痢和臌气等都易造成怀孕牛流产。④药物性因素：给怀孕母牛服用大剂量的腹泻药、皮质激素药、麻醉药、驱虫药、利尿药、发汗药等都容易导致怀孕母牛流产。⑤机械性因素：因管理粗放，奶牛经常互相顶撞和拥挤、人为粗暴式驱赶、殴打妊娠母畜、粗暴式的直肠检查、运动场及牛舍太滑等因素都可能造成怀孕母牛的流产。⑥应激因素：奶牛长途运输；牛舍环境过度潮湿、拥挤、闷热；气温在 30℃以上牛易发生中暑；在强烈的日光照射下牛易患热射病等均能引起流产。（2）感染性流产的原因主要有：①细菌性因素：影响奶牛流产的主要细菌有布鲁氏菌、李斯特杆菌、弯杆菌、大肠杆菌等。此外，化脓性放线菌、杆菌以及链球菌和其他环境中存在的细菌，都可以成为牛群零星发生流产的因素。②病毒性因素：奶牛病毒性腹泻疾病能引起牛群全身性的症状，当该病毒经过体内循环的时候，能到达胎盘中成长的胎儿，引发早期胚胎的死亡和流产，甚至木乃伊胎。③霉菌和寄生虫：霉菌导致的奶牛流产，占整个流产比例的 10%~20%，可在怀孕 60 d 左右出现流产，但主要集中在孕期最后两个月。通常发生在冬春季，此时奶牛经常是被限制在一定范围中而接触到发霉的干草和青贮。（3）防治措施：①注意奶牛营养的平衡，根据营养需要，保证维生素、矿物质、微量元素摄入平衡。②加强牧场环境的卫生监督，定期做好检疫、预防接种、驱虫和消毒工作。不从病牛场购牛。流产出的胎儿应及时消毒销毁隔绝。因布鲁氏菌病引起流产的奶牛，一般不治疗，直接淘汰。③加强日常管理工作，减少奶牛的机械性损伤和应激。④对有流产先兆的母牛，如果子宫颈口尚未开放，直肠检查确定胎儿仍然存活时，可皮下注射黄体酮 50~100 mg，每日或隔日 1 次，连用 3~4 次。也可肌内注射维生素 E。若有明显阴道出血者，可用维生素 K 或安络血等止血。为防止孕牛起卧不安，可用安溴剂（含安钠咖 2.5%、溴化钠 10%）100 mL 加 10% 葡萄糖溶液 500 mL 静脉注射。对损伤性流产，用 30% 安乃近 30~50 mL 肌内注射，轻症牛每天注射 2 次，重症牛每天注射 3 次。⑤流产症状已较明显的孕牛，不宜用安胎药，如子宫颈已开张，胎囊已进入阴道或羊水已流，则用助产的办法取出胎儿。⑥延期性流产，应设法取出胎儿。注射溶黄体药和子宫收缩药，如每头孕牛肌内注射前列腺素 25 mg，或氯前列醇 0.1~1 mg。对胎儿浸溶性流产，可使用促进子宫收缩的药品，促进内容物排出，必要时，也可用消毒液 0.05% 高锰酸钾溶液冲洗子宫，以便排尽内容物。

19 胎衣不下的发病原因及防治措施有哪些?

答：母牛产犊后10 h内未排出胎衣，就可以认为是胎衣不下。此病多发于第6胎以上、产奶量7 000 kg以上的牛。夏季比冬春季节发病率高，一般发病率12%~18%。胎衣不下容易继发其他产后疾病：败血症、子宫炎、乳腺炎等。严重并发者危及母牛生命。（1）发病原因：①日粮中缺乏矿物质、维生素，或饲料单纯、品质差。精料量过多，使牛体过肥，全身张力降低。②子宫收缩乏力、弛缓。③由子宫炎症如子宫炎、布氏杆菌病而引起的胎盘粘连。（2）发病症状：根据胎衣在子宫内滞留的多少，可分为全部和部分胎衣不下。①全部胎衣不下：指整个胎衣滞留于子宫内，多由于子宫坠垂于腹腔或脐带断端过短所致。故外观仅有少量垂附于阴门外，或看不见胎衣（彩图76）。②部分胎衣不下：指大部分胎衣垂附于阴门外，少部分粘连。垂附于阴门外的胎衣，初期为粉红色，后由于受外界的污染，上粘有粪末、草屑、泥土等。子宫颈开张，阴道内有褐色稀薄而腐臭的分泌物（彩图77）。（3）预防措施：①为促进机体健康，增强全身张力，日粮中应含有足够的矿物质和维生素，特别是维生素E和硒的供给。②加强防疫与消毒：助产时应严格消毒，防止产道损伤。凡由布氏杆菌所引起流产的母畜，应与牛群隔离，胎衣应集中处理。③对临产前的老年牛和高产牛，应补糖、补钙（20%葡萄糖酸钙、25%葡萄糖液各500 mL），产后可肌内注射垂体后叶素100单位。④产后应喂给温热的麸皮盐水15~25 kg，产后30 min再挤乳，对促使胎衣脱落有益。（4）治疗措施：①全身用药：静脉注射20%葡萄糖钙、25%葡萄糖液各500 mL，每天1次。1次肌内注射垂体后叶素100国际单位，或麦角新碱20 mL。也可用激素疗法：1次注射促肾上腺皮质激素30~50 IU、氢化可的松125~150 mg、强可的松0.05~1 mg/kg体重，每隔24 h注射一次，共注射2~3次。②子宫注入：将土霉素2 g或金霉素1 g，溶于250 mL蒸馏水中，一次灌入子宫，隔天1次，经5~7 d，胎衣会自行分解脱落。药液可一直灌至子宫阴道分泌物清亮为止。一次灌入子宫高渗盐水1 000 mL，其作用是促使胎盘绒毛脱水收缩，从而有宫阜中脱落。

20 产后瘫痪的发病原因及防治措施有哪些?

答：（1）发病原因：①由于泌乳，钙从乳中大量排出，产后第一天泌乳牛失钙磷，造成血钙急剧下降，引起低血钙、低血磷。②饲料中钙、磷比例失调。③饲料中维生素D不足或缺乏。（2）发病症状：一般症状为精神沉郁，对外界反应迟钝，食欲降低或废绝，反刍减少，瘤胃蠕动音减弱，粪干少。体温正常或降低（37.5℃）；心跳正常，步态不稳，站立时两后肢频频交替；有的牛，当人接近时，表现张口吐舌。典型症状即瘫痪。患病奶牛开始瘫痪时，呈短暂的兴奋不安，卧地后试图站立，站立后四肢无力，左右摇摆，后摔倒不起；也有两前肢腕关节以下直立，后肢无力，成犬坐势，当几次挣扎不能站立后，患畜安然静卧。随病程的延长，病牛的知觉与意识逐渐消失。病牛四肢缩于腹下，颈部弯曲呈“S”状，有的头偏于一侧。体温下降至37.5~38℃，呼吸缓慢而深，心跳细弱，次数增加，每分钟90次以上。见彩图78~79。（3）治疗措施：①补糖、补钙：可一次静脉注射 20% 葡萄糖酸钙（内含 4% 硼酸）和 25% 葡萄糖溶液各 500 mL，每天 2 次，直到站起为止。②乳房送风：即向乳房内打气，其目的是使乳房鼓胀、内压增高，减少乳房内血流量，此方法在发病早期效果较好，打气的数量，以乳房皮肤紧张，各乳区界限明显，即“鼓”起为标准。③也可在输钙时，静脉注射安钠咖硫酸镁 100~150 mL。因瘫痪牛有咽喉麻痹现象，所以在病的早期不宜灌药。（4）预防措施：①加强干奶牛的管理，限制精料喂量，增加干草饲喂量，以防牛体况过肥。②分娩前 6~10 d，可肌内注射维生素 $D_3$10 000 IU，每天 1 次，以降低发病率。③对高产牛、年老体弱牛、有瘫痪病史的牛，于产前 1 周，在饲料中加乳酸钙（50 g/d），或静脉注射葡萄糖、钙制剂。④分娩后应喂给温热的麸皮盐水，把初乳不应挤净，仅挤出 1/3~1/2 即可。

21 奶牛酮病的影响因素、症状及特征是什么？如何进行治疗？

答：奶牛酮病多发于产后，病初出现消化扰乱。酮病的本质在于血液和体内的葡萄糖缺乏。见彩图 80~81。（1）影响因素：①高产：奶牛的产奶高峰大多在分娩后 4~6 周出现，而此时食欲和干物质采食量尚未达到高峰，摄入的能量不能满足泌乳需要，进而导致酮病的发生。②饲料因素：饲喂大量青贮，饲料质量低下，突然换料，可降低奶牛干物质采食量，导致酮病的发生。此外，青贮中富含丁酸，大量采食可直接导致酮病的发生。饲料中钴、碘、磷等矿物质的缺乏也可升高酮病的发生率。③产犊时体况超标：体况超标影响产后食欲的恢复。此外，产前营养过剩可引起脂肪肝，而脂肪肝能导致肝脏代谢紊乱、糖元合成障碍，血中酮体含量升高，从而引发酮病。④继发于其他疾病：在泌乳早期，任何可影响食欲的疾病都可以引发继发性酮病，其中真胃变位和创伤性网胃炎与继发性酮病关系最为密切。（2）症状：①兴奋型：眼神凶恶，对人鸣叫，口吐白沫。②抑制型：精神萎靡，牛嘴顶住料缸呼吸、心跳减慢，最后昏迷而死。（3）特征：①呼出的气体、尿、乳汁，有一种酮醋味，一般靠近牛体也能嗅到气味。②乳、尿含有大量酮体。（4）治疗：50% 葡萄糖 500 mL × 2，20% 葡萄糖酸钙 500 mL × 2，100 mg 的维生素 B_1 20 mL，一次量静脉注射，每天 3 次，连用 3 天。

22 预防奶牛产后低血钙的方法？

答：奶牛血钙正常含量为 8~12 mg/dL，几乎所有奶牛产犊后血钙的浓度都会下降，低血钙可以导致奶牛生产瘫痪；产后瘫常在分娩期间和泌乳初期发生，主要是血钙迅速向乳中流失所引起。骨骼中钙的代谢不能满足突发的需求，导致低血钙症。低血钙症会导致子宫收缩无力，大大增加胎衣不下的发生率；于肌肉逐渐衰弱，挤奶后乳头管口封闭不严，易使细菌侵入，引起乳房炎。目前预防奶牛产后低血钙的方法有：（1）围产前期饲喂低钙日粮：在生产上要求围产前期就开始使用低钙日粮，主要是刺激奶牛的甲状旁腺，使其在产前就分泌甲状旁腺激素，以启动奶牛的钙调节机制。干奶后期混合精料中钙的含量应明显低于干奶前期的，另外要停喂含钙高的苜蓿。一般将日粮含钙量占干物质的 0.6% 降到 0.2%。（2）使用阴离子盐：由于一些奶牛场干奶期的日粮以优质粗饲料为主；而豆科植物（如苜蓿）的含钙量高，很难控制钙的摄入量。因此，可采用饲喂阴离子盐（如氯化铵、硫酸镁等），来降低代偿性碱中毒。（3）控制日粮中钾的含量。奶牛产前逐渐换成的确适合临产奶牛的日粮，将钾的含量控制在 1%~1.5%。（4）奶牛产后及时补钙，在奶牛分娩后，给奶牛喂麸皮盐水时加上 100 g 的磷酸氢钙，可获得良好效果。分娩后日粮含钙量立即改为 0.6%。

23 奶牛瘤胃臌气的症状及治疗措施有哪些？

答：瘤胃臌气，又称肚胀和气胀，是指奶牛过量采食易于发酵的食物，在瘤胃细菌的作用下迅速酵解，产生大量气体，致使瘤胃急剧胀大，并呈现反刍和嗳气障碍的一种疾病。（1）主要症状：①最明显特点是左肷部臌胀。②触诊瘤胃壁紧张而有弹性，听诊呈鼓音。③奶牛站立不安，时有回腹张望，有腹痛感，呼吸困难，头颈伸直，张口伸舌，口中可流出泡沫唾液，呼吸、心率增快，体温正常，严重病例后期出现精神沉郁，站立不稳，最后卧地不起，终因窒息而死亡。见彩图 82~83。（2）治疗原则：以排除瘤胃内气体，制止瘤胃内容物发酵，改善瘤胃内环境及增强其收缩力为原则。（3）治疗：瘤胃三角区常规消毒，穿刺针放气，注射（消气灵 10 mL × 2 瓶 + 蒸馏水，鱼石脂 20 g+ 松节油 30 mL）。对于慢性瘤胃臌气，除加强饲喂的同时，在牛舌面放一把人工盐（约 50 g），再用一木棒或一段稻草强制固定于牛口腔中，让奶牛不断舔，增加嗳气排出。见彩图 84~85。

24 奶牛瘤胃积食的症状及治疗措施有哪些？

答：瘤胃积食，又称瘤胃食滞、瘤胃阻塞，中兽医称“宿草不转”。是奶牛等反刍动物采食大量难消化、易膨胀的饲料所致。临床特征是瘤胃运动停滞，容积增大，充满黏硬内容物，伴有腹痛、脱水和自体中毒等全身症状。（1）主要症状：①腹痛，病畜表现不安，目光呆滞，拱背站立，回头顾腹，后肢踢腹，有时不断起卧，痛苦呻吟。②食欲废绝，反刍停止，空嚼，流涎，嗳气，有时作呕或呕吐。③瘤胃蠕动音减弱或消失；触诊瘤胃，内容物黏硬或坚实；腹部臌胀，左肷窝部平满或稍显突出。④肠音微弱，排干硬粪便、或恶臭软粪、或下痢。⑤直肠检查，瘤胃扩张，容积增大。⑥晚期病例，发生自体中毒和脱水。瘤胃积液，呼吸促迫，心跳疾速；末梢发凉，全身战栗，眼球下陷，黏膜发绀，卧地不起，陷入昏迷。（2）治疗原则：以尽快排除瘤胃内容物，制止异常发酵，促进瘤胃运动机能以及防止脱水和酸中毒为原则。（3）治疗：①人工盐 500 g+ 食母生 40 g+ 小苏打粉 40 g，一次口服，每天 2 次，连服 2 天。②若瘤胃内稍有气体，改用石蜡油 500 mL×2 瓶，消气灵 10 mL×2 瓶，食母生 40 g，一次口服，每天 2 次，连服 2 天。③当出现脱水现象时，应补液强心。静脉注射：5% 葡萄糖糖生理盐水 3 000 mL，10% 氯化钾 70 mL，10% 安钠咖 20~40 mL，每天 2 次。④在康复期，应控制好奶牛喂量，口服健胃药，如大黄酊 80 mL+陈皮酊 50 mL，每天 2 次，逐步恢复正常采食量。

25 奶牛创伤性网胃炎的症状及治疗措施有哪些?

答：创伤性网胃炎，是由于尖锐金属异物混杂在饲料中，被误食进入网胃，损伤网胃引起。临床上以顽固性前胃弛缓、瘤胃反复臌胀、消化不良、网胃区敏感性增高为特征。（1）发病原因：饲养管理不当，误食尖锐金属异物，损伤网胃。①食入尖锐金属异物：a. 食入的异物主要有：铁钉、铁丝、钢丝、缝衣针、注射针头、别针等。b. 金属异物的来源有：饲料加工、调制过程中混入金属尖锐异，如饲草粉碎过程、农副产品加工过程（橘子渣、梨渣、糖糟、豆饼等）；放牧地、饲养场、路边存在的金属尖锐异物等。②牛采食特点：采食时，用舌卷食饲料，不能辨别混入饲料中的金属异物，异物随草料入胃，滞留于网胃中。另外，当牛矿物质和维生素缺乏时会出现异食癖（舔啃地面的潮碱），增加了尖锐异物的食入机会。③诱因：妊娠、分娩、努责，爬跨、瘤胃臌气等，皆可使腹压增大，从而诱发本病的发生。见彩图 86~87。（2）主要症状：①病的初期：a. 通常呈现前胃弛缓，食欲减退，有时异嗜，瘤胃运动减弱，反刍缓慢，不断嗳气，常呈周期性瘤胃臌气。b. 肠蠕动音减弱，有时发生顽固性便秘，后期下痢，粪有恶臭。c. 奶牛的泌乳量减少。d. 由于网胃疼痛，病牛有时突然起卧不安。②病情逐渐发展，久治不愈，呈现各种临床症状。a. 站立姿势异常：拱背站立，保持前高后低姿势，头颈伸展，眼睑半闭，两肘外展。b. 运动异常：动作缓慢，畏惧上下坡、跨沟或急转弯，不愿在硬地上行走（在砖石、水泥路面上行走，止步不前，神情犹豫）。c. 起卧异常：有些病畜，经常躺卧，起卧时极为小心，肘部肌肉颤动，时而呻吟或磨牙。d. 网胃敏感区检查：行网胃区叩诊，病牛畏惧、回避、退让、呻吟或抵抗，显现不安。用力压迫胸椎棘突和剑状软骨时，有疼痛表现。e. 疼痛反应检查：用双手将鬐甲部皮肤紧捏成皱襞，病牛即因感疼痛而凹腰。f. 血液学检查：白细胞总数可多，嗜中性白细胞增加，核左移。g. 全身功能状态：病畜的体温、呼吸、脉搏，一般无显著变化，但在网胃穿孔性腹膜炎时，症状危重，体温上升至 39.5~40℃。h. 病情发展，若损伤心包，表现心跳快，呼吸浅表，心脏听诊有杂音（摩擦音、心包拍水音），外周循环淤血，颈静脉怒张，阳性颈静脉波动，黏膜发绀，躯体下部水肿。i. 愈后。重症死亡；少数结缔组织包埋，自愈；多数呈现慢性前胃迟缓，迁延不愈。见彩图 88~89。（3）预防：①加强饲料保管，不要把饲料乱堆乱放，更不能将草料堆放在铁丝、杂物的附近。②饲料加工中，要建立和完善清除异物的设备，防止金属异物混入，通常用有电磁筛、磁性板，将饲料经筛、板处理后再喂。③瘤胃投放强力磁棒。④定期吸出瘤胃中的铁质异物。（4）治疗：①手术疗法：早期无并发症，疗效确定可靠。采用瘤胃切开，取出异物。②保守疗法：a. 病牛置于前高后低处。b. 用抗菌药，青霉素 300 单位、链霉素 4~5 g，1 次肌内注射，每天 3 次，连续注射 3~5 d。或磺胺类或其他抗菌药物。

26 如何诊断与治疗奶牛前胃弛缓？

答：前胃弛缓是前胃壁兴奋性和收缩力降低所导致的一种消化机能障碍疾病。①病因：长期喂饲难消化的粗饲料、谷类或其他精饲料喂量过多、常年饲喂青贮饲料缺乏干草、饲喂冰冻、发霉变质的饲料及突然变更饲料等，均可引起发病。② 症状：病牛精神沉郁，食欲不振，反刍次数减少至完全停止，瘤胃内容物柔软或强硬呈面团状。触诊瘤胃敏感、疼痛。③治疗：病初绝食 l~2 d，以后喂给优质干草和易消化饲料。少喂勤添，多饮清水。常用人工盐 250 g、硫酸镁 500 g、苏打粉 80~100 g，加水灌服。对产奶量每天 20 kg 以上的牛可用葡萄糖盐水 500~1 000 mL，25% 葡萄糖液 500 mL，l0% 的葡萄糖酸钙 500 mL，5% 碳酸氢钠 500 mL，一次静脉注射，效果较好。

27 如何治疗奶牛瘤胃角化不全症？

答：本病是瘤胃黏膜的一种病理变化。（1）症状：病牛食欲减退，精神倦怠，瘤胃蠕动减弱，偏嗜粗饲和异嗜（如舐自身或与近牛相互舐嗜等）。营养不良，进行性消瘦、虚弱，被毛粗糙、无光泽，产奶量减少，乳脂率下降。瘤胃壁变厚。乳头变硬、增大，黏膜发暗。（2）病因：精料过多粗料不足或缺乏；过饲颗粒性饲料或饲料粉碎过细；由于饲料中混杂金属性异物、粗硬植物性纤维等造成瘤胃粘膜的刺激性损伤。（3）治疗：本病无特效药物治疗。主要是促进瘤胃机能，特别是纠正 pH 值，首先饲喂青、干牧草，并控制饲喂精料量，投服碳酸氢钠。另外，可应用健康牛瘤胃液 2~5L 进行胃管投服。

28 如何防治奶牛胃肠炎？

答：奶牛胃肠炎是奶牛皱胃和肠道黏膜及其深层组织的炎性疾病，特别是犊牛易发胃。临床表现为体温升高、腹泻、脱水和继发代谢性酸中毒，犊牛生长停止，泌乳牛产奶量下降。病程发展急剧的，死亡率较高。（1）病因：草料品质不良，霉变或饲料加工不当，或因饲草混杂大量泥沙等异物，或因误食有毒植物等。继发性胃肠炎多见于各种病毒性和细菌性传染病等。常发生于大肠杆菌病、沙门氏菌病、阿米巴滋养体等感染。（2）治疗：可用抗菌药物治疗：磺胺脒 30~50 g、碳酸氢钠 40~60 g，加常水适量，1 次投服，每日 2 次，连用 3~5 d。脱水严重的病牛，及时补液，静脉滴注 5% 葡萄糖生理盐水 3 000~5 000 mL，重病每天可补液两次。（3）预防：加强饲料养管理，消除发病因素，禁止饲喂发霉、变质的饲草料，严禁饲喂有毒饲草料。对传染性疾病引起的，应及早隔离消毒。

29 奶牛流产的原因有哪些？

答：（1）管理因素：在日常管理中，严禁对孕牛粗暴鞭打、急速驱赶或让其跨沟越坎等，以防奶牛因动作幅度过大而引起流产。（2）空怀因素：奶牛空怀时间越长，流产发生的几率越高。在生产中要注意控制妊娠牛及空怀牛的膘情，多喂青绿多汁饲料，以防奶牛过肥而致不孕和流产。（3）年龄因素：初配年龄越小，流产的发生率越高。生产中，要把青年牛的初配年龄控制在17月龄以上，体重360 kg左右。另外，要加强对孕牛的管理，提供全价配合饲料及足够的青绿多汁饲料。（4）疾病因素：患过子宫疾病的奶牛极易流产，生产中应加强饲养管理，促使产后奶牛子宫的复原，及时预防和治疗子宫疾病。连续发生两次流产的奶牛应考虑淘汰。（5）饲养因素：妊娠3~5个月的奶牛流产率较高，妊娠前2个月的流产率较低。因此，要切实加强妊娠母牛早、中期的管理，严禁饲喂品质低劣、霉烂变质和冰冻的饲料。

30 什么是奶牛肥胖综合征，如何防治？

答：肥胖母牛综合征又称牛脂肪肝病或牛妊娠毒血症，是由能量代谢障碍所致的母牛妊娠期过度肥胖。（1）病因：干奶期母牛的日粮不平衡，精料比例过大，粗饲料缺乏，干奶牛和泌乳牛不分群饲养，运动不足等，致使母牛在妊娠后期和产犊时过于肥胖。（2）症状：乳牛多发生在分娩后不久。临床症状是食欲减退，精神沉郁，体重下降，严重的酮病，患牛日渐衰弱，通常经过7~10 d死亡。发病率取决于牛的肥胖程度及产后能量缺乏程度。（3）治疗：治疗原则在于控制脂肪动员，纠正能量平衡和保护肝脏。补充糖原：静脉注射50%葡萄糖500~1 000 mL，每日2次，连注2~3 d；静脉注射木糖醇500~1 000 mL或50%右旋糖酐500~1 000 mL，每日2次；内服烟酸12~15 g，1次内服，连服3~5 d；氯化钴或硫酸钴每天100 g，内服；丙二醇170~342 g，每天2次，口服，连服10 d，喂前静脉注射50%右旋糖酐500 mL；内服50%氯化胆碱50~60 g，连续数日。（4）预防：在妊娠最后3个月，要防止母牛过于肥胖，增加干草喂量，控制精料喂量。干草自由采食，精料喂量3~4 kg，青贮15 kg。（5）分群饲养和管理：根据奶牛不同生理阶段，随时调整营养比例，为避免抢食精料过多。

31 奶牛发生尿素中毒怎么办？

答：尿素是一种非蛋白氮饲料，在奶牛及其他反刍动物的饲养中已被广泛应用，然而若饲喂不当，常引起尿素中毒。尿素引起中毒是由于尿素的喂量过大并在瘤胃中分解为氨的速度过快，使瘤胃微生物来不及利用，致使过剩的氨进入到血液中，血氨浓度过高，发生氨中毒，严重时造成死亡。尿素的中毒症状是瘤胃迟缓、反刍减少或停止：唾液分泌过多，表现不安、呻吟，四肢肌肉颤抖，抽搐，呼吸困难，最后死亡。最简便的治疗方法是用2%的醋酸溶液2~3 L灌服。一般认为尿素氮取代日粮总氮的20%~30%，或占精料量的3%左右时，很少引起中毒。成年牛的日喂量约120 g。造成中毒有下列几种情况：尿素一次集中喂给或在饲料中拌得不匀，使尿素在瘤胃中的浓度过大，分解的氨过多；尿素饲喂量过大；尿素溶解在水里饮喂，使尿素过于集中并很快分解吸收；做尿素青贮时，尿素加得不均匀，或由于青贮水分过多而渗漏，使尿素集中在一部分青草中；使用尿素舔砖时，由于舔砖潮解变软或雨淋，致使尿素采食量过大。

32 如何防治奶牛亚硝酸盐中毒?

答：各种新鲜牧草、菜叶、野菜、作物秧苗、甜菜叶、湿甜菜渣等都含有大量的硝酸盐，如果这些饲料堆积时间过久，特别是经过雨淋或暴晒，极易发酵产热；或者加工不当，长时间焖煮在锅中，在硝酸盐还原菌的作用下，把饲料中的硝酸盐还原成亚硝酸盐引起中毒。在瘤胃中硝酸盐也可转化为亚硝酸盐，而饮用硝酸盐含量高的水，也是造成亚硝酸盐中毒的原因。临床上病牛精神沉郁，反刍停止，伴有呈现黏膜发绀、步态蹒跚、全身肌肉震颤、呼吸喘粗或困难，废食、流涎、瘤胃臌胀；严重者瘫软无力、瞳孔散大、角弓反张。血液暗黑褐色，凝固不良。治疗：取1%的美蓝注射液，按0.1~0.2 mL/kg体重加1 mL 0.9%的生理盐水稀释，静脉注射。如出现休克症状，应注射兴奋药；对慢性病例，应给予维生素A、维生素D、维生素E制剂。预防本病的措施是饲草应干鲜搭配，合理饲喂青绿饲料，应按需要量而定，如有未吃完的青绿饲料，不要堆放。避免雨淋、受热发霉变质，禁止饲喂变质的饲料。

33 怎样防治奶牛有机磷中毒?

答：有机磷农药是广泛用于农业生产的高效杀虫剂，也是奶牛中毒的主要农药，常见的有机磷农药有1605（对硫磷）、1059（内吸磷）、3911（甲拌磷）、乐果、敌百虫、敌敌畏等。当奶牛误食喷洒过有机磷农药的青草、庄稼或饮用被有机磷农药污染的水源、使用有机磷驱虫时用量过大等引起中毒。病重牛肌肉震颤，站立不稳、呼吸困难、口吐白沫、瞳孔缩小、全身出汗、腹泻、粪中混有黏液或血液。应严防牛误食有这类农药的草料，防治牛皮肤寄生虫病时，要严格掌握药物浓度和用量。治疗：停止使用疑为有机磷药来源的饲料或饮水。发病后应立即用解磷定15~30 mg/kg体重，用生理盐水配成2.5%~5%的溶液，静脉注射，以后每隔2~3 h注射1次，直到症状缓解。同时，肌注硫酸阿托品0.25 mg/kg体重，每隔1~2 h用药1次。

34 犊牛下痢的病因及如何防治？

答：犊牛下痢是一种发病率高、病因复杂、难以治愈、死亡率高的疾病。犊牛在哺乳期所发生的下痢，大致上可分为与饲料有关的营养性下痢和由于病原菌感染而发生的下痢两大类。（1）营养性下痢：对犊牛过多饲喂蔗糖、淀粉之类的不被犊牛消化的碳水化合物及乳糖，在肠道内发酸的过程中，使以乳酸杆菌为主的解糖菌在肠道内占优势，所产生的低级有机酸和乳酸刺激了肠壁，促进了肠的蠕动，引起下痢。此外，给予过量的蛋白质或热变性的脱脂乳粉和非乳蛋白质所制成的代乳品，在皱胃内凝固不充分，蛋白质末完全消化时，即急速移至小肠而引起败坏，从而使大肠菌和梭菌属细菌等糖和蛋白质分解菌占优势，在其所产生的胺和毒素的刺激下就引起下痢。因此，营养性下痢的预防与全乳或代乳品的质量和用量的关系极大。一次喂量过多，全乳的品质不良（乳房炎乳或酮病乳）、代乳品的品质不良（碳水化合物和蛋白质的质和量不符合要求，油脂的品质不良或添加量不足等）、代乳品的稀释浓度不适宜、乳温度过低等，都是造成营养性下痢的因素。如能对这些不利因素给予足够的重视，及早预防即可大大减少营养性下痢的发病率。（2）病原菌感染的下痢：是由致病的大肠杆菌侵害犊牛小肠表皮所引起。病犊牛表现精神沉郁，食欲废绝，粪便为灰白色，稀而有恶臭，体温在 39.5~40.5℃。本病可分为败血型、肠毒血型和肠炎型。多发生在 2 周龄以内，发病率、死亡率很高。病原菌感染的下痢是由奶具、饲槽不清及畜栏卫生上的缺陷所造成。因此，每次饲喂后，奶具和饲槽必须刷洗及清扫干净。特别是饲喂器具乃至母牛乳头、乳房要干净消毒。牛舍要卫生，初生犊牛养在单笼中，铺垫草，冬天要注意保温，防止贼风，同时注意生后犊牛要吃足初乳，必要时可少喂些抗生素。治疗可选用氟哌酸：犊牛每头每次内服 10 片（2.5 g），每日 2~3 次。或每千克体重 0.01~0.03 g 庆大霉素，每天注射 3 次。也可用氨苄青霉素等。抗菌治疗的同时，还应配合补液，以强心和纠正酸中毒。

35 如何防治犊牛肺炎？

答：犊牛肺炎是犊牛生产中常见的一种呼吸系统疾病，病因分为传染性和非传染性。非传染性因素包括环境条件差，天气突变、寒冷，而保暖措施不当；畜舍通风不良，空气湿度大导致犊牛发生肺炎的几率增加。传染性因素包括溶血性巴氏杆菌、多杀性巴氏杆菌、牛分枝杆菌、牛支原体、沙门氏菌、肺炎链球菌等病原菌感染；牛传染性鼻气管炎病毒、牛合胞体病毒、牛流感病毒与副流感病毒等病毒感染。感冒也可引起肺炎。患病犊牛精神沉郁，吃奶减少或废绝，呼吸困难。体温高达 40℃以上，病初发热怕冷、咳嗽、流涕，继而出现高热、喘促、鼻液初为浆液性，后变为黏稠脓性。后期犊牛口吐白沫，呼吸困难而死亡。可用抗生素和磺胺制剂，青霉素 50 万 ~100 万 IU 或链霉素 80 万 ~100 万 IU。肌内注射，每日 2 次。也可用 10% 磺胺嘧啶钠 30~50 mL，加入 25% 葡萄糖液或 5% 葡萄糖生理盐水 100 mL，静脉注射，每日 2 次。也可按每千克体重 10 mg 的四环素溶于 5% 葡萄糖溶液 500~1 000 mL，静脉注射，每日 2 次。

36 奶牛发生食盐中毒如何诊治?

答：牛的食盐中毒较为少见，一般系配料时误加过量食盐所致。摄入盐过多会引起食盐中毒，甚至死亡。病牛精神萎靡，口渴、食欲减退，结膜潮红，肌肉震颤，步态不稳。腹泻，粪中有暗红色的凝血块。瘤胃蠕动减弱，蠕动次数减少。本病无特效解毒药，立即停喂含盐饲料，供给充分清洁温水，多喂青草，促进食盐排出。（1）恢复血液中阳离子平衡，静脉注射10%葡萄糖酸钙200~400 mL。（2）补液利尿，采用5%葡萄糖1000~2 000 mL，速尿20 mL，1次静脉注射，每日1次。（3）镇静解痉，采用25%硫酸镁40 mL，1次肌内注射，每日1次。预防方法是精料中食盐比例应控制在0.5%~1%，也可在奶牛运动场中设食槽，放入食盐舔砖，供奶牛自由舔食。

37 严寒冬季如何防护奶牛乳头被冻伤?

答：我国北方冬季气温较低，如果乳房护理不当，会发生产奶牛乳头冻伤，应注意预防及治疗。（1）奶牛乳房冻伤的预防：①在低温环境下，及时将泌乳牛群牵入无过堂风或贼风的牛舍。②牛舍内应保持干燥卫生，经常打扫粪便。牛床垫好干净和干燥的垫草，避免乳头直接与冰冻地面接触。③在寒冷大风天气尽量减少室外运动，不要将泌乳牛留置露天。④冬季挤乳前应擦乳房2次，第一次用40~50℃的温热高锰酸钾水擦洗一遍，再用干毛巾擦尽乳房上残留的水后挤乳，挤乳后涂以凡士林。⑤对泌乳母牛不要大面积水洗乳房，应避免乳头与水接触，挤奶后用干燥毛巾将乳头擦干，然后涂以凡士林油或其他防冻药膏。（2）奶牛乳房冻伤的治疗：①轻微的冻伤，挤完奶后，乳头涂上防冻药膏、或碘甘油、或红霉素软膏。加强护理，必要时加戴乳头保护套。②若冻伤严重，应用抗菌疗法，防止坏死引起感染，并按冻伤程度积极对症治疗。可用糖盐水（即5%的葡萄糖氯化钠注射液）500~1 500 mL、青霉素800万~1 200万单位、链霉素400万单位、维生素C 24 g、10%的安钠咖10~30 mg进行静脉注射。

38 奶牛蹄病发病原因及综合防控措施有哪些?

答：（1）发病原因：①营养因素：a. 奶牛精料过多，而又缺乏粗饲料，而精料中的大量淀粉可以使产乳酸的革兰氏菌在瘤胃内过度繁殖，产生大量乳酸，使瘤胃内酸度增加，造成消化道疾病，严重者发展成酸中毒。b. 其次是Ca、P比例的不当或缺乏。钙过多影响磷的吸收，磷过多影响钙的吸收。无论钙缺乏还是磷缺乏，无论高钙低磷还是高磷低钙，都容易造成钙、磷代谢障碍，引发奶牛肢蹄病，特别是骨质疏松症。c. 日粮中锌缺乏，影响蹄质角化过程，容易引发腐蹄病。d. 日粮中缺乏维生素D，维生素D缺乏是引发奶牛肢蹄病特别是骨质疏松症的重要原因之一。维生素D的来源主要是经日光曝晒制的优质豆科或禾本科牧草。因此，粗饲料特别是干草品质不良是引发奶牛肢蹄病的重要原因之一。②疾病因素：酮病、乳房炎、子宫内膜炎等疾病都与蹄病有相关关系或有较大影响，应在积极治疗原发病的基础上治疗蹄病。高产奶牛如果饲养不当，发生酮病后很容易继发蹄叶炎。见彩图 90~91。③管理因素：牛舍潮湿，粪污堆积，环境较差，地面坚硬，运动场坑洼不平，长年积水，有尖锐物或有坚硬的棱角，都容易引发蹄肢病。④遗传因素：奶牛蹄部性状遗传系数为 0.6，且与生产性能呈高度正相关。（2）综合防治措施：①营养调控：a. 为预防蹄叶炎的发生，按需提供奶牛对能量和蛋白质的需要量，不能随意更改。在干奶期，首先应喂较少的精料供给或停喂精料，而给予优质粗饲料；其次在分娩后精料供应逐渐增加。b. 须给予搭配较好、含有微量元素锌的无机盐混合料，增加微量元素锌还可以提高对细菌的感染力，而且在感染的情况下微量元素锌也可提高皮肤病的恢复效果。按每头牛每天供给 2~4 g 硫酸锌的量，治疗效果较好。c. 产奶期母牛的钙、磷需求量：产奶母牛的钙磷维持需要量按每 100 kg 体重给 6 g 钙、4.5 g 磷。产奶母牛的钙磷产奶需要量按每产 1 kg 标准乳给 4.5 g 钙、3 g 磷。钙、磷比以 1.3：1 至 2：1 为宜。后备母牛的钙磷维持需要量按每 100 kg 体重给 6 g 钙、4.5 g 磷。后备母牛的钙磷增重需要量按每增重 1 kg 给 20 g 钙、13 g 磷。②检查修蹄：每年应检查修蹄两次。修蹄应由经过培训的专业人员进行，首先必须有专用的修蹄固定架，在固定牛时须注意保护奶牛乳房和防止已孕奶牛受伤流产；其次是将过长的蹄角质剪除，最后是修整蹄底，主要是要保证蹄形端正，做到肢势正确。③药物蹄浴：蹄浴是预防蹄病的重要卫生措施。蹄浴较好的药物有福尔马林或 4%~6% 硫酸铜溶液，取福尔马林 3~5 L 加水 100 L，温度保持在 15℃以上，如果浴液温度降到 15℃以下，就会失去作用。4% 硫酸铜效果也很好，硫酸铜有杀菌和硬化蹄匣的作用。蹄浴最恰当的地方是设在挤奶间的出口处，浸浴后在干燥的地方站立停留半小时，效果更好。根据成年母牛的数量，每次蹄浴需进行 2~3 d。药浴液过脏时，应更换新的药液。舍饲情况下，蹄浴 1 次后，间隔 3~4 周再进行 1 次，对防治趾间蹄叶炎效果特佳。④加强管理：保持运动场平整、干燥、清洁，夏季注意排水、粪污清理。运动场与蹄病的直接关系如下：a. 天然运动场：要排水设施好，蹄病很少发生；b. 三合土（黄土、沙子、白灰）运动场缺点：一旦被蹄粘下后，就粘得很牢固，易形成蹄冠炎；c. 水泥地面缺点：光滑面易摔跤，麻面对蹄壳磨损太快，长期卧地，会使跗关节脓肿。

39 什么是“疯牛病”？有什么临床特征？

答：“疯牛病”即牛海绵状脑病，是成年牛的一种进行性、高致死性、神经性疾病，不仅能感染牛引起牛发病，而且还能引起人的新型克雅氏病，严重危害着人类和畜牧业的安全，是全球最为关注的新型传染病之一。本病潜伏期 4~6 年，病牛表现为兴奋过度、恐慌、攻击、伸展过度和感觉过敏。此外，还表现出耳和脑病，颤搐，反复踢，进行性共济失调，跌绊，跌倒甚至躺卧，最后死亡，病程 2 周至半年。解剖特征脑脊液正常，脑灰质纤维网出现双侧对称性的空泡变化，呈海绵状，故又称海绵状脑病。人患克雅氏病则表现为麻木，幻想，痛苦，蹒跚，最后失去思维、视觉、记忆和个性，慢慢死去。

40 奶牛饲喂精料过多会引起哪些疾病？

答：饲喂精料过多，可引起瘤胃酸中毒、瘤胃角化不全—瘤胃炎—肝脓肿综合征、皱胃病（皱胃积食、皱胃变位或扭转以及皱胃糜烂等）及蹄叶炎、前胃弛缓、瘤胃积食等疾病，严重影响奶牛的健康和经济效益。奶牛养殖应该立足于粗饲料，在生产过程中注意精粗饲料的合理搭配。生产上精料喂量不宜超过奶牛体重的2%~2.5%，每头奶牛最大日喂量不超过15 kg，精粗料干物质比一般不超过60 : 40。

第六部分　繁殖与配种

1　奶牛屡配不孕的原因及对策有哪些？

答：（1）隐性子宫内膜炎：可在配种后 12 h 子宫注射青霉素 300 万 ~500 万国际单位。如果注射有过敏情况，用皮下注射肾上腺素解救。（2）配种后黄体功能不全：可在配种时或配种后 13 d 肌内注射促排 3 号 50 μg。（3）对精子的细胞免疫反应：大量吞噬细胞误将精子吸收或 T 淋巴细胞渗出使精子受精能力丧失。治疗：暂停配种 1~2 个性周期；1% 苏打水或生理盐水 50~100 mL，发情期注入子宫，1 次 /d，连续 2~3 次；更换新种公牛冻精。（4）卵泡发育不良，排卵迟滞：可于发情初期肌内注射孕马血清 1 000 单位，发情盛期肌内注射绒毛膜促性腺激素 1 000 单位，配种时肌内注射促排 3 号 25 μg。

2　防止母牛不孕的措施有哪些？

答:（1)保证母牛适宜的生存环境：选择避风向阳、冬暖夏凉、地势平坦、排水良好的场所饲养，为母牛生长繁殖营造良好的环境。（2）对母牛实行科学的饲养管理，防止营养性不孕：在饲养上满足母牛的营养需要，特别是蛋白质、矿物质和维生素的需要。同时注意饲料的合理搭配，多样化，青绿多汁饲料和优质青干草满足供给。管理上，牛舍保持光照充足、通风良好、清洁、干燥，母牛要经常赶到运动场，保证足够的运动和光照。（3）做好发情鉴定，实行人工授精：实行外表发情鉴定和直肠检查相结合的方法，准确做好发情鉴定，以确定适宜的输精时间。坚持应用直肠把握输精法，严格遵守冷冻精液人工授精的技术操作规程，适时输精。（4）及时预防、治疗生殖疾病：对影响母牛繁殖的传染病，如布氏杆菌病、钩端螺旋体病等，严格执行检疫、预防注射等措施。对患有一般生殖器官疾病的母牛，实行对症治疗。

3　引起奶牛繁殖障碍的因素主要有哪些？

答：奶牛的营养：干奶期奶牛营养影响下一个泌乳期的产量，体膘评分应达到 3.75；乏情；

久配不孕；冻精质量低下或储存不当；人工授精技术不过硬；产后感染；传染性疾病；乳腺炎。

4 如何通过观察判断奶牛是否发情?

答：判断奶牛是否发情，主要有外部观察、直肠检查等方法。直肠检查法，就是用手通过母牛直肠壁触摸卵巢及卵泡的大小、形状、变化状态等，以判定母牛发情的阶段，确定其是真发情，还是假发情。因为操作麻烦，技术要求高，一般情况下不用。只有当母牛发情征候不明显或长时间发情（3~5 d）时才使用直肠检查法。外部观察法简单易行，应用最广，其具体的观察是：（1）神情：发情母奶牛较敏感、兴奋不安、哞叫、不喜躺卧，弓腰举尾，频繁排尿。神色异常，有人靠近时，回头看望。寻找其他发情母牛，活动量、步行数比平常多几倍。嗅闻其他母牛的外阴，下巴依托其他牛的臀部并进行摩擦（彩图 92）。（2）爬跨：在散放的牛群中，发情母牛常追爬其他母牛或接受其他牛爬跨：①开始发情时，对其他牛的爬跨往往半推半就，不太接受。②以后随着发情的进展，有较多的母牛跟随、嗅闻其外阴部（但发情牛却不嗅闻其他牛的外阴），由不接受其他牛爬跨，转为开始接受爬跨，或强烈追爬其他牛。③静立是重要的发情标志。牛的爬跨姿势多种多样，有时出现两个发情牛互相爬跨。母牛发情有时在夜间出现，白天不易被发觉（漏情），等到次日早晨发现，该牛已处于安静状态（发情后期不接受其他牛爬跨，尾部有干燥的黏液），但从牛体表上可发现其臀部、尾根有接受爬跨造成的痕迹，有时有蒸腾状，体表潮湿。所以，清晨是观察母牛发情的最好时间。见彩图 93。（3）外阴：①母奶牛发情开始时，阴门稍显肿胀，表皮的细小皱纹消失展平。②随着发情的进展，进一步表现肿胀潮红，原有的大皱纹也消失展平。③发情高潮过后，阴门肿胀及潮红现象出现退行性变化。④发情的精神表现结束后，外阴部的红肿现象仍未消失，直至排卵后才恢复正常。见彩图 94。（4）黏液：母奶牛在发情过程中阴道黏液的变化特点是：①发情开始时，最少、稀薄、透明，此后发情牛分泌黏液增多，黏性增强，潴留在阴道和子宫颈口周围。②发情中期即发情旺盛期，由子宫排出的黏液牵缕性强，粗如拇指。③发情后期，流出的透明黏液中混有乳白丝状物，黏性减退牵之可以成丝。④发情末期，黏液变为半透明，其中夹有不均匀的乳白色黏液，最后黏液变为乳白色。见彩图 95。

5 奶牛的直肠检查的方法、步骤怎样？应注意哪些问题?

答：（1）奶牛保定：检查前先将奶牛用三足拌保定，绑尾并拉向一侧，防止受检奶牛乱动和蹴踢，再用消毒液擦洗肛门附近。（2）术者准备：剪短指甲并磨光，戴口罩，穿工作服，用消毒液洗净手及手臂，并涂以消毒的润滑剂（凡士林或淀粉糊）。（3）方法：术者五指捏成鸟喙状，徐徐插入肛门，当奶牛发怒时，要稍停片刻，先掏出粪球，后再触摸。应注意事项：①指甲一定剪短磨光，动作要缓和轻敏，否则易造成肠穿孔等事故。②触摸卵巢要和粪球区分开来。

③多人触摸一头奶牛时，要给被检奶牛休息机会，以后再继续进行。

6 怎样选择奶牛精液？

答：在奶牛繁殖生产中，常使用人工授精技术。现在绝大多数的冷冻精液是按照国家公布的标准制定的，在受胎率上差别不大。在使用冷冻精液时，应注意以下几点：（1）查系谱避免近交。通常使用的冷冻精液都会带有系谱，所谓系谱就是公牛的遗传信息，可以知道要使用的公牛三代内亲缘关系。如果与配母牛是这头公牛的近亲，则尽量避免使用。（2）查公牛后裔测定记录。后裔测定是评定种公牛好坏的最有效的方法，只有通过后裔测定的公牛，其冷冻精液才能被广泛采用，后代的产奶水平才会有明显的提高。（3）查精液质量。我国国家标准规定，解冻后精子活力≥ 30%；畸形精子率≤ 20%；顶体完整精子率≥ 40%；每剂量细菌菌群≤ 1 000 个。进口精液受胎率不得低于 60%，每剂量精液至少含有活精子 1 000 万个，其中 30% 精子呈直线前进运动。

7 如何掌握直肠把握输精技术？

答：直肠把握输精的优点：操作简单、方便、安全，母牛在输精时没有疼痛刺激，初配牛也适用，输精时比较安静，不会造成阴道黏膜损伤，不会被细菌感染，对人没有损伤。主要还是精液能够全部直接输入子宫深部，且不会倒流，受胎率比用开膣器高 10% 以上。（1）母牛发情最佳输精时间：掌握好适宜的输精时间是母牛能否受孕的关键。母牛发情持续期一般为 1~2 d，在生产中给母牛输精时间安排是：早上发情的，可当天下午输精；下午或傍晚开始发情的，最好第 2 d 清晨输精。采取 2 次输精法，每次输精时间间隔 8~10 h。另外，输精时间需根据母牛的年龄稍提前或稍推后，大致青年母牛稍推后，成年母牛稍提前。输精最适宜的时机为发情后期（卵泡成熟期）。（2）细管冻精解冻方法：解冻时首先把水浴锅（保温杯）内的水温调至 37~40 ℃，取 1 支细管冻精迅速泡入温水中，轻微晃动，待溶解后立即取出，用纱布或消毒纸擦干细管上水珠，用细管剪剪掉机器封口端（注意：剪口要正，左面要平整，剪口不能偏，否则输精时会发生精液倒流而影响输精效果），装入输精枪内，在恒温的显微镜下检查精子的活力，取一小滴精液放在载玻片上，压上盖玻片，在显微镜上检查精子活力，解冻后的精子活力必须在 0.35 以上才能使用。用消毒的纱布或毛巾包好，在 1 h 之内给母牛输精。（3）牛冷冻精液输精技术：①在给母牛输精前配种员手指甲要剪短、磨钝，手臂上带上一次性塑料薄膜手套。②母牛保定好后，用水或少量的润滑剂涂抹手臂上，并将母牛外阴部周围的污垢清洗掉，再输精。③配种员将左手五指合拢并捏成圆锥形，缓慢地伸入直肠，掏出宿粪后，隔着直肠壁探摸子宫颈位置，并把子宫颈外端半握在左手掌的位置，让子宫颈紧贴在骨盆腔上，左手配合右手将装有精液的输精枪以 35 °~ 45 ° 倾斜向上从阴门插入阴道，向上斜插入 5~12 cm，主要是避开尿道口，输精管再向前水平插入直抵子宫颈外口，呈螺旋形活动向前插入子宫颈内，当输精枪感觉穿过二三个子宫颈内横行皱褶时，即可开始缓慢输精

（图 5）。输精时做到轻插、适深、慢注、慢出。输精的部位与受胎关系见表 32。④抽出输精枪后，左手再稍微紧握一下子宫颈，防止输精枪抽出时精液倒流。⑤操作时要特别注意：把握子宫颈时手掌位置，不能太靠前，也不能太靠后，否则都不好将输精枪头插入子宫颈内。在输精时母牛骚动不安，这时输精枪不能握得太紧，应随牛后躯摆动而摆动。⑥输精枪插入阴道和子宫时要边活动边向前插，不可强用力过大向前插，防止输精枪插伤黏膜引起子宫穿孔发炎。

表 32 输精的部位与受胎关系

项目	输精头数	怀孕头数	受胎率
子宫颈	102	66	64.71%
子宫体	284	226	79.58%
子宫角	30	20	66.67%
合计	416	312	75.00%

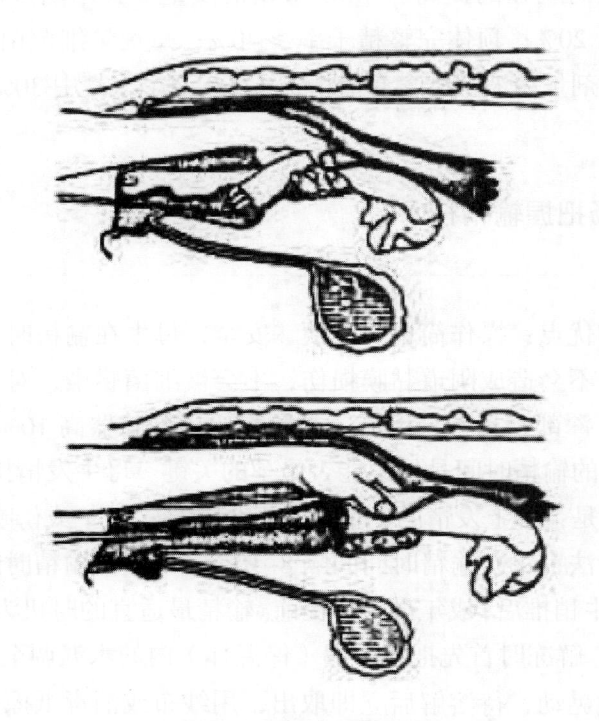

图 5 直肠把握输精示意

8 奶牛人工授精中常出现的问题有哪些？

答：奶牛人工授精中一般常出现的问题如下：（1）输精枪不能顺利插入阴道：这种现象多是因为输精枪插入方向不对，受阴道壁弯曲所阻、母牛过敏、误入尿道或母牛抵抗、操作鲁莽引起。如果插入方向不对，可先由斜下方插入阴道 10 cm，再向平或向下方插入（因为老龄母牛阴道松弛，多向腹腔下部沉降）。如果是被阴道壁弯曲所阻，可用在直肠内的左手整理，向前拉直阴道。如果母牛过敏，可有节律地抽动左手或轻搔肠壁，以分散母牛对阴部的注意力。对于误入尿道的，抽回后，使输精枪尖端沿阴道壁前进，即可插入。（2）找不到子宫颈：多见于青年、老龄或生殖道闭缩的母牛。青年母牛子宫颈往往细小如手指，多在近处可以触到，老龄母牛子宫颈粗大，往往随子宫沉入腹腔。须提出的是，凡是生殖道闭缩的母牛，如果检查骨盆前无索状组织（子宫颈），则一定是团缩在阴门最近处，可用手按摩，使之伸展。（3）输精枪对不上子宫颈口：输精枪多由左手把握，因被皱褶阻挡，偏入子宫颈外围或被子宫颈口内壁阻挡所致。操作者可将手臂稍后退，把握住子宫颈口，防止子宫颈口游离下垂，随即自然导入。如有皱褶阻挡，需把子宫颈管前推，以便拉直皱褶。若偏入子宫颈外围，需退回输精枪，用左手拇指定位引导插入子宫颈口。若被子宫颈口内壁阻挡，可用左手持子宫颈上下扭动，扭转校对后慢慢伸入。

9 发情奶牛何时配种为好？

答：一般奶牛发情持续时间不等，育成牛、青年牛持续时间长，成年牛、老牛时间短。大致持续 10~26 h，平均 18 h。奶牛配种最适宜的时间是发情高潮后 6~8 h，这时奶牛兴奋性开始消退，已不愿接受爬跨，黏液量变小，黏度变差。有的牛发情时间长，为保险起见应在配种后 6~8 h 检查是否排卵，不排卵的再输精一次。见图 6。另需指出的是有的牛发情表现弱（安静发情），稍一疏忽就会漏情。要仔细观察，高产奶牛、产后虚弱奶牛以及营养不良奶牛容易发生这种现象。总之，观察判定发情牛是饲养员最基本的技能之一，漏情漏配会造成经济损失。由于奶牛发情多从傍晚和夜间开始，因此除平时注意观察外，每天早晚要重点观察一次，每次不少于半小时。

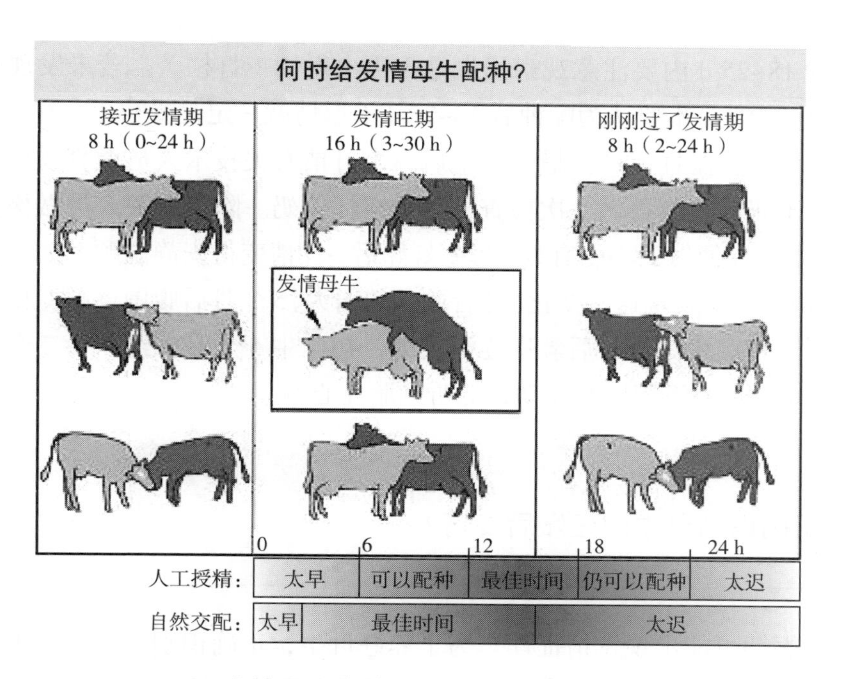

图 6 发情母牛实施人工授精或自然交配时间

10 配种应注意些什么?

答:（1）适时配种: 时间上，一般发情出现后12~16 h后配种; 表现，母牛拒绝爬跨后可配种; 黏液，两手指牵拉黏液，黏度较好。呈“Y”形时可配种；直检，卵泡波动性较强，快排卵时输精。（2）配种位置：一般精液输放在卵泡发育侧，子宫角分叉处受胎率最高。（3）性别控制：一些药物可使产母犊率达到75%以上。

11 双胎公、母犊，为什么母犊无生育力？

答: 乳牛异性双胎中雌性犊牛，多数没有生育力。因为异性双胎在母体时，具有共同的绒毛膜，公母双方在膜上的血管相吻合。雄性胚胎的性腺分化及其激素的分泌早于雌性胚胎，因而经血流影响雌性胚胎，使雌性胚胎生殖系统的分化不完全，最终形成异性孪生不育症。患异性不育的母犊，其卵巢和生殖道不发育，但外阴部发育正常。如果异性双胎各有自己的胎膜，无血管吻合支，则雌性胎儿仍能正常繁殖后代。

12 怎样观察配种后的奶牛?

答: 配种后的18~25 d内要注意观察奶牛是否再次发情（打栏）。若未发现打栏，则说明奶牛有6~7成受孕的可能性。不要认为配种后18~25 d不返情就一定是受孕了，有时就根本没配上，有时配上了还有可能发生隐性流产。最好在配后三个月请有关技术人员做直肠检查，以确定是否真的受孕。另外在干奶前也应再做一次检查，以免空怀停奶。除请有关人员做检查以外，饲养员自己也可以注意观察，以便做到心中有数。母牛妊娠后，性情变得安静温顺，食欲增加，膘情变好，毛管发亮。细心的饲养员会发现这些变化。随着胎儿的增大，5个月后腹围逐渐变粗，右侧腹部突出，母牛行动小心迟缓。初产牛3个月后乳房逐渐增大，初产牛5个月，经产牛7个月后，可见阴唇逐渐水肿。妊娠7个月后右下腹壁有胎动，能听到胎儿心音。

13 如何正确识别母牛的妊娠后发情?

答: 母牛在妊娠期可能出现发情征候。为了养好母牛，正确识别母牛的妊娠后发情，做好防流保胎工作十分重要。（1）发情周期紊乱：母牛妊娠后假发情，不按其真正周期的间隔时间发情，而提前或者错后较多见。（2）假发情的外观表现：持续时间短，爬跨时断时续，且多数是假发情母牛爬跨其他牛，当被公牛爬跨时，不让爬跨。（3）妊娠后母牛的黏液检查：妊娠后母牛从阴道内流出的黏液呈乳白色或草黄色，量少、黏稠，少量黏液流出后悬挂在阴门的下方，随着妊娠天数的增加，个别妊娠后发情母牛可流出较多黏液，有的流出类似真发情母牛排出的半透明或稀薄而浑浊的黏液块。（4）阴道检查：妊娠后假发情母牛，阴唇多不肿胀或稍有肿胀，阴道黏膜多呈苍白、粉白，无光泽。少量有粉红，个别潮红，略有光泽。用开膣器插入检查时，感觉发涩。阴道内无黏液或有少量黏液，子宫颈口紧缩或开张不明显，多不下垂，偏向一侧或上方，随着妊娠时间的增加，子宫颈口附着有浓稠的凡士林样不易流动的黏液，呈乳白色糊状物。（5）直肠检查：诊断早期妊娠后发情母牛是否妊娠（20 d 左右），可根据母牛卵巢上的黄体与子宫角的变化加以判断。如图 7。①母牛妊娠后，妊娠黄体轮廓越来越明显，体积也超过该牛的成熟卵泡，妊娠黄体外表光滑，内似有凸凹不平的硬肉或软肉感觉，若是卵泡则有液体波动感觉。②子宫角的变化可作为妊娠 1 个月以后鉴别诊断的重要依据，如是发情，子宫角松弛，多水样，有弹性，提上有绵软感，若是妊娠（配种后 10~15 d）有子宫角变细、弯曲、圆硬及实心的感觉。③如妊娠天数增加，2 月以上，直肠检查不难做出正确诊断。根据上述几点，可对早期妊娠偶发情母牛做出迅速准确的判断，以免误配，造成流产。

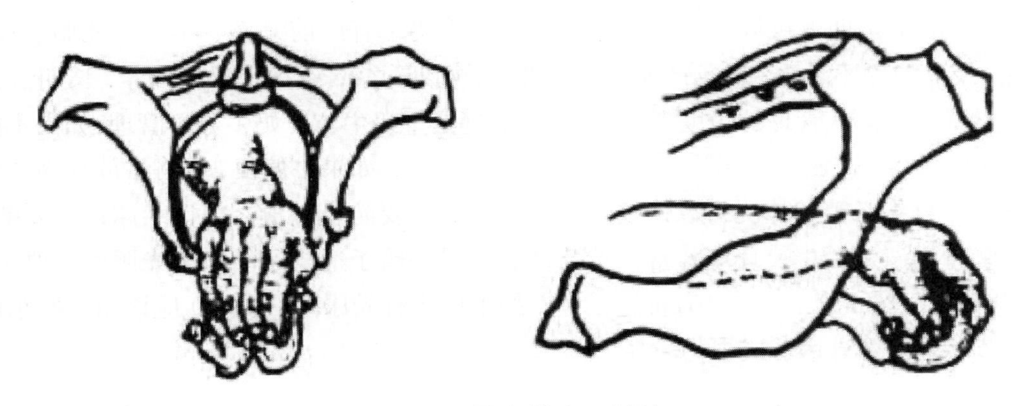

图 7　母牛的直肠触诊

14 奶牛户自己可以做的妊娠诊断方法有哪些?

答：下面介绍两种奶牛户可以做的妊娠诊断，仅供参考。（1）观察眼球：将牛头扳向一侧，就会看到黑色眼珠上方的白色巩膜。妊娠牛巩膜上方会出现 2~3 根特别明显的竖直粗血管，呈紫红色。该方法诊断 21~90 d 的妊娠牛，其准确率近 93%，90 d 以上的准确率更高。（2）乳汁酒精试验法：弃去第一把奶，挤 20~40 mL 新鲜牛奶，吸取上述牛奶 5 mL 放在试管内，加入等量的纯酒精，立即摇动混合。妊娠的牛可立刻或经 3~5 min 就凝固，而未妊娠牛需经 20~40 min 以后才能凝固。判定妊娠与否还有其他许多方法，但从目前来看，最实用最准确的还是直肠检查法，因此还是要请有关技术人员做最终判断。

15 奶牛的妊娠期与预产期如何推算？

答：奶牛的妊娠期一般 270~285 d，平均 280 d。妊娠期的长短，依品种、个体、年龄、季节以及饲养管理条件的不同而异。一般早熟品种比晚熟品种短，乳用牛比肉用牛短，黄牛比水牛短，公犊比母犊多 1 d 左右，双胎比单胎少 3~7 d，育成母牛比成年母牛短 1 d 左右，冬春分娩的牛比夏秋分娩的长，平均差异约 3 d，饲养管理条件较差的牛妊娠较长。预产期推算方法是：配种月份减 3，日数加 6。例如，某牛 7 月 22 日配种，则该牛预产期为第二年 4 月 28 日。

16 奶牛保胎顺产应注意哪些事项？

答：70%~80% 的犊牛出生重在怀孕最后 2 个月完成。好的犊牛饲养方案始于其生前，即在其母亲的干奶期。适当的干奶牛营养及管理方案对胎儿的充分发育十分重要。如果奶牛的健康和体况正常，2 个月的干奶期就可以了。现在奶农饲养的干奶牛有产前瘫痪、早产、死胎、过期妊娠等现象出现，究其原因不外乎有：预产期记录不准，干奶期过短；忽视干奶牛饲养，长期营养不良；管理粗心，意外伤害等。从管理的角度来看，大群牛最好是干奶牛与产奶牛分群管理，如果不能分群，干奶时体况偏肥的牛，应放到产奶量低的群里，喂低能饲料；如果牛偏瘦，可将牛放在高产奶牛组，喂以高能饲料，直到必需的体况得以恢复。为保胎，冬季要防止过道、门口结冰；不要喂解冻变质饲料；要坚持用温水饮牛；环境经常保持清洁、干燥并给予适当运动和阳光照射；要给母牛提供宽阔的产床（12~16 m^2），应垫 10 cm 厚的草，如果后边有粪尿沟（或槽）应该用一些东西填充，以防止对关节、乳头及乳房造成损伤。

17 如何预防母牛难产？

答：造成母牛难产的因素很多，如初配年龄过小、产前不能站立、产力不足、产道异常等。养牛户可以采取相应的预防措施，尽量避免或减少母牛难产的发生。（1）不让母牛过早配种：母牛性成熟期一般为 8~16 月龄，但性成熟后仍不宜配种，因为牛体骨骼、肌肉和内脏器官尚未发育成熟，此时配种极易造成难产。当牛成长具备了成年牛的形态体格，即达到体成熟后，一般在 15~18 月龄，才适宜配种繁殖。（2）加强母牛饲养管理：母牛妊娠期间要进行合理饲养，增加营养，保证胎儿正常发育和母牛的健康。但妊娠后期蛋白质供给量不应过高，以免胎儿过大造成难产。在妊娠母牛管理上，要有适当的运动，妊娠前期运动可适当多点，以后可逐渐减轻。（3）做好产前的早期诊断：若确认正常，可让其自然分娩。如有异常，在胎膜露出到排出胎水期间应进行矫正手术，可避免难产发生。如诊断为倒生，则无论异常与否，都要迅速拉出，以防止胎儿窒息，提高胎儿的存活率。

18 怎么鉴定孕牛的分娩日期和其分娩有什么征兆？

答：母牛分娩时表现：时起时卧，频排粪尿，回顾腹部，感到不安。紧接着子宫肌开始阵缩，将胎儿和胎水推入子宫颈，迫使子宫颈开放，向产道开口，以后随着阵缩把进入产道的胎膜挤破，使部分羊水流出，胎儿的前置部分，顺着羊水流入产道。同时，腹肌或膈肌也发生强烈收缩，腹内压显著升高，使胎儿从子宫内经产道排出。再经过6~12 h间歇，子宫又重新收缩，把胎衣排出，分娩过程结束。

19 临近分娩的母牛有哪些表现？

答：奶牛的妊娠期约282~285 d，从配种之日算起，按“月减3、日加6”或“月加9、日加6”的公式推算奶牛的预产期。奶牛户除计算预产期外，还应注意观察临近分娩牛的表现，临近分娩的奶牛有一些特殊的变化，饲养员要注意这些变化（如骨缝开张、阴门松弛及乳房水肿情况），以做好接产准备。（1）体温：母牛临产前4周体温逐渐升高，在分娩前7~8 d可高达39.0~39.5 ℃，但到分娩前12~15 h又下降0.4~1.2 ℃。（2）乳房：产前半个月到1个月左右乳牛房变化明显，并多在产前1~2周发生水肿。高产牛在产前2~3 d有乳汁滴出，开始时乳汁发黄，临近分娩时变白。（3）尾根部：分娩前1~2周尾根两侧松弛，产前24~48 h尾根两侧明显塌陷，左右侧可容纳一拳。（4）腹部变化：到妊娠末期，牛腹部（主要是右腹部）向横向膨大突出，临近分娩前横向突出消失，腹部转向下垂通过腹部再看不到胎动。（5）外阴部与黏液变化：在分娩前一周，阴唇松弛、肿胀，阴道黏膜潮红，临近分娩时从阴道中流出透明的黏液。黏液量由少到多，由稠到稀，拉丝度由差到强。（6）颈动脉冲：临近分娩当日，孕牛心跳加速，在颈部可观察到向头部方向的脉冲。（7）行为变化：临近分娩前几小时，母牛活动困难，起立不安，尾高举，回望腹部，常作排泄姿势，多有稀便，食欲减退或停止。

20 分娩征兆及处理方法？

答：（1）分娩前兆：骨盆韧带松弛；阴户肿大松弛，尾根两侧和耻骨间开始有松弛下降现象，最初下降可容一指，逐渐大致能容四五指时即将分娩。乳房乳头水肿，翘尾，食欲下降。密封子宫的栓塞打开，奶牛排泄液体的黏液。（2）消毒：消毒产房，并用药水洗净母牛后臀，外阴和乳房。更换垫草，助产器械用具进行消毒处理。（3）分娩：一般胎位较正，犊牛不是过大，母牛产道不是过于狭窄，主张自然分娩。见彩图96~97。（4）助产：彻底消毒用具，矫正胎位，积极采取有效措施。（5）产后母牛的护理：立即喂给大量麸皮汤，加食盐或人工矿泉盐50~100 g。麸皮汤量要足，只要喝尽量给，有助于排下胎衣，防止便秘和皱胃移位。若有胎衣不下情况，应立即肌内注射雌二醇12~15 mg，催产素100单位。注意将牛掉下的胎衣及时拣走，防止其偷食。分娩当天应饮温水，可加适量红糖和益母草。采食应以优质干草为主，尽量不给精料，以后精料的供给应视食欲和乳房水肿情况而定。胎衣掉下后可在子宫投入药物（氯霉素、土霉素等）预防子宫内膜炎。头几天注意奶牛体温变化。

21 产后监测有哪些项目?

答：产后15 d内重点监控子宫恶露变化，包括数量、颜色、异味、炎性分泌物等；产后20~40 d主要监测母牛子宫复旧情况，包括子宫体积、位置、宫缩等；产后40~60 d重点监测卵巢活动和产后首次发情出现时间。

22 母牛产后监护要点有哪些?

答：母牛产后监护工作应在专职兽医的指导下进行。产后5 h胎衣未下时，推荐肌内注射催产素或前列腺素。产后6 h内，观察产道有无损伤，发现损伤及时处理。产后12 h内观察母牛努责情况。努责强烈的母牛，要注意子宫内是否还有胎儿和有无子宫脱落征兆，并及时处理。产后24 h胎衣仍未下时，行剥离术或保守疗法。胎衣剥落后，检查胎膜是否完整，剥离不完全或保守治疗，要及时向子宫内投药，以防残留胎膜腐败。3 d内观察母牛产道和外阴部有无感染。同时观察母牛有无生产瘫痪症，并应及时治疗。产后7 d内，监视母牛恶露排出情况。发现恶露不正常或有隐性炎症表现，应立即治疗。产后14 d，第一次产科检查，主要检查阴道黏液的洁净程度，发现黏液不洁时，轻微的可先记录，暂不处理，严重的进行治疗。产后35 d，第二次产科检查，通过临床检查、直肠检查子宫恢复的程度和卵巢健康状况，并重视对第一次检查有异常征兆记录的牛进行复查。对检查中发现子宫疾病的牛，要及时治疗。产后50~60 d，对一检、二检的治疗牛进行复查，如未愈，应继续治疗。卵巢静止或发情不明显，采用诱导发情。母牛产后监护和产科检查操作中均要注意严格消毒，以免导致母牛子宫的人为感染。

23 提高奶牛繁殖率的技术措施有哪些?

答：母牛不发情或发情不正常、难妊、流产、胎衣不下、死胎或产后弱犊等情况出现，往往严重影响牛群繁殖力。这些问题由各种因素所造成，只有深入分析和采取相应的措施，才能提高牛群的繁殖力。（1）营养：营养对母牛的发情、配种、受胎以及犊牛成活起决定性作用，其中以能量和蛋白质对繁殖影响最大。能量水平长期不足，不但影响幼龄母牛的正常生长发育，而且可以推迟性成熟和适配年龄。成年母牛如果长期能量水平过低，会导致发情症状不明显或只排卵不发情。母牛产前产后能量过低，也会推迟产后发情日期。对于已经妊娠母牛，由于能量不足而造成流产、死胎、分娩无力或出生软弱的犊牛。母牛能量过高也有碍受胎，由于母牛变肥，使生殖道被脂肪阻塞。因此，在母牛的饲养上，保持其中、上等体况，是维持其良好繁殖性能的重要措施。蛋白质不足可导致子宫复旧延迟，继发子宫炎症，可造成卵巢机能不全；矿物质中，磷对母牛的繁殖力影响最大。缺磷会推迟性成熟，性周期停止。受胎率降低。钙对胎儿生长不可缺少，可防止成年母牛的骨质舒松症、胎衣不下和产后瘫痪。钙的缺乏和钙、磷比例失调，都会直接或间接影响繁殖；维生素 A 与母牛繁殖力有密切关系，不足容易引起流产或出生死胎、弱胎，常常发生胎衣不下；粗纤维不足除可导致代谢病以外，还可造成胎衣不下和产科疾病。应根据奶牛生理特点和生长阶段要求，按照常用饲料营养成分和饲养标准配制饲粮，精青粗合理搭配，实行科学饲养，保证其营养需要，切忌掠夺式生产，造成奶牛泌乳期间严重负平衡。（2）管理：抓好基础牛群，也是提高牛群繁殖力的重要因素。主要包括组织合理的牛群结构，合理地生产利用，母牛发情规律和繁殖情况调查，空怀、流产母牛的检查和治疗，配种组织工作，保胎育幼等方面。基础母牛占牛群的合理比例，奶牛为 50%~70%。乳用牛不正确的挤奶，可导致发情不正常，对妊娠母牛利用过度也会引起流产。如对乳用母牛片面追求本胎次产乳量，不能做到适宜干乳，甚至取消干乳期，这样伴随长期挤乳，结果造成母牛体质下降，并且使其生殖机能出现紊乱或受到抑制。配种前应对母牛群的发情规律和繁殖情况进行调查，掌握牛群中能繁殖、已妊娠及空怀、流产的头数及比例。（3）提高繁殖技术：严格繁殖技术操作规范，配种员必须熟练掌握母牛发情鉴定、直肠把握输精方法，学会直肠检查发情、排卵和配种后的妊娠检查，提高奶牛发情检测率和配种率，从而提高受胎率。同时，新鲜精液的处理，冻精制作技术、保存、解冻技术和解冻液的选择，以及解冻后的使用和保存等，都与精液质量密切相关，直接影响母牛的受胎率，因此要重视每个技术环节，保证精液质量。（4）实行产后监控：对于产后母牛应记录：胎衣排出时间、恶露颜色及产后首次发情时间。产后 15~20 d 进行直肠检查，检查卵巢和子宫恢复情况，及时处理和治疗母牛生殖系统疾病或繁殖障碍。（5）加强疾病防治：布氏杆菌病和结核病对牛群健康、繁殖影响最大，必须加以控制，防止传染蔓延。布氏杆菌病主要危害是造成流产，且多在妊娠 3 个月时发生。母牛子宫内膜炎、卵巢囊肿、持久黄体等生殖器官疾病也直接影响牛的繁殖力，造成母牛不孕。因此，及时检查，发现病症及早治疗，早愈早配，提高繁殖力。（6）淘汰先天性和生理性不孕母牛：先天性繁殖障碍包括幼稚病、生殖器官畸形、两性畸形、异性孪生母犊等，母牛在 4~6 岁时繁殖力最高，以后随着年龄增长，繁殖力减退，可根据牛群发展情况，逐渐淘汰老年牛。（7）环境控制：气候和环境因子如季节、温度、湿度和日照，都影响繁殖。过高过低的温度，都可降低繁殖效率。炎热气候条件下，母牛不发情、胚胎死亡率增加。因此必须控制奶牛生活环境，为产奶创造有利条件。

24 什么是DHI？

答：DHI（Dairy Herd Improvement）即奶牛生产性能测定，也称牛群改良，是一套完整的奶牛生产性能记录和管理体系，是一种通过度量和分析解决奶牛生产实际问题的方法，其目的是提高牛群的整体素质和生产水平。此项技术的核心就是指导养殖者科学管理牛群，提高生产水平和经济效益。主要技术内容：一是采集样品，分析牛乳成分含量；二是根据检测中心测定分析结果，提出诊断报告；三是应用分析报告，及时解决问题，调整饲养管理，最大限度地提高奶牛生产效率和养殖经济效益。通过测定奶样，分析其产奶量、乳成分和体细胞数等基础信息，形成生产性能测定报告，系统反映奶牛繁殖配种、饲养管理、乳房保健及疾病防治等状况，及时为饲养者对牛群管理提供客观、准确、科学的依据。

25 采用DHI技术在奶牛生产中有哪些好处？

答：奶牛生产性能测定（DHI）的主要作用是：（1）提高产奶量及牛奶质量：在生产性能测定中，可以通过调控奶牛的营养水平，科学有效的控制牛奶乳脂率、乳蛋白率及提高产奶量。（2）指导奶牛健康管理：通过奶牛生产性能测定报告：可了解奶牛的健康状况，为疾病的及早发现和治疗提供科学依据，从而能有效减少牛只淘汰，降低治疗费用。（3）指导奶牛日粮的合理配制：通过分析生产性能测定报告，可了解奶牛的营养状况及乳成分变化等情况，据此调节日粮养分供给量，指导日粮配合。（4）推进牛群遗传改良：可以根据奶牛个体（或群体）各经济性状的表现，选择配种公牛，并做好选配工作，从而提高育种工作的成效。（5）指导牛场生产管理：通过生产性能测定，可估计个体牛只是否盈利，尽早淘汰无利可图的牛只。还可以依据奶牛的生产表现及所处生理阶段制定相应的管理措施，分群饲养管理。

26 DHI如何组织和实施？

答：DHI的组织形式：DHI工作由奶业主管部门组织领导，奶业协会全力参与，具体操作可直接在奶牛场和测试中心之间进行，双方经充分协商达成协议后即可执行。由测试中心派专职采样人员到牛场取样并收集有关资料随奶样一同送往测试室分析。测试中心测试室分析奶成分及体细胞含量，把测试结果送至计算机室。由计算机操作员输入基础资料，并将测定结果进行数据处理，作出DHI报告，反馈到奶牛场。工作程序：（1）资料收集：新参加DHI牛场应提供参测奶牛的以下资料：牛号、出生日期、父母号、本胎产犊日期、胎次、当前产奶量、母犊号、母犊父号。已进入DHI系统的牛场，每月只需把产奶量报表、繁殖报表提交测试中心。为防止混乱，要求产奶量单上的牛号按大小顺序排列，或将产奶量单上的牛号顺序与样品号顺序保持一致。（2）采样：

每月采样 1 次，每次采样量为 40 mL。每天 3 次挤奶者，早、中、晚采样比例为 4 ∶ 3 ∶ 3，2 次挤奶者，早、晚比例为 6 : 4。采样时应注意：奶牛号与样品号要对应一致；采样瓶中应事先放入防腐剂（重铬酸钾）；奶样应充分混合；每次采样完毕后应把样品箱放在阴凉干燥处，采样结束后要盖紧瓶盖，样品箱外应贴上标签，标明场名，采样时间，采样人，并及时送达测试中心。（3）奶量测定：多数牛场通过流量计测定奶量，要注意正确安装流量计，正确记录牛号与奶产量。若为手工挤奶则用秤称量，所有测试工具都应定期校正。（4）测定项目：乳蛋白率、乳脂率、乳糖率、干物质含量、体细胞计数等。（5）数据处理及形成 DHI 报告：测试室将结果送交计算机室输入计算机，建立牛群档案，并将测试结果经过有关软件处理，做出 DHI 报告。此外，还可根据牛场需要，提供产奶量排名报告，不同牛群生产性能比较报告，泌乳曲线报告；DHI 报告分析和咨询。一般在奶样送达测试中心后 3~5 d 即可得到 DHI 报告。如实现计算机联网，则可在测试完成当天或次日得到报告。牛场即可根据有关数据及时采取措施，指导生产。

27　奶牛生产性能测定（DHI）报告的指标有哪几项？

答: DHI 记录的信息有以下几项:（1）序号: 样品的测试顺序号，由测试中心统一编号。（2）牛号：奶牛场提供。（3）分娩日期：牛场提供。（4）DIM（泌乳天数）：产犊至测奶日的泌乳天数。（5）胎次：奶牛场提供。（6）HTW（日定奶量）：以千克为单位本次测奶日的牛只产奶量。（7）HTACM（校正奶量）：将实际产量校正到产奶天数为 150 d，乳脂率为 3.5% 所得的数据。校正奶量可用于不同牛只、牛群间生产水平的比较。（8）PREV. M（上次奶量）：即上次测奶日的产奶量，通常指上月的奶量。（9）F%（乳脂率）：奶中脂肪的百分比。（10）P%（乳蛋白率）：奶中蛋白的百分比。（11）F/P（乳脂 / 蛋白）：乳脂率与乳蛋白率的比值。（12）体细胞计数：单位为 1 000，指每毫升样品中的该牛体细胞数的含量。（13）牛奶损失：由计算机通过该牛的产奶量和体细胞数产生的数据。（14）LSCC（线性体细胞计数）：即体细胞评分，由计算机通过体细胞数产生的数据，用于确定奶量的损失。（15）PreSCC（前次体细胞数）：前次测定日所测体细胞数。（16）LTDM（累计奶量）：从分娩至本次测奶日的产奶量累加数。（17）LTDF（累计乳脂量）：从分娩至本次测奶日所生产的脂肪总量。（18）LTDP（累计蛋白量）：从分娩至本次测奶日所生产的蛋白质总量。（19）PeakM（峰值奶量）：高峰奶，以千克为单位的最高日产奶量，是以该牛本胎次以前的几次产奶量比较得出的。（20）PeakD（峰值日）：从分娩后到产奶高峰的天数。（21）305M（305 d 奶量）：计算机产生的数据，如果泌乳天数不足 305 d 则为预计产量，如果完成 305 d，该数据为实际奶量。连续测奶 3 次即可得到 305 d 的预测奶量。（22）Repro stat（繁殖状况）：如果牛场管理者呈送了配种信息，这将指出该牛是产犊、空怀、已配还是怀孕状态。（23）DueDate（预产期）：如果牛场管理者提供繁殖信息，如孕检，指出该牛处于怀孕状态，这一项将以上次的配种日期计算出预产期。

28 奶牛生产上怎样应用DHI？

答：从DHI报告可获得牛群群体水平和个体水平两方面的信息，利用这些信息来改善牛群的饲养管理，提高牛群的生产能力。（1）产奶量：从本月平均产奶量可以看出本月牛场的生产经营情况，如与上月平均产量相比差距大，说明饲养管理方面存在的问题。下降的幅度不能超过20 d×0.07=1.4 kg，如果下降超过这个数值，经营者应分析其存在的问题，是饲料问题，疾病问题还是环境带来的应激，加以纠正改善。（2）乳脂率和乳蛋白率：可以提示营养状况。一般脂肪蛋白比值应为1.12~1.30，如果乳脂率太低，可能是瘤胃功能不佳，存在代谢性疾病；日粮组成或精粗料物理性加工有问题。如果奶牛产后100 d内蛋白率太低，可能存在的问题有：干奶牛日粮不合理，造成产犊时膘情太差；泌乳早期精料喂量不足，蛋白质含量低；日粮蛋白质中过瘤胃蛋白含量低。产后120 d以内牛群平均脂肪蛋白比如果太高，可能是日粮蛋白质中过瘤胃蛋白不足。如脂肪蛋白比太低，可能是日粮组成中精料太多，缺乏粗纤维。（3）体细胞数（SCC）：反映乳房健康的指标；它关系到牛奶的产量和质量及乳制品的存放时间。体细胞数与泌乳天数结合起来可以确定与乳房健康相关的问题在何处发生；如果高的SCC在泌乳早期发生；可能预示着较差的干奶期护理；也可能是干奶牛舍和产房卫生条件太差； 如果泌乳早期SCC很低；但在泌乳期持续上升，可能预示着挤奶程序或挤奶设备有问题。（4）高峰产奶量和高峰日：高峰产奶量提高1 kg，头胎奶牛就可能提高400 kg产奶量，2胎以上可提高275 kg产奶量。理想的产奶高峰日应为产后45~70 d。如果高峰提前到达，产奶量很快下降，应从补充微量元素、加强疾病防治方面入手。产奶高峰出现晚过90 d，说明干奶牛饲养不当或分娩时体况差，泌乳期一般损失近1 000 kg，因此要提高高峰产奶量，尽早达到高峰日，应从泌乳中后期加强饲养管理。如果如果产后正常达到产奶高峰，但持续力较差，达到高峰后很快又下降，说明产后日粮配合有问题。（5）泌乳天数：牛群平均泌乳天数以150~170 d为宜，这样可使牛群全年产犊均衡，产奶量均衡。如果高于该水平，说明该牛群存在繁殖问题，应加以检查并改善。牛群平均胎次以3~3.5胎为宜。利用校正产奶量可以比较不同时期的生产经营状况。（6）305 d奶量（校正奶）：牛群总体305 d预测奶量逐渐上升。说明牛群整体饲养管理水平有所改进，建议继续保持。（7）乳中尿素氮（MUN）含量：通过测定MUN；可以监控牛群瘤胃中氮代谢的效率、蛋白代谢的有效性等。牛奶中尿素氮的正常值为12~18 mg/mL，其值过低同时伴随乳蛋白低，可能表示蛋白质和（或）能量不足；其值过高同时伴随乳蛋白低，可能表示饲料蛋白质过剩和能量不足。MUN < 12 mg/mL，表明日粮蛋白质缺乏或过瘤胃蛋白质含量过多；MUN > 18 mg/mL，表明日粮蛋白质浪费，可以通过调整日粮来降低日粮成本。MUN与繁殖性能呈负相关，当MUN > 18 mg/mL时，牛的受胎率可下降。

29 奶牛生产性能测定（DHI）测试注意事项有哪些？

答：DHI测试注意事项：（1）测奶采样时间应以母牛产犊后25~40 d为宜，每头测试奶牛的编号要保持唯一性，且牛号与样品号要相对应。（2）数据收集要全面，否则将给数据的录入和报告的分析造成较多困难。（3）操作要规范，严格按照工作程序进行，以保证结测定结果的准确性。

30 什么是乳脂率与标准乳？

答：乳脂率即奶中所含脂肪的百分率。常规的乳脂率，是在全泌乳期的 10 个泌乳月内，每月测定一次，将测定的乳脂率乘以各该月的实际产奶量，求得该月的所产乳脂量，而后将各月乳脂量加起来被总产奶量来除，即得平均乳脂率。我国规定荷斯坦牛全泌乳期中在第 2 个月、第 5 个月及第 8 个月分别测定 3 次乳脂率。乳脂率为 4% 的牛奶称为标准乳，不同个体牛所产的乳，其乳脂率高低不一。为评定不同个体间产奶性能的优劣，应将不同乳脂率的乳校正为同一乳脂率的乳，再比较。常用的方法是将不同乳脂率都校正为 4% 乳脂率的标准乳。其换算公式为：4%标准乳量 =（0.4+15F）M；M—某牛的产乳量；F—某牛的乳脂率。例如，甲牛产奶量为 5 100kg 乳脂率为 3.4%；乙牛产奶量为 4 500 kg 乳脂率为 5.0%，将其换算成 4%标准乳。

甲牛：4%标准乳 =（$0.4+15\times0.034$）$\times 5\,100 = 4\,641$（kg）

乙牛：4%标准乳 =（$0.4+15\times0.050$）$\times 4\,500 = 5\,175$（kg）

经换算后，显然乙牛的泌乳性能比甲牛高。

31 奶牛引种需要注意哪些问题？

答：实现牛群的高产、优质和高效率，首先要选择合适的品种。将本地原来没有的品种牛从其他繁育地引入，以繁殖或用来改良本地牛品种，提高本地牛的生产性能称为引种。奶牛引种需要注意以下问题：（1）要有明确的引种目的和计划，根据计划确定所需奶牛的品种和数量，有选择性地购进优良个体。（2）选择符合品种标准的奶牛。查阅和索取奶牛系谱，审查选购牛祖先的资料，如生产性能、体质外貌、繁殖性能及生长发育等，以便挑选具有优良系谱的奶牛作为引种对象。（3）从正规的奶牛场引种，如国家（或省、市级）研究院（所）或奶牛育种中心（站）。正规的供种单位都有禽畜良种生产经营许可证，具有详细的生产记录。（4）引种时要注意健康。严格检疫措施，不可引入病牛（尤其是患传染病的牛）。

32 奶牛的选配有哪些方法？

答：选配即有意识、有计划、有目的地决定公母畜的配对，根据人为意愿组合后代的遗传基础，以达到培育或利用优秀种畜的目的。在个体选配中，按交配双方品质的差异，可分为同质选配与异质选配；按交配双方亲缘关系远近，可分为近交与远交。（1）品质选配是考虑交配双方品质情况的一种选配。根据交配双方品质差异的情况，又可分为同质选配与异质选配两种。同质选配是选择具有相似性状的公母牛交配叫同质选配。例如乳脂率高、乳蛋白率高的公牛与乳脂率高、乳蛋白率高的母牛交配。下述两种情况多采用同质选配：①在育成杂交后期，牛群的外貌及生产性能参差不齐，这时可用同质选配，牛群更趋一致。②为了巩固和发展某些优良性状，可采用同质选配。异质选配多应用于以下两种情况：A. 结合公母双方不同的优良性状，例如，乳脂率高的种群与产奶量高而乳脂率低的公母牛交配以获得产奶量高、乳脂率高的优良后代。B. 以交配一方的优点纠正另一方的缺点。如以背腰平直的公牛与背腰凹陷的母牛交配以纠正后代中母牛洼背。（2）亲缘选配：就是考虑交配双方亲缘关系的一种选配，如果交配双方有较近的亲缘关系叫做近亲交配，又称近交；反之，则叫远亲交配，简称远交。近交可以促进基因纯合，固定优良性状，淘汰有害性状，保持优良祖先的血统。远交可以提高群体的杂合性，增加群体的变异程度，进而提高家畜的适应性和生活力。

33 奶牛的选配需要注意哪些问题?

答：奶牛选配的原则是：（1）公牛等级高于母牛，不能用低等级公牛与高等级母牛选配。（2）有共同缺点的公母牛或相反缺点的，例如内向肢势不能与外向肢势，弓背不能与洼背交配。（3）慎用近交，只有在杂交育种时在育种群使用，繁殖群可不用。（4）要使牛群中优良品质不断扩大，各种不良性状逐渐克服。

34 怎样选择种子母牛?

答：种子母牛是生产种公牛的母牛，因此种子母牛选择准确性如何，将直接关系到种公牛选择的效果，尽管母牛对后代的遗传影响约占20%~30%。1995年，中国奶牛协会育种专业委员会，对种子母牛提出如下要求：父母应为良种登记牛，三代血统清楚。系谱中包括血统、本身外貌、生产性能、女儿外貌以及历史上是否出现过怪胎、难产等乳房、四肢等重要部位无明显缺陷者；第一胎产奶9 000 kg以上，乳脂率在3.6%以上；体型评分在80分以上的母牛做种子母牛。美国对后备公牛的母亲特别重视，对其母亲要求：（1）产奶量超过同期同龄牛；（2）其半同胞产奶量也得超过同期同龄牛；（3）其系谱中牛必须体型好、长寿、性情温顺、繁殖效率高。

35 怎样根据本身表现选择生产母牛？

答：根据本身表现选择按个体的表现型选择，简单易行，可较快得出牛表现的评价。奶牛生产母牛主要根据其本身表现选择，母牛的本身表现包括：（1）产奶量：产奶量的遗传力偏低，一般为0.21~0.35（平均0.29），重复力较高为0.50。因此，影响产奶量的主要因素为饲养管理和环境条件。一般根据母牛产奶量高低次序进行排队，选留产奶量高的母牛，淘汰产奶量低的母牛。（2）乳的品质：乳脂率的遗传力为0.5~0.6，重复力为0.70；乳蛋白和非脂固体物的遗传力为0.45~0.55，这些性状的遗传力都较高，通过选择易见效。而且乳脂率与乳蛋白含量之间呈0.5~0.6的中等正相关，与其他非脂固体物含量也呈0.5左右的中等正相关。在选择乳脂率的同时，还应考虑乳脂率与产乳量呈负相关（–0.43），二者要同时进行，不能顾此失彼。（3）体型外貌：乳牛体型外貌与生产性能间无明显的相关关系，但与乳牛利用年限、终生效益关系密切。尤其是泌乳系统、后躯发育情况，以及四肢和乳房形状与生产寿命有较高的相关性。（4）饲料报酬率：饲料报酬较高的乳牛，每100 kg饲料单位能产奶100~125 kg。饲料报酬率的遗传力为0.5，与产奶量之间的遗传相关高（0.88~0.95），因此通过产奶量的选择，就可间接提高饲料报酬率。（5）排乳速度：排乳速度快的牛，有利于在挤奶厅中集中挤乳，增进产奶量，减少乳房炎，可提高劳动生产率。排乳速度与总产奶量之间呈正相关。（6）牛奶体细胞计数：国际奶牛联合会认为，体细胞数量（SCC）超过50万/mL是临床型乳房炎阳性。研究表明，体细胞数与临床型乳房炎的相关是0.5~0.7，两者的遗传相关可高达0.97，利用育种手段可以抑制乳房炎发病率。（7）前乳房指数：是表示乳房前后均匀性的一个指标。正常情况下，前乳房指数为40%~45%，低于40%的表明泌乳不均匀。据瑞典研究，乳牛前乳房指数的遗传力为0.32~0.76，平均为0.50。（8）泌乳均匀性：产奶量高的母牛，在整个泌乳期中泌乳稳定、均匀、下降幅度不大，产奶量能维持在较高的水平上。乳牛在泌乳期中泌乳的均匀性，一般可分为以下3个类型：①剧降型：这一类型的母牛产奶量低，泌乳期短，但最高日产量较高。一般从分娩后2~3个月泌乳量开始下降，而且下降的幅度较大；大约最初3个月产乳量为305 d总产乳量的46.4%；第4、5、6三个月为29.8%；以后几个月为23.8%。②波动型：这一类型牛泌乳量不稳定，呈波动状态。最初1、2两个泌乳月内泌乳量很高；3、4两泌乳月变低；5、6两泌乳月又升高，而后又下降。此类型牛产奶量不高，繁殖力也较低，适应性差，不适于留作种用。③平稳型：本类型牛在牛群中最常见，泌乳量下降缓慢而均匀，产奶量高。一般在最初3个月泌乳量为305 d总产奶量的36.6%，第4、5、6三个月为31.7%，最后几个月为31.7%。此型牛健康状况良好，繁殖力也较高，可留作种用。（9）繁殖性状：主要包括早熟性、受胎率、配妊时间、产犊间隔、产犊难易、多胎性等。由于繁殖与生产性状存在着一定的负相关，忽视了繁殖性状的选择，会导致综合选择效果的下降。牛的繁殖性状遗传力都较低，一般小于0.2，故要提高繁殖力，除了使用本身、半同胞和后裔记录扩大测定范围及提高选择的准确性外，主要应加强饲养管理和提高繁殖技术水平。（10）长寿性：生产寿命、利用年限与头胎产奶量之间的表型相关为0.43，遗传相关为0.76；头胎产奶量与终生产奶量之间的表型相关、遗传相关分别为0.48和0.85；这说明头胎产奶量高的母牛，其生产寿命长，终生产奶量也高。

36 如何选择种公牛？

答：随着奶牛冷冻精液技术的推广与普及，对种公牛的质量要求则越来越高，种公牛的选择愈益严格，种公牛对改良和提高整个牛群的重要性显得更为突出。在奶牛育种中，人工授精公牛每年可以承担 1 万头以上母牛的配种，优秀种公牛的遗传优势可以得到最大限度的发挥，奶牛群体的生产水平在很大程度上取决于公牛的遗传水平，种公牛对奶牛群遗传改良的贡献，可以达到总遗传进展的 75%~95%，因而优秀种公牛的选择在奶牛育种中占有十分重要的地位。（1）审查系谱及有关资料。包括公牛父亲的后裔测定结果，公牛母亲的生产成绩，公牛外祖父的后裔测定成绩。（2）审查公牛的后裔测定成绩。后裔测定是选择优秀种公牛主要方法，也是可靠的方法。评定指标要全面，主要审查被测公牛女儿的头数及分布牛群数，数量越多，结果越可靠；审查各性状的预期传递能力值，进行各牛间的比较，选出最佳者；不仅要重视后裔的生产力表现，同时还要注意其生长发育、体质外形、适应性以及有无遗传疾病等。

37 什么是 MOET 选择法？

答：MOET 即超数排卵胚胎移植（Mulple Ovulation Embryo Transfer）。MOET 育种需要建立核心牛群，饲养相当数量的公、母牛，较大规模进行胚胎移植。用半同胞、全同胞的生产成绩来选择公牛，代替了传统的后裔测定方法。选择公、母牛的 MOET 育种方式与方案有两种：一种是青年型育种方案。就是当青年公母牛都在 12~15 月龄时，那时既无后代，母牛本身又无产奶记录，只有利用其母亲及其亲属的资料来测定育种值。另一种是成年型核心群 MOET 方案。对母牛的选择是根据它完成第一个泌乳期产奶记录，又根据其全同胞、半同胞及其母亲记录进行选择。对于公牛则是按其全同胞、半同胞及其母亲记录来选择。MOET 育种缩短了选育种公牛的年限，过去后裔测定需要 6.5 年，MOET 育种体系只需 3.7 年。育种方案完全可以在一个牛场进行，牛群饲养同一条件下，可以减少环境误差，提高了准确性，在较短的时间内、较小范围内进行，可节省人力、物力、财力。

38 什么是 BLUP 选择法？

答：BLUP 即最佳线性无偏差预测法（BLUP=Best Linear Unbiased Prediction），是评定种公畜育种值的一种方法。这种方法用线形函数表示，估计的精确度高，是加快遗传效应最好的方法之一，已为世界许多国家采用。BLUP 法的基础是线性混合模型，在估计种公牛育种值时，采用的最多的是公畜模型和动物模型，公畜模型应用得更广。利用公牛在牛群中与无血缘关系的母牛随机交配，每头母牛一个女儿，所以公牛的每个女儿都是半同胞，然后根据女儿的记录估计公牛的育种值，BLUP 法需要依靠计算机完成烦琐复杂的计算。

39 什么是公牛的后裔测定？

答：由于产奶性状的特点受性别限制，需要通过测定被选公牛的女儿的产奶性能等鉴定，即后裔测定。后裔测定是选择优秀种公牛主要方法，也是可靠的方法。现在各国每年进行后裔测定的公牛数：美国为 1 000 头，法国 400 头，原西德 500 头，荷兰 350 头。选择公牛最早的方法是按女儿平均值，后来用母女对比法，经过改进又采用了同期同龄比较法及 BLUP 法。20 世纪 80 年代末又采纳了动物模型。动物模型是根据动物本身及其有血缘关系动物的资料包括本身、祖代、后裔及与动物本身有血缘关系的动物。1992 年 10 月中国奶牛协会育种委员会制订了《中国荷斯坦种公牛后裔测定规范（试行）》，已由农业部作为法规发布。要选择后裔乳用公牛的父亲必须是后裔测定证明为优秀公牛，母亲为种子母牛。

40 什么是同期同龄比较法？

答：同期同龄比较法是在小公牛 12~14 月龄时开始采精，在短期内（如 3 个月内）用每头小公牛的冷冻精液，分散各场随机配种 200 头母牛。将被测公牛、女儿分散饲养在不同的农牧场，每天挤奶 2 次，用每个场测定的头胎 305 d 的平均产奶量与同其他公牛同期同龄女儿 305 d 平均产奶量进行比较，找出其差异，算出相对育种值。由于小公牛的后代分散在各场，各场都有与它们同一品种、同一季节出生的其他公牛的女儿，饲养管理条件也相同，这样比较可在一定程度上消除后代间环境的差异，也可消除由于女儿数的不同所引起的误差，方法简便易行，在奶牛业中广泛采用。

41 什么是综合选择指数法？

答：单一性选择法是先选择一个性状，这个性状得到改良后，再进行第二个性状的选择，从某个性状选择来看，效果大，但从总性状来看，改良效果较差。综合选择指数法是同时选择一个以上性状，例如，奶牛选择产奶量、乳脂率、乳蛋白率，将不同性状资料，按其不同遗传力，经济的重要性，合并成一个指数，根据该指数的高低来选留种畜。

42 奶牛的育种方法有哪些？

答：奶牛育种工作是提高牛群素质，增加牛奶产、质量和终身效益的关键技术之一，是设施牧业的重要组成部分。奶牛的育种方法有：（1）本品种选育：本品种选育是指在本品种内部通过选种、选配、品系繁育、改善培育条件等措施，以提高品种性能的一种方法。①近亲育种：因为近亲交配能使后代牛群中的某些基因得到不同程度的纯化，近交的功用在于固定优良性状，淘汰有害性状，保留优良祖先的血统，使牛群同质化。但近交可引起生活力下降，体质衰弱，生长缓慢，繁殖力变差，死胎等衰退现象。所以在采用近交时，要控制近交程度及时间，以减少近交的不良后果。近交多用于培育种公牛。②品系育种：品系是品种的结构单位，既符合该品种的一般要求，而又有其独特优点。a. 建立品系：建立品系首要的问题是培育系祖，系祖必须是卓越的优良种公牛，不仅本身表现好，而且能将其本身的优良特征、特性遗传给后代。b. 品系的结合：建立品系是增加品种内部的差异以保持品种的丰富遗传性。而品系的结合则是增强品种的同一性，以促使品种内的个体更能表现出固有的优点和有益的特征特性。（2）杂交育种：①品种间杂交：一般常见的杂交主要是品种间杂交，可通过杂交来提高牛群的生产性能或育成新品种。奶牛品种间杂交产奶量有3%~12%、乳脂量有4%~37%的杂交优势。②种间杂交：种间杂交属远缘杂交。如澳大利亚为了使牛具有良好抗热性和抗焦虫病的能力，利用欧洲牛与瘤牛杂交，培育出婆罗福特牛和抗旱王牛等新品种。

43 如何制定奶牛的育种方案？

答：制定育种方案，育种目标必须明确，育种指标必须切合实际。育种方案一旦确立，应坚决贯彻执行，不可任意修改或中途废止。制定育种方案的内容与步骤如下：（1）选择奶牛品种：荷斯坦奶牛适应力最强；生产能力最高；适合我国各地饲养。（2）选择基础母牛：基础母牛群对整个牛群品质和遗传改良的进展有深远的影响。因此，基础母牛必须严格选择。选种应根据母牛的产乳记录、乳牛体型和系谱而进行。（3）育种方法：根据育种目标，选择达到理想指标的育种方法。（4）牛群鉴定：定期鉴定牛群，明确牛群的优缺点，选出良种母牛作为育种基础。（5）选择种公牛：种公牛应该是经过后裔鉴定，证明为理想种公牛的个体。其合格的冻精可大面积按选种选配计划，用于奶牛配种。（6）制定选配计划：选配计划内容包括：每头母牛的编号、生产性能、外貌特点、选配方法、亲缘关系、选配公牛和预期效果等。（7）建立选留、淘汰制度：按标准选留，对有明确缺陷的奶牛要及时淘汰。否则阻碍改良进程，效果不良。（8）制定适宜的饲养管理方案：合理的饲养管理可充分体现奶牛的生产潜力，有利于正确选择。

44 我国为什么要进行荷斯坦良种母牛登记工作？

答：品种登记是奶牛品种改良的一项基础性工作，目的是要保证奶牛个体的可识别性和可追踪性，保证奶牛品种的一致性和稳定性，促使生产者饲养优良奶牛品种和保存基本育种资料和生产性能记录，以作为品种遗传改良工作的依据。这项育种措施对纯化品种，加快育种过程，记载牛群情况都十分重要。良种登记包括系谱、生产性能、体形外貌等内容。我国已于2006年编制了《中国荷斯坦母牛品种登记实施方案》。

第七部分 牛奶与奶制品

1 为什么要机械挤奶？机器挤奶最基本要求是什么？

答：机器挤奶是机械化乳牛场的一个主要生产环节（彩图 98）。如用手工完成，其劳动量将占总工作量的 60%，机器挤奶可缩减劳动量 75%，每人每小时可挤 15~18 头乳牛，如挤奶作业进一步实现管道化，则每人每小时可挤 25~30 头乳牛，同时还可提高牛奶的清洁程度。挤乳机是利用真空原理将牛乳从乳房中吸出，与犊牛哺乳非常相似。挤乳通常分以下几步：挤奶设备的消毒，母牛挤奶前的准备，挤奶，卸下乳杯，清洗挤奶设备。

2 挤奶机基本的生理要求是什么？

答：（1）机器挤奶不仅要充分挤尽乳房中的奶，还应刺激乳牛排乳，以保证乳牛在挤奶过程中处于明显的排乳状态。（2）机器挤奶的工作原理应尽可能模仿小牛自然吸奶的动作。（3）挤奶器的乳嘴橡皮应有足够的弹性和合适的尺寸，以适应乳牛不同大小的乳头。（4）挤奶器不应对乳牛有任何有害的刺激，以免影响乳牛的乳房健康和正常排乳。

3 挤奶装置的主要类型有哪些？

答：目前全国生产有各种类型的挤奶装置，一般都由真空装置和若干套挤奶器组成，或再附有牛奶的输送、净化、消毒等设备。根据不同的乳牛饲养方法和机器挤奶的组织方式，挤奶装置可分为下列几种类型：提桶式、管道式、挤奶间式及移动式。

4 挤奶前乳房做哪些准备工作？常规的挤奶程序有哪些？

答：（1）挤奶前观察和触摸乳房外表是否有红、肿、热、痛症状或创伤。（2）挤奶前把每个乳区的第一把至第三把奶挤入带黑色面网的杯子中，检查牛奶中是否有凝块、絮状物、血块和水样奶，可及时发现乳腺炎，防止乳腺炎牛奶混入可用牛奶中。（3）乳房和乳头的清洁与消毒。清洁乳房不仅要擦净乳头，当乳房极脏时，要用有消毒剂的温水清洁乳房。（4）擦干乳头，留心乳房上的脏水流入牛奶中，最好使用消毒的毛巾或一次性纸币。（5）擦干乳房的同时，水平方向按摩乳房 20 s（每只乳房 5 s）。常规的挤奶程序包括前期准备、挤奶和清洗与储藏。前期准备工作主要包括：人员更衣、用品准备、设备调试、清洗管道和驱牛进站等。挤奶过程包括乳房清洁、消毒、按摩和弃掉前三把奶，套挤奶杯，查看，卸挤奶杯，挤奶后乳房消毒等。挤奶完毕，迅速清洗管理，并查看贮藏罐温度是否已降到 4℃以下。

5 如何正确擦洗乳房？

答：乳房整体较清洁，乳头周围无污物，可用专用的消毒毛巾或一次性纸巾，直接擦去乳头表面的灰尘的污物。若整个乳房较脏时，不要用水冲洗全部乳房，避免冲洗乳房上部的污水污染乳头。用小水流或消毒毛巾蘸水清洗乳头基部即可。清洗乳头后马上擦干，否则留在乳头上的污水会流入奶衬或牛奶中，造成原料奶污染，影响原料奶的质量。奶牛每次挤奶前需要用温水将乳房下部和乳头擦干净，按摩乳房后再开始挤奶，这些用水的温度达到 40~50℃为宜。

6 挤奶前按摩乳房有何好处？

答：挤奶前，正确按摩奶牛乳房，可产生良好的刺激作用，促进垂体产生催产素，激发排乳反射，有利于牛奶的排出。通常在按摩乳房约 30 s 之后，奶牛所产生的催产素即可到达乳房部位，促使奶牛开始放乳，在 5~8 min 内，催产素消失，放乳也就结束。挤奶中注意不要过挤，以免损伤乳房。

7 什么情况下奶牛不能上机挤奶？

答：奶牛不能上机挤奶的情况通常有以下几种：（1）分娩 5 d 内的奶牛。（2）分娩 5 d 以上，但乳房水肿还没有消退的奶牛。（3）病理状态的奶牛，如患有乳房炎，特别是传染性疾病的奶牛。（4）抗生素治疗，停药 6 d 内的奶牛。（5）分泌异常乳（如含有血液、絮状物、水样、体细胞计数超标等）的奶牛。

8 每次挤奶时间间隔多长为好？

答：挤奶间隔均等分配最有利于获得最高奶产量，每天 2 次挤奶，最佳挤奶间隔是 12 h，间隔超过 13 h，会影响产奶量。每天 3 次挤奶，最佳挤奶间隔是 8 h。一般三次挤奶奶产量可比二次挤奶提高 10%。采用 2 次挤奶或 3 次挤奶还必须同时平衡劳动力费用，饲料费用和管理费用等。

9 挤奶时为什么要弃掉前三把奶？

答：奶牛喜欢卧地反刍和休息，接触地面（特别是当地面较污浊时）的奶牛乳房容易粘有细菌。从乳头开始到乳房内部有一个乳导管，细菌容易进入乳导管，并在此生长繁殖。因此，头三把奶的含菌量高，如不弃掉，会导致牛奶中细菌数偏高，影响原料奶的质量，因此前三把奶应废弃。但不要将前三把奶随手挤在地面上，要用专门容器收集，原因如下：（1）避免废弃奶污染地面环境，导致病原微生物传播感染。（2）挤在专门的容器里，便于观察牛奶中是否有凝块、絮状物或水样奶，以便及时发现临床乳房炎，做到及时治疗并防止乳房炎奶混入正常乳中。

10 如何正确套奶杯？怎样正确维护挤奶设备？

答：正确的套杯方法是用最靠近牛头的手紧握奶爪的杯体，打开截止阀，把第一个奶杯套到最远的乳头上，这时奶管应该保持 S 形弯曲，以防空气流入系统内，使其与乳头良好地结合，并均匀分布在乳房底部，然后尽快挤奶。一般要求在乳头擦拭按摩后 40~90 s 内套杯。正确维护挤奶设备的重点做好日常保养。（1）每天检查：①真空泵的油量是否保持在要求的范围之内。②集乳器进气孔是否被堵塞。③橡胶部件是否有磨损或漏气。④真空表压力是否稳定，套杯前与套杯后，真空表的读数应当相同，摘取杯组时真空会略微下降，但 5 s 内应上升到原位。⑤真空调节器是否有明显的放气声，如果没有放气说明真空度不够。⑥奶杯内衬杯罩间是否有液体进入，如有水或奶，表明内衬有破损，应当更换。（2）每周检查：①检查脉动频率与内衬收缩状况是否正常，可在机器运转状态下，挤奶员将拇指伸入一个奶杯，堵住其他 3 个奶杯或阻断真空，检查每分钟按摩次数（脉动频率），拇指应感觉到内衬的充分收缩。②检查奶泵止回阀，如止回阀膜片断裂，空气就会进入奶泵。（3）每月检查：真空泵皮带松紧，用拇指按压皮带应有 1.25 cm 的张度。脉动器清洁，有些进气口有过滤网，需要清洗或更换，脉动器加油需按供应商的要求进行。清洁真空调节器和传感器，用一湿布擦净真空调节器的阀、座等（按照工程师的指导），传感器过滤网可用皂液清洗，晾干后再装上。奶水分离器和稳压罐浮球阀，应确保这些浮球阀工作正常，还要检查其密封情况，有磨损时应立即更换。冲洗真空管、清洁排泄阀、检查密封状况。

11 如何定期检测奶牛乳房炎？

答：奶站要定期对进站的奶牛做乳房炎检测，每月 2~3 次，以监测牛群隐性乳房炎的流行情况，及时调整综合防治措施，有利于减少奶牛乳房炎发病率，提高原料奶的质量。检测方法：常用的有加利福尼亚、兰州、上海乳房炎检验法等。

12 如何做好乳头的药浴消毒？

答：挤奶前和挤奶后都要进行乳头药浴。常用的消毒剂有：0.5%~1% 的洗必泰、3% 的次氯酸钠、0.3% 的新洁尔灭、0.2% 的过氧乙酸和 0.5% 的碘伏等。药浴时间 20~30 s。药浴时，2/3 乳头应浸入药浴液。

13 什么是初乳？什么是常乳？

答：（1）初乳：牛在分娩期或分娩后最初一周内，产生的乳叫初乳。（2）常乳：初乳期过后，乳腺分泌的乳汁，叫常乳。

14 原料奶检测的基本指标有哪些？

答：原料奶的检测指标主要包括：（1）感官指标：包括牛奶的颜色、气味、浓度、杂质等。（2）理化指标：包括乳脂率、乳蛋白率、乳糖含量、非脂固形物、总固形物、冰点、比重、酸度等。（3）卫生指标：包括细菌数、体细胞数、重金属、硝酸盐、亚硝酸盐、三聚氰胺和药物残留等。

15 原料乳的验收内容有哪些？

答：原料乳验收内容有：感官检验、酒精试验、乳温测定、比重测定、乳脂肪测定、乳干物质测定、酸度测定、微生物检验、三聚氰胺等测定。

16 正常原料奶基本理化指标是多少？

答：中国荷斯坦奶牛正常原料奶的理化指标见表 33。

表 33　中国荷斯坦奶牛正常原料奶的理化指标

项目	数值	备注（范围）
20 度时牛奶的比重	1.028~1.034	
牛奶的冰点	−0.54℃	
牛奶的 pH 值	6.5~6.7	
牛奶的水分	88.3%	88.5%~89.5%
总固形物平均	11.7%	10.5%~14.5%
乳脂率平均	3.3%	2.5%~5.2%
蛋白质平均	3.0%	2.6%~4.0%
乳糖平均	4.6%	3.6%~5.5%

17 如何检测酒精阳性乳？

答：酒精阳性乳是指与 68%~70% 酒精发生凝结现象的乳的总称。分高酸度和低酸度酒精阳性乳两种。高酸度酒精阳性乳：指滴定酸度增高（0.20 以上），与 70% 酒精凝固的乳。低酸度酒精阳性乳：指乳的滴定酸度正常乳酸含量不高，但与 70% 酒精发生凝固的乳。避免高酸度酒精阳性乳的关键是加强挤奶过程中的清洗、消毒，挤出的牛奶及时降温，抑制细菌繁殖、生长，避免乳糖分解、乳酸升高、乳蛋白变性。避免低酸度酒精阳性乳的关键是降低奶牛应激，特别是高温酷暑的热应激，确保奶牛机体健康。

18 低酸度酒精阳性乳的原因有哪些？

答：低酸度酒精阳性乳的原因有以下几个方面：（1）日粮不平衡：日粮中可消化的粗蛋白质

和总可消化养分的不足或过多，都可造成奶牛产酸奶。长期饲喂糖渣、啤酒糟、玉米渣等，造成代谢功能紊乱，直接影响对矿物质、微量元素的吸收和利用，特别是机体钠缺乏，造成体内钠钾不平衡。酒精阳性乳的发生与血液中钠、乳汁中钠的浓度密切关系，可以认为低钠是酒精阳性乳的主要原因，而血液和乳汁中的钠主要是从饲料中经消化吸收而来，因此与日粮有着直接关系。（2）钙磷不足或失调：矿物质的不足与过量，可以引起代谢紊乱，出现酒精阳性乳的概率就会高。控制措施：①控制糖糟类和多汁饲料的饲喂量，适当增加石粉、氢钙等的比例。②保证青干草的质量和数量。提倡使用碱化或氨化稻草。（3）应激因素的影响：热应激、冷应激、饲料应激等都可造成酸奶。如冷空气、高温潮湿、昼夜温差大、突然改变饲料、挤奶人员的更换、挤奶设备的变更等都可造成酸奶的发生。（4）泌乳末期：经过长期泌乳和妊娠期体内的胎儿生长，会消耗大量营养物质，机体处于极度疲劳状态。此时最好停奶，使奶牛的乳腺组织得到整顿，特别是乳腺细胞得到充分的休息再生。可防止酸奶的发生。

19 低酸度酒精阳性乳的防治措施有哪些？

答：（1）改善乳腺机能，可内服碘化钾 8~10 g，加水灌服，每日 1 次，连服 3~5 日。2%的硫酸脲嘧啶 20 mL，1 次肌内注射。（2）改善乳房内环境，可用 0.1%的柠檬酸溶液 50 mL，挤奶后注入乳房内，每天 1~2 次，或用 1%的苏打溶液 30 mL，挤奶后注入乳房内，每天 1~2 次。（3）为恢复乳腺机能，可用 2%的甲硫基脲嘧啶 20 mL 1 次肌内注射，若与维生素 B_1 合用，效果更好。（4）肌内注射维生素 C，可以调解乳腺毛细血管的通透性。（5）5%碳酸氢钠 500 mL 静脉注射，同时碘化钾 7 g 与 100 mL 水混合灌服，每日 1 次，3~5 d 为 1 个疗程。该法治疗低酸度酒精阳性乳效果很好。（6）25%的葡萄糖与 20%的葡萄糖酸钙各 250 mL，每日 1 次，连注 3~5 次。该法对泌乳早期的高产乳牛效果较好，低产牛可不使用。（7）可能与性周期有关，对症可以肌内注射黄体酮。（8）丙酸钠 150 g 1 次内服，每天 1 次，连服 7~10 d。

20 夏季如何积极预防原料奶酸败？

答：夏季气温高，奶牛热应激严重，牛奶品质差，更容易酸败。预防措施有：（1）积极防暑降温，减少奶牛热应激，避免低酸度酒精阳性乳的发生。（2）加强环境卫生和消毒，减少环境微生物的污染。（3）加强挤奶过程中的清洁与消毒，废弃前三把奶。（4）快速将奶降温至 4℃以下。（5）缩短牛奶储藏时间，每天最好 2 次或 2 次送奶，并缩短路上运输时间。

21 牛奶污染的主要途径及防止措施有哪些?

答：牛乳是人的营养食品，也是细菌的良好培养基，在乳品生产各个环节，甚至在挤乳之前都会受到细菌污染。在了解污染途径，控制污染条件的情况下，应根据具体条件将乳的污染降到最低。（1）挤乳前的污染：即便是健康乳牛所产的牛乳也往往已含有一定数量的细菌，因为乳牛在两次挤乳之间常从乳头侵入细菌。有人试验以无菌手续从乳房挤出的牛乳中，每毫升含有细菌500~600个。每次挤乳开始时菌数最多，继续挤乳过程中则逐渐减少。乳牛的环境清洁和注意乳牛的乳房卫生非常重要。每次挤乳开始第一、二把乳弃去不要，对减少乳中细菌数具有重要意义。部分病源菌可能直接由血液进入乳中，如患结核病的牛，虽在外观上看不出乳房的异常，但有可能从乳中排出结核菌，患布氏杆菌病的牛也会从乳中排出这种细菌；患波状热的牛由勃氏立克次体引起，立克次体也有可能从乳中排出，因此乳牛场应时时注意乳牛健康，按时检疫，以保证牛乳的卫生。（2）挤乳时的污染：如乳牛场卫生条件差，在挤乳过程中，牛乳易被细菌污染，如牛体、空气、苍蝇、牛乳容器、挤乳机械、过滤器、挤乳员的手等，都可能成为细菌污染的媒介。①牛体的污染：乳牛的皮肤，特别是后躯腹部、尾毛等，是细菌附着最严重的地方；不洁的牛体所附着的尘埃每克中的细菌数常达几亿乃至几十亿个，牛体所粘的粪块细菌也很多，可达每克数10亿之多，挤乳前如不清洁牛体，挤乳时这些脏物极易落入乳中。②空气污染：牛舍的空气含菌量从每升数十乃至数万不等。牛舍通气不良或存放污物粪便，挤乳时喂饲易飞扬的饲料，刷拭后立即挤乳等都会使空气中含大量细菌，这些细菌常在挤乳时落于乳中。为减少空气中细菌对乳的污染，除应注意牛舍、牛体卫生和饲养制度外，采用小口乳桶挤乳，可使刚挤下的牛乳所含细菌数降低50%。③苍蝇污染：苍蝇是多种病源菌的携带者，一只苍蝇身上可附着细菌上百万个，如不注意，苍蝇极易落入乳中。④挤乳桶及过滤布的污染：挤乳桶是首先接触乳的容器，如消毒不严，则对牛乳污染严重。仅用清水洗涤的乳桶，盛乳后细菌数仍然很高，如经蒸汽消毒或热碱水刷洗则可大大减低细菌数量。另外乳桶的形状与质量也有很大关系：乳桶棱角过多或凸凹不平，消毒洗刷不易刷到，则细菌易于繁殖。挤乳后立即过滤，将乳中杂质、牛毛、草屑等滤出，对减低乳中细菌数有很大意义。但如过滤用具及滤布不经彻底消毒与洗涤，则不仅不能起到良好的作用，反而成为污染来源，因此，必须注意。⑤挤乳机及挤乳员的污染：利用挤乳机挤乳可以减少牛乳暴露于空气的机会，能提高牛乳的卫生质量。但如不注意卫生，对挤乳机在每次挤乳后不彻底刷洗、消毒，则往往结果相反，因为挤乳机管道多，特别在接头和拐弯的地方极易存留少量牛乳，如不及时清洗，则第2次挤乳时又被新乳冲下，其中已繁殖的细菌则成为第2次挤乳的污染来源。挤乳员如患有传染病，手及衣服不清洁及在接触污物、牛体等物后挤乳都会使牛乳污染。有的挤乳员不用拳握法挤乳，常用手蘸牛乳做润滑剂以滑榨法挤乳，这样会使牛乳严重污染。另外有的挤乳员不把前二三把乳丢弃，或在挤乳过程中乳牛排尿、排粪时，对乳桶不加保护，都会增加对牛乳的污染。（3）挤乳后的污染：牛乳挤下后要经过许多处理环节，如从小桶装入大桶、运输、过滤，贮乳槽、冷却器、装瓶机或乳槽车等任何环节的疏漏，都会造成牛乳的污染。特别是一些管道、容器的刷洗消毒十分重要。有时已经杀菌消毒过的牛乳由于冷却器、贮乳槽或装瓶机等消毒不彻底，使牛乳重复污染，当牛乳送至用户手中细菌数仍然很高，甚至变为不合格乳。卫生管理良好乳牛场的牛乳中，细菌数可以控制至很低，一般每毫升 500 个左右甚至低于 200 个，但稍有不慎即可达每毫升 1 000 个以上。不注意清洁卫生的牧场，其牛乳中每毫升细菌数可达数百万，在适宜的温度下，乳中的细菌每 20 min 即可增殖一次，一个细菌一昼夜可变为 687 亿之多，如果侵入乳中的细菌很多，则可能无法计算细菌的数量。

22 牛奶杀菌方法有哪些?

答：为了保证人民身体健康和提高乳的保藏性，在牛乳送达用户或加工之前必须消毒和杀菌。牛乳是食物，凡能引起变质、变味或有害于人类健康的杀菌方法，都不适于牛乳杀菌。因此至今牛乳基本都是采用加热法杀菌。从 63℃到低于沸点的杀菌处理称为乳的“巴氏杀菌法”。是由法国微生物学家路易巴斯德氏所创造，故称巴氏杀菌法。由于杀菌温度和时间不同可分以下几种：（1）低温长时间杀菌法：也称保持式杀菌法。是将乳加热至 62~64℃保持 30 min，能杀死全部致病菌，而不引起乳中其他成分与风味的显著改变。据测定除微量的乳白蛋白沉淀与磷酸钙盐分解外，只有淀粉酶及部分维生素 C 被破坏。另外因为乳中 CO_2 的挥发使乳的酸度略有降低。（2）高温短时间杀菌法：这种方法是以 72~75℃保持 15~16 s 或以 80~85℃瞬间的消毒杀菌方法。利用这种方法前者引起对乳清蛋白质和磷酸钾盐的沉淀依旧不显著，但部分酶类被破坏，酸度降低，后者则对乳清蛋白质引起显著变性，所有酶类基本被破坏，维生素 C 部分被破坏。（3）超高温瞬间杀菌法：用蒸汽将加压牛乳加热到 135℃，保持 2 s。与一般高温短时间杀菌法相比较是温度高时间短，杀菌效果好，乳中各营养成分变化不大，如果再与无菌包装结合，则可生产灭菌乳。利用超高温杀菌法生产的杀菌乳，经过良好包装在冷藏下可保存 20 d，如果是灭菌乳再经过无菌包装，可在室温下存放 3~6 个月。

23 牛乳原料乳是如何分类的?

答：牛乳原料乳可分为正常乳和异常乳两大类。（1）正常乳是健康的母牛在正常的生理阶段分泌的牛乳。（2）异常乳包括：① 生理异常乳。a. 初乳：奶牛产犊后一周内分泌的牛乳。b. 末乳：产犊前 15 d 内的牛乳。②病理异常乳。乳房炎乳（含抗生素）及细菌污染乳。（3）化学异常乳。a. 酒精阳性乳：酸度低于 20 度，酒精试验为阳性。b. 高酸度乳。c. 低成分乳。d. 冻结乳掺水、添加防腐剂、加中和剂等。

24 牛乳有哪些主要化学成分?

答: 牛乳的主要化学成分包括水、乳脂肪、乳蛋白质、乳糖、盐类、维生素、酶类等。其具体含量如表 34。

表 34　牛乳的化学成分表

成分	含量(%)	平均值(%)
水	85.5~89.5	87.0
总固形物	10.5~14.5	13.0
乳脂肪	2.5~4.0	3.5
乳蛋白质	2.9~5.0	3.4
乳糖	3.6~5.5	4.6
无机盐	0.6~0.9	0.8

25 水牛奶的理化特性是什么?

答: 水牛奶含蛋白质 4%~6%; 脂肪 6%~11%，干物质 16%~21%（表 35）。其评价奶质的重要指标——蛋白质及乳脂率的含量; 分别是荷斯坦牛奶的 1.5 倍和 2 倍以上; 可谓“奶中之王”。

表 35　水牛奶主要营养成分的平均含量及范围

成分	平均值(%)	范围(%)
脂肪	8.5	7.1~9.6
总固形物	18.9	16.8~20.8
灰分	0.84	0.79~0.90
总氮	0.71	0.571~0.809
酪蛋白氮	0.572	0.437~0.654
非蛋白质含氮物	0.031	0.009~0.536
乳蛋白	4.5	3.63~5.26
乳糖	4.6	4.0~5.1
钙	0.125	0.12~0.13
磷	0.18	0.12~0.241
柠檬酸	0.213	0.158~0.290

26 牛乳蛋白质有什么营养特性?

答：乳蛋白质是生命和机体的基础物质；可以组成和修补人体组织；构成酶、激素和抗体；提供热量和人体必需的八种氨基酸，是优质蛋白，其吸收率高。

27 牛乳中有哪些维生素？其性质和作用是什么？

答：维生素是维持生命和健康所必需的一大类营养素，某些维生素的缺乏极易引起生理机能失调，严重的会引起某些疾病。维生素分为脂溶性和水溶性。乳中维生素的含量见表36。

表 36 乳中维生素的含量及作用

名称	含量（mg/L）	需要量（mg/d）	生理效果（预防）	稳定性
脂溶性维生素				
维生素A	0.2~2	1~2	感染、夜盲症	耐热，对氧及紫外线敏感
维生素D	0.002	0.01	佝偻病、发育障碍、钙吸收障碍	耐热
维生素E	0.6	1~2	肌肉发育障碍、不妊症	较耐热
维生素K	0.32	2~3	皮肤出血、血液凝固障碍	
水溶性维生素				
维生素B_1	0.4	1~2	胃肠障碍、神经障碍、饮食不振	较热不稳
维生素B_2	1~1.25	2~4	发育受抑制、口角炎、呼吸障碍	热稳、对光敏感
维生素B_6	1~3	2~4	神经衰弱、失眠、虚弱	热稳，对光敏感
维生素B_{12}	0.002		贫血、神经障碍	热不稳
维生素C	5~28	30~100	坏血病、疲倦、感染发病	热不稳，对光敏感
维生素PP	0.5~4	15~30	皮肤病、神经性胃肠障碍	热稳
维生素B_5	2.8~4.5	5	皮肤病	热稳
生物素	0.03~0.05	20~50 mg	发育不良、脱屑性红皮病	热稳
叶酸	0.004		贫血、发育不良	热不稳
胆碱	40~150	10	脂肪肝	

28 牛乳的物理性质是什么？

答：（1）色泽：全脂鲜牛乳呈不透明的乳白色或稍带淡黄色。（2）滋气味：奶香味，味稍甜。（3）比热：3.89 kcal/kg℃。（4）冰点：-0.565~-0.525℃，平均-0.54℃。（5）沸点：在一个大气压下为100.55℃。（6）比重：比重计（15℃/15℃）=密度计（20℃/4℃）+0.002。一般为1.028~1.032。（7）酸度和pH值：酸度，正常的牛乳为16~18T度。pH值为6.5~6.7。酸度是反映牛乳的新鲜度和热稳定性的重要标志。（8）电导率：20℃时为0.004~0.005 Ω。当电导率超过0.006 Ω时可视为病生乳，如乳房炎乳中NaCl等离子增多，电导率上升。

29 热处理对牛乳质量有哪些影响？

答：热处理对乳品质的影响包括以下几个方面：（1）一般变化。①皮膜的形成：牛乳在40℃以上加热时，由于空气与液体界面层的蛋白质、水分在不断蒸发，界面蛋白质不断浓缩，导致胶体的不可逆转的凝结形成了薄膜。在这种凝固物中，乳脂肪占70%以上，蛋白质在20%~25%，而蛋白质中以白蛋白居多。为防止薄膜的形成，可以搅拌或减少从液面蒸发水分。②棕色化（褐变）：牛乳经长时间高温加热，蛋白质的氨基和乳糖的羟基发生反应，而形成棕色物质。③蒸煮味：牛乳经74℃、15 s加热产生一种明显的蒸煮味，主要是由于乳清蛋白中的β球蛋白和脂肪膜蛋白的热变性而产生硫氢所致。（2）各种成分的变化。①酪蛋白的变化：100℃以下加热，化学性质没有变化，100℃以上加热或120℃加热，则产生褐变。②乳糖的变化：乳糖在100℃以上长时间加热时，则产生乳酸、醋酸、甲酸、乙醛、丙酸等。在100℃以下加热时，则乳糖的化学性质没有变化。③脂肪的变化：在100℃以上加热时，对脂肪不起化学变化，但高温长时间加热会使脂肪球融化在一起上浮至液面上。④无机盐：在63℃以上加热时，可溶性钙磷减少，这主要是由于可溶性的钙和磷成为不溶性的磷酸钙而沉淀，也就是钙和磷的胶体性质起了变化。⑤酶：加热可钝化。⑥维生素：维生素C对热较敏感，其他维生素对热较稳定。⑦加热对牛乳形成乳石的影响：在高温下加热牛乳时，与牛乳接触的加热表面常出现结焦物，这就是结石。加热时，首先形成$Ca_3(PO_4)_2$的晶核，然后在此基础上，以蛋白质为主的乳固形物不断地形成沉淀。

30 奶牛乳脂率低的原因有哪些？

答：日粮精粗比例不当；粗料切的过短或使用粉碎过细的饲料；日粮纤维水平不适宜；饲喂精料太多；奶牛体况过瘦、体细胞数过高；瘤胃功能降低；瘤胃内可利用脂肪过高。

31 提高乳脂率的途径和方法有哪些？

答：影响奶牛乳脂率的因素很多，遗传和饲料是两大因素，饲养管理也很重要。（1）提高乳脂率的途径：①遗传选育：一般产奶量高的品种乳脂率低，而低产奶量的品种或乳肉兼用品种乳脂率高。②饲料 pH 值和日粮结构：在瘤胃内，乙酸与丙酸比值愈大，乳脂率越高。乙酸占总脂肪的 80% 时，乳脂率最高。饲料 pH 值是干扰瘤胃乙酸发酵的主要原因，据分析精粗比例应为 40∶60，粗纤维含量不少于 13 % 为宜。③饲料品质：饲喂碾压籽实可缓解高产时乳脂率的下降。用甲醛处理豆饼，乳脂率、产奶量均有提高。有人用啤酒酵母培养物发酵精饲料饲喂奶牛，乳脂率是 4% 的标准乳产量提高 18%~20%，乳脂率提高 18%~23%。④改变饲喂方式：较好的饲喂顺序是：先自由采食干草→青贮→精料→啤酒糟。在改变日粮结构（增加粗纤维的采食量）及饲喂方式时，能明显提高乳脂率，从而达到稳产增效的作用。⑤增加饲喂次数：饲喂次数越多，牛的咀嚼次数越多，时间越长，分泌乙酸量越大，乳脂率就越高。饲喂干羊草也可提高乳脂率。（2）饲喂添加剂：①乙酸盐：据报道，在奶牛日粮中加入乙酸钠，产奶量可提高 5.58 %，乳脂率提高 10.58 %，对奶牛热应激有一定的缓冲作用。一般每头每日补给 300g 即可。②异位酸：异位酸有异丁酸、异戊酸、2－甲酯丁酸、戊酸等物质。精料中添加异位酸可使产奶量增加 15.4 %，乳脂率提高 5%，用量为：产前 45g/（头·d），产后 86g/（头·d）。③缓冲剂：常用的缓冲剂有碳酸氢钠、碳酸钠、氧化镁、氢氧化钙和膨润土等。据报道，日粮中添加碳酸氢钠 1.5g/（头·d），硫酸镁 7.5g/（头·d），乳脂率增加 27%。饲用缓冲剂要合理用量，应根据乳牛的生理状态及日粮类型计算。④脂肪：饲料中的脂肪有 65% 用于形成乳。据报道，用 0.9kg 棉籽代替 10 % 常规精料，产奶量无明显变化，乳脂率增加 8%，饲料成本下降。⑤非蛋白氮：常用的非蛋白氮有缩二脲、磷酸脲、糊化淀粉尿素、脂肪酸尿素和尿素舔砖等。据报道，添加磷酸脲可使乳脂率提高 26.1%，多产奶 10.10%~12.22%。⑥氨基酸：奶牛日粮中添加瘤胃保护氨基酸及其类似物，可促进反刍动物对纤维素的消化，增加瘤胃微生物的数量和提高乙酸丙酸比，可使产奶量提高 12%~18%。一般在泌乳期精粗比 60∶40 情况下，添加效果好。

32 提高乳蛋白的措施有哪些？

答：（1）最大程度地提高干物质摄取量，满足能量需要。干物质摄取量增加，微生物所能利用的能量和蛋白质含量就会增加，从而提高乳蛋白。所以尽量饲喂优质的粗饲料（羊草），不得已的情况下饲喂玉米秸或稻草时要保证玉米秸（1~2 cm），稻草（2~3 cm）的长度。（2）饲喂消化率较高的优质的粗饲料。（3）尽量满足粗纤维的最低需求量，增加碳水化合物饲喂量。总饲料的干物中中性洗涤纤维维持约 27%~30%，剩下的约 75% 要通过粗饲料提供。（4）总饲料干物中非构造性碳水化合物的含量占 35%~40%，让瘤胃内的微生物在合成蛋白质时充分提供能量。（5）泌乳初期饲料内的总蛋白质含量保持 17%~18%，这当中分解蛋白质含量占 60%~65%，不可分解蛋白质占35%~40%。溶解性蛋白质占30%~35%最适当。（6）增加非降解蛋白质，平衡日粮氨基酸。（7）合理添加脂肪，避免饲喂过多的脂肪。总饲料干物质的脂肪含量在5%即可，不宜超过7%，要是觉得能量不足，增加脂肪的饲喂能更多的弥补乳蛋白下降而导致的经济损失。（8）选择乳蛋白高的精液。（9）抑制乳房炎发生。（10）保持瘤胃稳定的pH值和发酵环境。营养因素对乳蛋白率的影响见表37。

表37　营养因素对乳蛋白率的影响

日粮营养因素	乳蛋白率
最大进食量	增加0.2%~0.3%
增加精料饲喂次数	可能会稍微增加
日粮能量不足	降低0.1%~0.4%
非结构性碳水化合物含量高 >45%	增加0.1%~0.2%
非结构性碳水化合物含量正常（25%~40%）	维持正常水平
高纤维日粮	降低0.1%~0.4%
低纤维日粮（中性洗涤纤维 <26%）	增加0.2%~0.3%
粗饲料切短	增加0.2%~0.3%
日粮粗蛋白质含量高	原日粮蛋白质不足，增加
日粮粗蛋白质含量低	原日粮蛋白质不足，降低
过瘤胃蛋白占日粮粗蛋白质的33%~40%	原日粮蛋白质不足，增加
添加脂肪（>7%~8%）	降低0.1%~0.2%

33 什么是有抗奶、无抗奶？

答：有抗奶是指含有抗生素的奶，常见的有青霉素、链霉素等。产生含有抗生素奶的原因主要是：奶牛患病使用抗生素治疗期间挤出的牛奶。抗生素治疗结束，但停药时间未达到规定休药期。未过停药期挤出的牛奶。这种奶不能作为食用奶原料。无抗奶是指不含抗生素的牛奶，或“抗生素残留未检出”的牛奶。

第八部分 牛福利

1 什么是奶牛福利？

答："动物福利"一词由美国人休斯于1976年提出，是指农场饲养中的动物与其环境协调一致的精神和生理完全健康的状态。一般认为动物福利是指保护动物康乐的外部条件，即由人所给予动物的以满足其康乐的条件。国际上，动物福利的观念，已经被普遍理解为让动物享有免受饥渴的自由、生活舒适的自由、免受痛苦、伤害和疾病的自由、生活无恐惧感和悲伤感的自由以及表达天性的自由。这五个自由，又被广泛地归纳为动物福利保护的五个基本原则。通俗地讲，我们要在奶牛的繁殖、饲养、挤奶、运输、试验、展示、陪伴、工作、防疫、治疗等过程中，尽可能减少其痛苦，避免使其承担不必要的伤害和忧伤，使奶牛在福利环境中健康、愉悦地生活、生产，实现泌乳和繁殖能力在数量和质量上最优化。欧盟、美国和加拿大等动物福利先进国家和地区已经通过立法保障动物福利。而我国的动物福利保护法尚在孕育之中。

2 奶牛福利的主要内容有哪些方面？

答：（1）生理福利：没有饥渴痛苦的感受。养牛人要为奶牛提供方便的、适温的、清洁饮水和保持生活健康、生产精力所需要的食物，使奶牛不受饥渴之苦。（2）环境福利：给奶牛适宜的居所。养牛人要为奶牛提供适当的房舍或栖息场所，能够安全舒适地采食、反刍、休息和睡眠，使奶牛不受困顿不适之苦。奶牛享受生活舒适的自由。（3）卫生福利：主动减少奶牛的伤病。养牛人要为奶牛做好防疫，预防疾病和给患病奶牛及时诊治，使奶牛不受疼痛、伤病之苦。奶牛享受不受痛苦、伤害和疾病的自由。（4）行为福利：保证奶牛自然的表达天性。养牛人要为奶牛提供足够的空间、适当的设施以及与同类奶牛伙伴在一起，使奶牛能够自由表达社交行为、性行为、泌乳行为、分娩行为等正常的习性，奶牛享受表达天性的自由。（5）心理福利：减少奶牛恐惧和焦虑的心情。养牛人要保证奶牛拥有良好的栖息条件和处置条件（包括淘汰屠宰过程），保障奶牛免受应激，如惊吓、噪声、驱打、潮湿、酷热、寒风、雨淋、空气污浊、随意换料、饲料腐败等刺激，使奶牛不受恐惧、应激和精神上的痛苦，奶牛享受生活无恐惧和悲伤感的自由。

3 什么是奶牛的舒适以及包含哪些内容？

答：奶牛的养殖正向规模化、产业化的方向前进，越来越多的先进设备被用于牛场的运营中，在提高效率的同时，也给奶牛带来越来越多的环境压力。这些压力包括牛舍高温、过度拥挤、传染性疾病、空气流动不畅、地面粗糙造成的蹄病、牛栏不适、不合理的分群和调群、人工野蛮处理等。这些因素往往不是单独作用，而是综合在一起影响奶牛的健康和产奶。因此，如何在人为的环境中，最大限度地还原奶牛喜欢的自然生活环境，最大限度地维护奶牛生存空间的舒适程度，值得关注。“牛的舒适”理念的内涵很容易理解，关键是，养牛人能否一切从牛的角度去思考问题、分析问题、找出解决问题的办法。奶牛的舒适可以描述为以下几个方面的内容：（1）空气：包括空气质量和通风换气。要合理的通风与控制温度。（2）食槽：数量和质量上满足奶牛的需要。①提供新鲜的饲料，合理的混合、运输和采食。②所有的牛都有足够的自由采食的空间。（3）清洁的饮水水源：奶牛每天消耗大量的水分，因此牛舍内的水源必须干净、充足。有两方面值得我们重视：①很多奶牛消化道疾病水源污染造成。要保证干净的水源，饮水器中的水要定时更换，定时放掉饮水器中的剩水并对饮水器进行清理，定时给饮水器补充新水。②奶牛是群体方式活动，所以，在设计牛舍时，不仅要考虑饮水器的数量，也要考虑设置饮水器的位置，要保证饮水器周围有足够的空间。（4）舒适：①拥有自由进出、舒适的休息区，舒适、干燥的卧床等。合理状态饲养的奶牛，一天中需要有 60% 的时间（大约 14 h）用于躺卧休息。只有合适的卧床才能吸引它们躺下来，并保证它们的休息质量。a. 合理的畜舍设计。b. 避免过分拥挤。②自由活动：这就要求有防滑地面，不拥挤。③安全的地面：橡胶地板，可以说是现阶段比较理想的选择，橡胶地板不仅舒适，而且很好地解决了防滑问题，在很大程度上降低了蹄病的发生。④恶劣天气中得到保护：这就要求最大限度地消除热应激。

4 牛舍环境舒适因素包括哪些方面？

答：（1）温度：奶牛最适宜温度为等热区，但在日常管理中由于受多种因素的影响，很难维持在等热区范围，故一般以适宜温度为标准。大牛 9~21℃，小牛 10~24℃。为控制适宜温度，我国南方地区夏季应搞好防暑降温，北方地区冬季应搞好防寒保温工作。（2）湿度：奶牛用水量大，舍内湿度会高，故应及时清除粪尿，污水，保持良好通风。湿度大的牛舍易于微生物的生长繁殖，牛易患湿疹、疥癣等皮肤病，气温低时，还会引起感冒、肺炎等病。所以，舍内相对湿度应控制在 50%~70% 为宜。（3）有害气体浓度：氨（NH_3）不应超过 20 mg/m^3；硫化氢（H_2S）不应超过 8 mg/m^3；二氧化碳（CO_2）不应超过 1 500 mg/m^3；总悬浮颗粒物不应超过 4 mg/m^3。除 CO_2 外，其他均为有毒有害气体，超过卫生指标许可，则会给奶牛带来损害。CO_2虽为无毒气体，但牛舍内含量高，说明卫生状况差，奶牛的健康也会受到影响，使牛生产能力下降。（4）气流：夏季气流能减少炎热，而冬季则加剧寒冷，所以在冬季舍内的气流速度不应超过 0.2 m/s。低温潮湿的气流，易引起奶牛发生关节炎、肌腱炎、神经炎、肺炎等病，严重时，还会使奶牛瘫痪。（5）光照：牛舍一般为自然采光，进入牛舍的光分直射和散射两种，夏季应避免直射光，以防增加舍温，冬季为保持牛床干燥，应使直射光射到牛床。为了增加牛舍的光照，屋面可以使用阳光板。（6）噪声：据报道，噪声超过 110~115 分贝时，牛奶产量下降 10%，个别会更加严重；同时还会引起早产、流产。奶牛能忍受的噪声极限，不应超过 100 分贝。（7）地面：与牛蹄直接接触的任何地面不能太光滑，但也不能太粗糙。地面光滑，容易造成牛只的摔倒；地面粗糙会加大牛蹄与地面的磨损，对牛蹄有害。牛只站立和行走区有防滑设施。为了节省成本，可以在挤奶通道和挤奶厅铺设橡胶垫，以满足奶牛需要。见彩图 99~100。（8）设施：牛舍内所有的颈枷、卧床、饮水槽、刮粪板应当进行合理设计，所用的材料应做钝化处理，以免给奶牛造成伤害。卧床垫料要蓬松、干燥，常见的卧床垫料有沙子、木屑（锯末）、稻麦草、橡胶垫等，垫料要定期清理，防止细菌滋生。见彩图 101~102。

5 目前奶牛饲养中存在的福利问题有哪些？

答：目前奶牛饲养业中存在以下几个主要福利问题：（1）奶牛的产奶量越来越高，而遗传多样性却越来越少：随着奶牛产奶量的不断提高，优良的奶牛品种不断减少，同时在同一品种奶牛内的近交系数也逐步提高。在我国目前饲养的奶牛中，除有少量的西门塔尔牛外，95%~98% 是荷斯坦牛。无论是国内还是国外，奶牛的遗传多样性正在逐步减少。（2）舍饲饲养奶牛有碍奶牛的自由活动： 随奶牛饲养业的不断发展，奶牛的放牧饲养多改为舍饲。奶牛饲养在狭小的栏舍内，没有足够的运动空间，接触自然阳光的时间减少，一切只能机械地听从人们设定的程序性安排。因此舍饲下的奶牛、采食时间长，躺卧反刍和休息时间短，这不但损害了奶牛天性的自由表达，也给奶牛带来许多生产性疾病（如腐蹄病大为增加）。（3）使用奶牛特种饲料及其添加剂有碍奶牛的健康生长和奶产品的安全：为了追求奶牛的高产奶量，在饲养奶牛时多采用高精料日粮。奶牛出现消化机能障碍、瘤胃角化不全、瘤胃酸中毒和乳脂率、产奶量下降等问题。（4）奶牛的设施饲养导致生产性疾病不断发生：奶牛设施饲养在短期内大大提高了奶牛生产率，但同时也导致奶牛的生产性疾病增加。研究表明，奶牛的生产性疾病与产奶量的高低有关。奶牛生产规模越大和越集中，产奶量越高，其发生乳房炎、腐蹄病和繁殖性能障碍的概率也就越高。（5）奶牛饲养方式与生产性疾病有关：减少奶牛运动和放牧时间，能提高其乳房炎和皮炎的发病率。奶牛圈舍投放垫草，增加乳房炎的发病率。用狭小的分隔栏饲养奶牛，奶牛蹄病的发病率增加。用混凝土的床面拴系式饲养奶牛，奶牛蹄部的出血率较高。生活在漏缝地面的奶牛，其腐蹄病的发病率较高。

6 奶牛饮用水有何要求?

答：水是奶牛非常重要却又是最有可能被人们忽视的营养素，生产中经常出现水质、水量和水温不当的问题。饮水不当可能导致奶牛不能发挥其应有的遗传潜力，甚至引起疾病。奶牛饮水量，见表 38。为了保证奶牛的健康和生产性能，奶牛饮用水要做到以下 3 点：（1）保证水质：奶牛饮用水最好能够达到人饮用水的标准，起码要保证清洁、无污染。一般要求饮用水中大肠杆菌数目不超过 15 个 /100 mL（后备牛不超过 1 个 /100 mL），细菌总数不超过 200 个 /100 mL，pH 值在 7.2~8.5；水的硬度在 10° ~20° 等。从水源质量上讲，最好是自来水，其次是井水、河水。选用河水时，需对水进行沉淀、消毒后方可饮喂（一般加 6~10 g/m^3 漂白粉处理）。选井水时，最好是深井水，水井应加盖密封，防止污物、污水进入。（2）保证水量：无论冬季还是夏季，都要保证奶牛有足够的饮水供应。当奶牛饮水量下降 10% 时，奶牛的生理习性已经开始发生改变。增加饮水器具（运动场、挤奶厅内设水槽），减少饮水距离，增加饮水次数和饮水时间都是比较好的办法。有条件的牛场可在牛舍内安装自动饮水器，让奶牛随时都可以饮水，而且容易保证水质。当奶牛尤其是犊牛在严重饥渴状态下或刚做完剧烈运动后，不能马上饮水或一次性饮给大量的水，应少给勤给。奶牛在挤奶后的很短时间内急需补充全天饮水量的 50%~60%。（3）保证水温：正常情况下，瘤胃温度 38~41℃，平均 39℃，研究发现奶牛饮用 20L 水温 1℃的水会使瘤胃内下部、中部和上部的温度分别降低 12.8℃、5.7 ℃和 1.27 ℃；需要经过 270 min，瘤胃温度才能恢复到原来的水平，瘤胃微生物才能正常发酵。因此，奶牛饮水温度基本原则为：夏季直接饮自来水、地下水等均可，无需处理，温度相对较低对于缓解热应激会有比较好的效果；冬季给奶牛饮温水，水温不低于 10℃，严禁给奶牛饮冰水、雪水，以免引发消化不良，诱发消化道疾病。犊牛的饮水温度要求为 35~38℃。

表 38 奶牛饮用水需要量

不同阶段	产奶量（kg /d）	需要量范围（L/d）	平均值（L/d）
犊牛（1~3 月龄）	—	4.9~13.2	9
后备牛（5~24 月龄）	—	14.4~36.3	25
泌乳牛	13.6	68~83	76
	22.7	87~102	95
	36.3	114~136	125
	45.5	132~155	144
干奶牛	—	34~49	41

7 如何改善奶牛福利待遇，控制热应激?

答：热应激对奶牛的影响，主要是导致奶牛夏秋两季产奶性能下降和繁殖力降低。为缓解和减少热应激对奶牛的危害，最主要的应从改善奶牛福利待遇和提高奶牛饲养技术等方面着手。夏季炎热，由于奶牛的排汗速度慢，当受到高温刺激时，牛体温升高，呼吸加快，皮肤代谢障碍，食欲下降，采食量减少；体内营养呈负平衡，造成奶牛体况下降；产奶量和乳脂率同时下降，繁殖率下降，患病和死亡率增加。（1）温度一旦超过 27℃，奶牛的采食量就会下降，开始对奶牛产生不利影响。（2）当温度达到或超过 32℃时，其产奶量会明显下降，减产 3%~20%。（3）高温、高湿对奶牛生产性能的影响更大，请注意这样 3 个温度、湿度范围：①当温度为 38℃，湿度为 20%，应当采取散热措施，以减轻奶牛所受环境的压力。②当温度 38℃，湿度 50% 时，奶牛就会发生危险。③当温度 38℃，湿度 80% 时，对奶牛是致命的，需要用人工方法帮助奶牛散热和改善奶牛的营养供给，使其增加采食量。

8 如何改善夏季环境条件，提高奶牛福利待遇？

答：通过改善奶牛的生存环境可减轻炎热对奶牛造成的压力。首先阻断外部的热源，促进牛舍内的热量和水分向外排出，通过送风、喷水、洒水等措施促进奶牛体热的散发。在空气污浊且不流通的地方，奶牛在短时间内就可能发生危险，甚至毙命，就要求在待挤奶区和挤奶区也要加强奶牛的防暑降温工作。（1）牛舍应建造在通风良好处，促进牛舍内热量和水分的排出。采用绝缘性能好的材料建造屋顶或增设顶棚，以减少热辐射。在牛舍房顶搭建凉棚，种瓜蔓，喷水或刷石灰浆，以减少反射热和辐射热。（2）在奶牛运动场搭建简易凉棚，凉棚以高 5 m 为宜，顶棚的材料应有良好的隔热性能且辐射系数小，顶棚要建成倾斜式，以利空气流通。（3）在牛舍和运动场周围适度种植树和草，以减少日光辐射，防止热气进入牛舍，改善牛场小气候。（4）在舍内安装大型换气扇和风量较大的电扇，加速舍内气体的流速，以利牛体散热，炎热季节送风效果最好，这对牛体热的散发非常重要。但夜间奶牛体温和气温的差异较大，可以缩短送风时间。一般奶牛体温峰值出现在傍晚，因此，当气温高于 29℃，湿度在 50% 以上时，从早晨 5 点到次日 1 点都需要降温。（5）在舍内安装喷雾装置，最好和通风装置一起装，喷雾并送风能显著促进牛体热量的散发。但应注意把握好喷雾时间，如果喷雾时间过长，会造成牛舍湿度过高，又浪费水。据试验，每隔 5 min 喷雾一次，每次持续 3 min，同时装有风扇，会使牛舍温度比不装喷雾只装风扇的降低 1.5℃。（6）在奶牛待挤奶区和挤奶期间需进行降温。夏天奶牛行走到待挤奶区会增大热应激，同时奶牛在挤奶过程中产热量会增加，因此有必要在这两个区降温，安装较大功率的风扇，使大量空气吹过牛体周围。

9 奶牛场的控制点包括哪些方面？

答：对奶牛场所列的关键性控制点包括：（1）跛行牛只的百分比，在奶厅中观察奶牛的行走并记录“是 / 不是”。如果牛只存在明显跛行，但也仍能跟上牛群，记录“是”。跛行牛只的百分比应该不超过 5% 或者更少。（2）体况过瘦牛只的百分比。至少应有 90% 的奶牛其体况评分必须达到 2 以上，评分在 2 以下的牛只百分比要低于 3%。（3）犊牛在出生后几小时内未及时获得初乳的百分比。犊牛出生后应干燥，且它们不需要辅助就能站立，行走不应出现困难，在两小时内就应该饲喂初乳。（4）防止奶牛卧地不起。90% 的卧地不起通过更好的饲养管理或者是遗传选育（获得优良的肢蹄）可防止。（5）禁止拖延对明显卧地不起的牛只的治疗，如果动物无法康复，那么得对其实施安乐死。（6）在手术过程中，比如断尾和去角等，均要考虑动物福利。（7）舍饲中氨的含量水平：10 mg/m^3 是目标，最大值为 25 mg/m^3。（8）舍饲规范要考虑牛只的空间需求，这也是奶牛福利特别要求的。（9）较脏的牛只百分比。如果奶牛的身上、腹部、腿的上部等附着有牛粪则被界定为脏。（10）健康遭到明显忽视的牛只百分比，比如较差的视力，以及由于外部寄生虫、皮瘤、蛴螬或严重的伤害而造成的秃点瘢疤。（11）腿部肿胀的牛只百分比，目标是控制在 1% 以下。如果肿得比棒球（直径为 7.2~ 7.5cm）还大，就填“是”。另外，如果奶农能够利用评分发现问题并且追溯在运作中发生了哪些变化，势必会提高处理问题的质量，并且使牧场工作开展得更加持续稳定，并防止牛场发展产生倒退现象。

第九部分 饲料加工技术及其他

1 牛的消化器官有哪几部分组成？

答：（1）消化道：由口腔到肛门之间的一条食糜通道。包括：口、食管、胃、十二指肠、空肠、回肠结肠、盲肠、肛门。（2）消化系统：消化道 + 消化附属器官，见图 8。

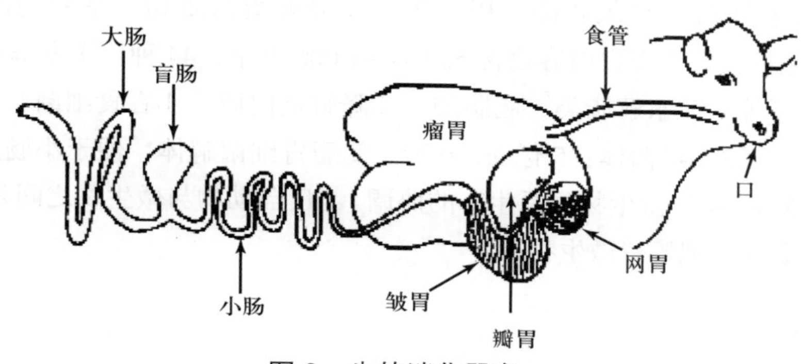

图 8 牛的消化器官

2 反刍是什么？

答：（1）反刍：包括逆呕、再咀嚼、再混合唾液和再吞咽 4 个过程。（2）反刍的作用：①对饲料进一步磨碎。②使瘤胃保持极端厌氧、恒温（39~40℃），pH 值恒定（5.5~7.5）的环境。羔羊出生后约 40 d 开始反刍。哺乳早期补饲易消化的植物性饲料，可促进前胃的发育和提前出现反刍。

3 消化系统作用如何？

答：（1）复胃，四个胃室。①前胃：前三个胃无腺体分布，储存食物、微生物发酵、分解粗纤维。②皱胃：黏膜内分布腺体，能分泌消化液和消化酶。（2）小肠：消化吸收的主要器官。（3）大肠：未被消化的食物进入大肠，脱水后行成粪便。

4 牛的瘤胃内环境如何?

答:(1)微生物区系的组成稳定要求严格的环境条件。水分:85%~90%;温度:38~41℃;pH 值:5.3~7.5。pH 值 <3.5 酸中毒;pH 值 <4.5 低乳脂综合症;pH 值 >7 碱中毒。(2)高度厌氧。瘤胃背部气体:二氧化碳 50%~70%。氧气随饲料进入后,很快被好气菌消耗。(3)连续发酵产生大量气体,通过嗳气排出。每小时 20 次左右。(4)瘤胃微生物的总重量大于 5 kg。

5 牛的瘤胃内微生物有哪些?其作用如何?

答:(1)细菌:63 种,每克瘤胃内容物含 100 亿个。①大多能发酵饲料中的一种或几种糖,获得能量;1/4 活菌能分解纤维素;②其次是分解淀粉的细菌;③多种不同细菌重叠或相继作用,产物:低级脂肪酸、二氧化碳、甲烷等。④分解蛋白质和氨基酸的菌群。⑤分解脂肪的菌群。(2)纤毛虫:每克瘤胃内容物含 500 万 ~1 000 万个,44 种。①发酵糖类、产生低级脂肪酸、二氧化碳、氢等。②水解脂类、脂肪酸。③降解蛋白质。④吞食细菌。⑤能显著提高饲料的消化率与利用率。(3)噬菌体:5 亿 /g,6 种。使瘤胃细菌解体,便于小肠的吸收。①它们之间相互制约、相互依存,维持微生物区系生态的协调。②反刍动物与微生物之间是密切的共生关系。③要想把牛养好,必须先把瘤胃微生物养好。

6 反刍动物饲料搭配原则是什么?

答:(1)精饲料采食量最好不高于日粮总干物质(DM)采食量的 50%。否则,瘤胃中乙酸发酵被抑制,蛋白质和矿物质代谢紊乱,既增加饲料成本,又可能造成消化道疾患和乳脂率下降。(2)优质青贮玉米(或放牧)+ 豆科干草是比较理想的基本日粮结构,再根据需要酌情补充精料。每头奶牛日喂优质青贮料 20~30 kg。(3)精饲料主要用于平衡日粮的能量和蛋白质水平,其组成及喂量应随粗饲料的种类及采食量变化而变化,一般每千克鲜奶的精料消耗量为 250~350 g。(4)增加饲料种类可提高日粮养分的平衡性,在混合精料中同时使用菜籽粕和棉籽粕,既可加大杂饼粕类饲料的总喂量,又比单独大量使用一种饼粕饲料时安全。(5)仅微生物蛋白即可满足泌乳中后期的成年牛羊、空怀牛羊及生长较慢青年牛羊的氨基酸需要。可以非蛋白氮(NPN)代替日粮中部分植物性蛋白质。可添加的高效 NPN 有羟甲基尿素、异丁基二脲、双缩脲、脂肪酸尿素、磷酸脲、乳酸铵。(6)2.0% 甲醛处理尿素及热喷处理的含 70% 谷物 +25% 尿素 +5% 添加剂(称为膨化淀粉尿素,或淀粉凝胶尿素)等。(7)这些产品的安全性和利用率均明显高于尿素。(8)氨化秸秆也是添加 NPN 的有效方式,既可有效提高秸秆的消化利用率,又可均匀补充氮素。(9)使用非蛋白氮时应由少量缓缓增至常量。饲喂非蛋白氮切忌时喂时停,切忌非蛋白氮化成水溶液饲喂或采食非蛋白氮后立即饮水。（10）NPN 不宜与氨化秸秆、加尿素青贮、新鲜牧草及各种饼渣类饲料配合使用。（11）NPN 与鱼粉、保护豆饼、血粉、肉粉、玉米面筋等蛋白质降解率较低的优质蛋白质饲料配合使用比较合理，使瘤胃可降解蛋白（RDP）与过瘤胃蛋白达到最佳比例，并降低饲料成本。（12）粉碎粗饲料可加快饲料排空速度，增加采食量。但是，粉碎粗饲料或将粗饲料切得过短，咀嚼及反刍时间、唾液分泌量、饲料在瘤胃中停留时间、粗饲料消化率、瘤胃中乙酸与丙酸比及 pH 值、乳脂率均降低，不利于奶牛健康和产奶。由于长粗饲料可维持瘤胃内容物结构层，刺激瘤胃蠕动、反刍和唾液分泌，因此，日粮中至少应有 1/3 的长粗饲料（2~5 cm）。（13）瘤胃应是微生物消化利用“低质饲料”（如粗饲料和 NPN）的主要场所，因此，应尽量减少精饲料在瘤胃中的降解。因为精饲料在瘤胃中降解过多，不仅会降低精饲料的利用率，而且可能消弱微生物对粗饲料的利用。（14）将各类精饲料细粉有害而无益。粗粉、压扁或整粒饲喂籽实饲料，是经济而实用的过瘤胃饲喂措施。对 10 月龄以上的青年牛及各类羊，可饲喂整粒玉米、压扁小麦；10 月龄以下的牛，只需将谷物饲料粗粉或简单破碎后饲喂。这样做的好处有：①提高精、粗饲料的消化利用率；②降低饲料加工成本；③预防瘤胃酸中毒。（15）整粒棉籽（WCS）集油脂、蛋白质及粗纤维为一体，是牛羊的良好平衡饲料。饲喂 WCS 具有如下优点：①可能提高产奶量、体增重和乳脂率；②降低饲料加工成本；③缓解泌乳早期能量负平衡状态。饲养实践中可以用 WCS 直接饲喂牛羊。日粮 DM 中 WCS 应低于 20%。（16）热处理大豆有一定的增产效果。全脂大豆不宜超过精料的 30%；大豆喂量较少且日粮中不含 NPN 时，可以喂生大豆；细粉大豆对生产有害无益；热处理大豆时应掌握好温度和时间。（17）日粮的含水量 40%~50%。青绿饲料含水量大，不宜全喂之，青嫩玉米、高粱、木薯能引起氢氰酸中毒，过食苜蓿引起瘤胃鼓胀。

7 如何区分非反刍期和反刍期的时间?

答：（1）非反刍期，出生后到 3 个月，以哺乳为主，国外早期断奶则母牛早配种，早生育，奶牛则早产奶，从而加快养殖周期。断奶的犊牛主要吃人工代乳剂，该技术国外 80 年代就比较成熟，主要用乳清粉、鱼粉、肉骨粉、玉米粉、豆粕、麸皮等原料经膨化后再微粉碎，再与糖蜜高速立式浆叶混合机（转速：2 800 转 /min）制成速溶的代乳剂。（2）反刍期，牛的反刍期以养殖架子牛和催肥 2 个阶段，无论那个阶段饲料均有多部份组成。

8 目前我国肉牛催肥阶段的养殖水平如何?

答：（1）料肉比：3∶1 以上。（2）日增重：1~1.25 kg/d。（3）消耗料：粗饲料 7~10 kg/（d·头），精料 3~4 kg/（d·头）。（4）食用品种：玉米、大麦、豆粕、棉籽粕、菜籽粕、麸皮、米糠、尿素、微量元素、维生素、糖蜜、秸秆粗饲料等。（5）架子牛养殖时间：6 月至 1 年，体重 300 kg。催肥时间：4~9 个月，体重 500~700 kg。（6）出肉率：40%。

9 反刍动物饲料搭配技术是什么？

答：（1）日粮配方设计及验证。（2）根据自己的资源，利用现成的饲料配方，但要验算是否符合饲养标准。（3）常态饲料原料中都含有不同量的水分，计算配方时，必须统一按各种原料的干物质含量进行核算。干物质含量就是原料烘干水分以后所占的百分比。譬如玉米青贮干物质24%，也就是说 100 kg 青贮玉米中，只有 24 kg 烘干物质。（4）查营养价值表，把配方中各种原料的营养成分逐以累计，与饲养标准逐项对照，满足饲养标准 95%~105% 即可。超过范围者，予以调整，增减相关的饲料原料。

10 常用原料农精料中所占比例如何？

答：

原料	比例
玉米	50%~60%
麸皮	15%~20%
豆粕	10%~15%
杂粕或饲料酵母	5%~10%
石粉	1%~4%
磷酸二氢钙	1%
碳酸氢钠	1.5%~2%
预混料	1%~5%
盐	0.3%~1%

11 精料配方中常用添加剂有哪些？

答：（1）瘤胃素：对瘤胃内 M 有选择性影响，增加丙酸比例，促进增重，节约饲料。牛每头每天 100~130 mg。（2）脲酶抑制剂：抑制瘤胃 M 对蛋白质的分解。（3）微生态制剂：主要是双歧杆菌、粪链球菌、芽孢杆菌、酵母菌及激活因子。竞争占位，分泌有益物质，改善消化，提高免疫力。（4）碳酸氢钠：中和胃酸。精饲料占日粮的 50% 以上时，添加 1%~2%。（5）杆菌肽锌：用于 6 月龄以前的犊牛、羔羊。抑菌保健，增加生长激素分泌，使肠壁变薄，利于吸收。（6）维生素添加剂：有青绿饲料时不需添加，繁殖牛添加维生素 A、维生素 D、维生素 E 。（7）氨基酸：可增加产奶量 4%~8%，乳蛋白增加 14%；采食量和体重增加；加速胆碱形成，加快肝中卵磷脂的合成，促进肝中脂肪向血液运输，预防高产奶牛酮病、脂肪肝。（8）日粮中粗蛋白质含量低于 12% 高于 9% 时，可添加尿素，同时注意补硫。蛋白当量 1 kg 尿素 =2.8 kg 蛋白质 =7 kg 豆粕 =28 kg 玉米。（9）其他营养添加剂：脂肪酸钙、益康 XP 等。

12 牛羊常用饲料有哪些？

答：青绿饲料；粗饲料；青贮饲料；糟渣类饲料；多汁类饲料；蛋白质饲料；能量饲料；矿物质饲料；饲料添加剂。

13 常用饲料的加工及营养价值如何？

答：饲料的营养价值，不仅决定于饲料本身，而且还受饲料加工调制的影响。科学的加工调制不仅可改善适口性，提高采食量、营养价值及饲料利用率，并且是提高养牛经济效益的有效技术手段。青绿饲料：指天然水分含量60%以上的青绿多汁植物性饲料。一般有以下特点：（1）青绿饲料粗蛋白质较丰富，品质优良，其中非蛋白氮大部分是游离氨基酸和酰氨。对牛的生长、繁殖和泌乳有良好的作用。（2）干物质中无氮浸出物含量为40%~50%，粗纤维不超过30%。（3）青绿饲料含有丰富的维生素，特别是维生素A原。（4）矿物质中钙、磷含量丰富，比例适当，尤其是豆科牧草，还富含铁、锰、锌、铜、硒等必需的微量元素。（5）青绿饲料易消化，牛对其中有机物质的消化率可达75%~85%，还具有轻泻、保健作用。（6）青绿饲料干物质含量低，能量含量也低，应注意与能量饲料、蛋白质饲料配合使用，青饲补饲量不要超过日粮干物质的20%。

14 常见的青绿饲料有哪些？

答：（1）天然牧草：野草。（2）栽培牧草：主要有苜蓿、三叶草、草木樨、紫云英、黑麦草、苏丹草、青饲玉米等。（3）树叶类饲料：槐、榆、杨树等的树叶。（4）叶菜类饲料：苦荬菜、聚合草、甘蓝等。（5）水生饲料：水浮莲、水葫芦、水花生、绿萍等。

15 粗饲料组成有哪些？

答：干物质中粗纤维含量在18%以上的饲料均属粗饲料。包括青干草、秸秆及秕壳等。（1）干草：①干草是青绿饲料在尚未结籽以前刈割，经日晒或人工干燥而制成，较好地保留了青绿饲料的养分和绿色，是牛的重要饲料。优质干草叶多，适口性好，蛋白质含量较高，胡萝卜素、维生素D，维生素E及矿物质丰富。②不同种类的牧草质量不同，粗蛋白质含量禾本科干草为7%~13%，豆科干草10%~21%，粗纤维含量20%~30%，所含能量为玉米的30%~50%。调制干草的牧草应适时收割，刈割时间过早水分多，不易晒干；过晚营养价值降低。禾本科牧草以抽穗到扬花期，豆科牧草以现蕾期到开花始期即有 1/10 开花时收割为最佳。③青干草的制作应干燥时间短，均匀一致，减少营养物质损失。另外，在干燥过程中尽可能减少机械损失、雨淋等。（2）秸秆：农作物收获子实后的茎秆、叶片等统称为秸秆。①秸秆中粗纤维含量高，可达30% ~45%，其中木质素多，一般 6% ~12%。②能量和单白质含量低，单独饲喂秸秆时，难以满足牛对能量和蛋白质的需要。③秸秆中无氮浸出物含量低。④缺乏必需的微量元素，利用率低。⑤除维生素 D 外，其他维生素也很缺乏。（3）秕壳：指籽实脱离时分离出的荚皮、外皮等。营养价值略高于同一作物的秸秆，但稻壳和花生壳质量较差。（4）低质秸秆饲料的加工调制：该类粗饲料营养价值很低，但在我国资源丰富，如果采取适当的加工处理，如氨化、碱化及生物处理等，能提高牛对秸秆的消化利用率。氨化处理：氨化处理使秸秆质地变软，气味糊香，适口性大大增强，消化率提高。①尿素配置比例：饲料：水：尿素 =100：（30~40）：（3.5~4.5）；②氨化处理适用于清洁未霉变的秸秆饲料，一般在氨化前先铡短至 2~3 cm；③氨化处理有用液氨处理堆贮法和用氨水处理及尿素处理的窖贮法、小垛处理法；④氨化的时间根据气温和感官确定，一般 1 个月左右；⑤饲喂时一般经 2~5 d 自然通风将氨味放掉才能饲喂，如暂时不喂可不必开封放氨。秸秆饲料添加微生物处理技术：秸秆饲料添加微生物处理就是在农作物秸秆中，加入微生物高效活性菌种（如乳酸菌类或真菌类）与可溶性碳水化合物、食盐混合物，放入密封的容器（如水泥池、土窖）中贮藏，经一定的发酵过程，使农作物秸秆变软，有酸味。

16 青贮饲料有哪些组成？

答：青贮饲料是牛的理想粗饲料，已成为日粮中不可缺少的部分。（1）常用的青贮原料：①青刈带穗玉米：玉米带穗青贮，即在玉米乳熟后期收割，将茎叶与玉米穗整株切碎青贮，可最大限度地保存蛋白、碳水化合物和维生素，具有较高的营养价值和良好的适口性，是牛的优质饲料。玉米带穗青贮其干物质中含粗蛋白质 8.4%，碳水化合物 12.7%。②青玉米秸：收获果穗后的玉米秸上能保留 1/2 的绿色叶片，应尽快青贮，不应长期放置。若部分秸秆发黄，3/4 的叶片干枯视为青黄秸，青贮时每 100 kg 需加水 5~15 kg。③各种青草：各种禾本科青草所含的水分与糖分均适宜于调制青贮饲料。豆科牧草如苜蓿因含粗蛋白质量高，可制成半干青贮或混合青贮。禾本科草类在抽穗期，豆科草类在孕蕾及初花期刈割为好。④甘薯蔓、白菜叶、萝卜叶：亦可作为青贮原料，应将原料晾晒到含水 60% ~70%，青贮。（2）青贮原料的切短长度：细茎牧草以 7~8 cm 为宜，而玉米等较粗的作物秸秆最好不要超过 1 cm，国外要求 0.7~0.8 cm。（3）青贮容器类型：①青贮窖青贮：如是土窖，四壁和底衬上塑料薄膜（永久性窖可不铺衬）。先在窖底铺一层 10 cm 厚的干草，以便吸收青贮液汁，把铡短的原料逐层装入压实。最后一层应高出窖口 0.5~1 m，用塑料薄膜覆盖，然后用土封严，四周挖好排水沟。封顶后 2~3 d，在下陷处填土，使其紧实隆凸。②塑料袋青贮：青贮原料切得很短，喷入（或装入）塑料，逐层压实，排尽空气并压紧后扎口即可，尤其注意四角要压紧。（4）特殊青贮饲料的制作：①低水分青贮：亦称半干青贮，其干物质含量比一般青贮饲料高 1 倍多，无酸味或微酸，适口性好，色深绿，养分损失少。制作低水分青贮时，青饲料原料应迅速风干，在低水分状态下装窖、压实、封严。②混合青贮：常用于豆科牧草与禾本科牧草混合青贮以及含水量较高的牧草与作物秸秆进行的混合青贮。豆科牧草与禾本科牧草混合青贮时的比例以 1 ∶ 1.3 为宜。③添加剂青贮：是在青贮时加进一些添加剂来影响青贮的发酵作用，如添加各种可溶性碳水化合物、接种乳酸菌、加入酶制剂等可促进乳酸发酵；加入各种酸类、抑菌剂等可抑制腐生菌的生长；加入尿素、氨化物等可提高青贮饲料的养分含量。（5）青贮质量简易评定见表 39。（6）青贮饲料的饲喂技术：一般青贮在制作 45 d 后即可开始取用。牛对青贮饲料有一个适应过程，用量应由少逐渐增加，日喂量 15~25 kg。禁用霉烂变质的青贮料喂牛。

表 39　青贮质量简易评定

等级	良好	中等	低劣
色	黄绿色，绿色	黄褐色，墨绿色	黑色，褐色
味	酸味较多	酸味中等或少	酸味很少
嗅	芳香味，曲香味	芳香稍有酒精味或醋酸味	臭味
质地手感	柔软，稍湿润	柔软稍干或水分稍多	干燥松散或粘结成块

17　糟渣类饲料原料有哪些?

答：酿造、淀粉及豆制品加工行业的副产品。水分含量高（70% ~90%），干物质中蛋白质含量 25% ~33%，B 族维生素丰富，还含有维生素 B_{12} 及一些有利于动物生长的未知生长因子。（1）啤酒糟：鲜糟中含水分 75%以上，干糟中蛋白质为 20%~25%，体积大，纤维含量高。鲜糟日用量不超过 10~15 kg，干糟不超过精料的 30%为宜。（2）白酒糟：因制酒原料不同，营养价值各异，蛋白质含量一般为 16% ~25%，是肥育肉牛的好原料，鲜糟日喂量 15 kg 左右。酒糟中含有一些残留的酒精，对妊娠母牛不宜多喂。（3）豆腐渣、酱油渣及粉渣：多为豆科子实类加工副产品，干物质中粗蛋白质含量在 20%以上，粗纤维较高。维生素缺乏，消化率也较低。由于水分含量高，一般不宜存放过久。

18　多汁类饲料原料有哪些?

答：包括直根类、块根、块茎类（不包括薯类）和瓜类。（1）含水量高（70% ~95%），松脆多汁，适口性好，易消化，有机物消化率 85% ~90%。（2）多汁饲料干物质中主要是无氮浸出物，粗纤维 3% ~10%，粗蛋白质 1% ~2%，利用率高。（3）钙、磷、钠含量少，钾含量丰富。（4）维生素含量因饲料种类差别很大。胡萝卜、南瓜中含胡萝卜素丰富，甜菜中维生素 C 含量高，缺乏维生素 D。（5）只能作为牛的副料，可以提高牛的食欲，促进泌乳，提高肉牛的肥育效果，维持牛的正常生长发育和繁殖。（6）多汁类饲料适宜切碎生喂，或制成青贮料，也可晒干备用（但胡萝素损失较多）。

19 蛋白质饲料原料有哪些？

答：干物质中粗纤维含量在18%以下，粗蛋白质含量为20%以上的饲料。牛禁止使用动物性饲料，主要是植物性蛋白质饲料、单细胞蛋白质饲料和非蛋白氮饲料。（1）植物性蛋白质饲料：主要包括豆科籽实、饼粕类及其他加工副产品。①豆科籽实：豆科籽实蛋白质含量高，为20%~40%，较禾本科籽实高2~3倍。品质好，赖氨酸含量较禾本科籽实高4~6倍，蛋氨酸高1倍。全脂大豆为提高过瘤胃蛋白时，可适当的热处理；大豆生喂不宜与尿素一起饲用。②大豆饼粕：粗蛋白质含量38%~47%，且品质较好，尤其是赖氨酸含量高，但蛋氨酸不足。大豆饼粕可替代犊牛代乳料中部分脱脂乳，并对各生理阶段牛有良好的生产效果。③棉籽饼粕：由于棉籽脱壳程度及制油方法不同，营养价值差异很大。完全脱壳的棉仁制成的棉仁饼粕粗蛋白质可达35%~40%，而由不脱壳的棉籽直接榨油生产出的棉籽饼粕粗纤维含量达16%~20%，粗蛋白质仅为20%~30%。棉籽饼粕蛋白质的品质不太理想，赖氨酸较低，蛋氨酸也不足。棉饼、粕中含有对牛有害的游离棉酚，牛如果摄取过量或食用时间过长，可导致中毒。在犊牛、种公牛日粮中一定要限制用量，同时注意补充维生素和微量元素。④花生饼粕：饲用价值随含壳量的多少而有差异，脱壳后制油的花生饼粕营养价值较高，能量和粗蛋白质含量都较高，但氨基酸组成不好，赖氨酸、蛋氨酸含量较低。带壳的花生饼粕粗纤维含量为20%~25%，粗蛋白质及有效能相对较低。⑤菜籽饼粕：有效能较低，适口性较差。粗蛋白质含量在30%~38%，矿物质中钙和磷的含量均高。菜子饼粕中含有硫葡萄糖苷、芥酸等毒素，在奶牛日粮中应控制在10%以下，肉牛日粮应控制在20%以下。⑥其他加工副产品：加工淀粉的副产品，粗蛋白质含量较高。玉米蛋白粉由于加工方法及条件不同，蛋白质的含量变异大，在25%~60%之间，蛋白质的利用率高，氨基酸的组成特点是蛋氨酸含量高赖氨酸不足，应与其他饲料搭配使用。（2）单细胞蛋白质饲料：主要包括酵母、真菌及藻类。以酵母最具有代表性，其粗蛋白质含量40%~50%，生物学价值较高，含有丰富的B族维生素。牛日粮中可添加1%~2%，用量一般不超过10%。（3）非蛋白氮饲料：非蛋白氮可被瘤胃微生物合成菌体蛋白，被牛利用。常用的非蛋白氮主要是尿素，含氮46%左右，相当于粗蛋白质288%，使用不当会引起中毒。用量一般与富含淀粉的精料混匀饲喂，喂后1 h再饮水。6月龄以上的牛日粮中才能使用尿素。（4）蛋白质饲料的加工：对于牛来说蛋白质饲料加工主要是蛋白质的过瘤胃保护技术。①过瘤胃保护处理如甲醛处理：甲醛可与蛋白质分子的氨基、羟基、巯基发生烷基化反应而使其变性，免于被瘤胃微生物降解。②锌处理：锌盐可以沉淀部分蛋白质，从而降低饲料蛋白质在瘤胃中的降解。③加热处理：干热、热喷、焙炒和蒸气加热等都可明显降低蛋白质饲料在瘤胃的降解率。

20 能量饲料原料有哪些?

答: 指干物质中粗纤维含量在18%以下，粗蛋白质含量在20%以下的饲料，是牛能量的主要来源。主要包括谷实类及其加工副产品（糠麸类）、块根、块茎类及其他。（1）谷实类饲料：主要包括玉米、小麦、大麦、高粱、燕麦、稻谷等。其主要特点是：①无氮浸出物含量高，一般占干物质的66% ~80%，其中主要是淀粉；②粗纤维一般低于10%，适口性好，可利用能量高；③粗脂肪含量在3.5%左右；④粗蛋白质7% ~10%，缺乏赖氨酸、蛋氨酸、色氨酸；⑤钙及维生素A、维生素D含量不能满足牛的需要，钙低磷高，钙、磷比例不当。玉米：玉米被称为“饲料之王”，其特点是：a. 含能最高；b. 黄玉米中胡萝卜素含量丰富；c. 蛋白质含量8%左右，缺乏赖氨酸和色氨酸；d. 钙、磷均少，且比例不合适。所以玉米是一种养分不平衡的高能饲料，但一种理想的过瘤胃淀粉来源。玉米可大量用于牛的精料补充料中，成年牛饲以碎玉米，摄取容易且消化率高；100~150 kg以下的牛，以喂整粒玉米效果较好；压片玉米较整粒喂牛效果好，不宜磨成面粉。高粱：能量仅次于玉米，蛋白质含量略高于玉米。高粱在瘤胃中的降解率低，因含有鞣酸，适口性差；注意高粱喂牛易引起便秘。大麦：蛋白质高，品质亦好，赖氨酸、色氨酸和异亮氨酸含量均高于玉米；粗纤维较玉米多，能值低于玉米；富含B族维生素，缺乏胡萝卜素和维生素D、维生素K及维生素B_{12}。用大麦喂牛可改善牛奶、黄油和体脂肪的品质。小麦：与玉米相比，能量较低，但蛋白质及维生素含量较高，缺乏赖氨酸，B族维生素及维生素E较多。小麦的过瘤胃淀粉较玉米、高粱低，牛饲料中的用量以不超过50%为宜，并以粗碎和压片效果最佳，不能整粒饲喂或粉碎得过细。（2）糠麸类饲料：糠麸类饲料为谷实类饲料的加工副产品，主要包括麸皮和稻糠以及其他糠麸。其特点是除无氮浸出物含量（40% ~62%）较少外，其他各种养分含量均较其原料高。有效能值低，含钙少而磷多，含有丰富的B族维生素，胡萝卜素及维生素E含量较少。①麸皮：包括小麦麸和大麦麸等。其营养价值因麦类品种和出粉率而变化。粗纤维含量较高，属于低能饲料。大麦麸在能量、蛋白质、粗纤维含量上均优于小麦麸。麸皮具有轻泻作用，质地膨松，适口性较好，母牛产后喂以适量的麦麸粥，可以调节消化道的机能。②米糠：小米糠的有效营养变化较大，随含壳量的增加而降低。粗脂肪含量高，易发生酸败。为使米糠便于保存，可经脱脂生产米糠饼。经榨油后的米糠饼脂肪和维生素减少，其他营养成分基本被保留下来。肉牛采食适量的米糠，可改善胴体品质，增加肥度。但如果采食过量，可使肉牛体脂变软变黄。③其他糠麸：主要包括玉米糠、高粱糠和小米糠，其中以小米糠的营养价值较高。高粱糠的消化能和代谢能较高，但因含有单宁，适口性差，易引起便秘，应限制使用。（3）块根、块茎饲料：块根、块茎类饲料种类很多，主要包括甘薯、马铃薯、木薯等。按干物质中的营养价值来考虑，属于能量饲料。①甘薯：又称红薯、白薯、地瓜、山芋等，是我国主要薯类之一。甘薯富含淀粉，粗纤维含量少，热能低于玉米，粗蛋白质及钙含量低，多汁味甜，适口性好，生熟均可饲喂。②马铃薯：又称土豆，盛产于我国北方，产量较高，成分特点与其他薯类相似，与蛋白质饲料、谷实饲料混喂效果较好。马铃薯储存不当发芽时含有龙葵素，采食过量会导致牛中毒。（4）过瘤胃保护脂肪：许多研究表明，直接添加大量的油脂（日粮粗脂肪超过9%）对反刍动物效果不好，油脂在瘤胃中影响微生物对纤维的消化，所以添加的油脂采取某种方法应保护起来，形成过瘤胃保护脂肪。最常见的产品有氢化棕榈脂肪和脂肪酸钙盐，不仅能提高牛生产性能，而且能改善奶产品质量和牛肉品质。

21 矿物质饲料有哪些？

答：矿物质饲料一般指为牛提供食盐、钙源、磷源的饲料。（1）食盐的主要成分是氯化钠，用其补充植物性饲料中钠和氯的不足，还可提高饲料的适口性，增加食欲。牛喂量为精料的1%~2%。（2）石粉和贝壳粉是廉价的钙源，含钙量分别为38%和33%左右，是补充钙营养的最廉价的矿物质饲料。（3）磷酸氢钙的磷含量18%以上，含钙不低于23%；磷酸二氢钙含磷21%，钙20%；磷酸钙（磷酸三钙）含磷20%，钙39%，均为常用的无机磷源饲料。

22 饲料添加剂有哪些？

答：饲料添加剂的作用是完善饲料的营养性，提高饲料的利用率，促进牛的生产性能和预防疾病，减少饲料在贮存期间的营养损失，改善产品品质。（1）氨基酸添加剂：除犊牛外一般不需额外添加，但对于高产奶牛添加过瘤胃保护氨基酸，可提高产奶量。（2）微量元素添加剂：主要是补充饲粮中微量元素的不足。对于牛一般需要补充铁、铜、锌、锰、钴、碘、硒等微量元素，需按需要量制成微量元素预混剂后方可使用。（3）维生素添加剂：牛体内的微生物可以合成维生素K和B族维生素，肝、肾中可合成维生素C。需考虑添加牛体内不能合成的维生素A、维生素D、维生素K。（4）瘤胃发酵缓冲剂：碳酸氢钠可调节瘤胃酸碱度，碳酸氢钠添加量占精料混合料的1.5%。氧化镁也有类似效果，两者同时使用效果更好，用量为占精料混合料的0.8%。

23 牛羊食用饲料后的消化生理过程如何？

答：通过对牛食用饲料后的消化生理过程的分析，就能比较清楚地了解怎样的加工工艺才能符合牛食用的要求。（1）粗饲料：①粗饲料食用后生理功能：通过添加粗饲料可提高能量饲料的净能。粗饲料能刺激胃肠的蠕动收缩，促进唾液的胃液的分泌，帮助消化，保持胃肠的pH值，便于饲料的消化。牛食用粗饲料后进入瘤胃内，瘤胃是消化碳水化合物、蛋白质，特别是粗纤维为主的消化器官。粗纤维在胃肠中经纤维酶的作用下分解成纤维二糖等，再分解成挥发性脂肪酸。当牛的日粮中粗料比例很大时，产生脂肪酸的比例为：乙酸为60%~70%，丙酸为15%~20%，丁酸为5%~15%，如增加谷物饲喂量或粗饲料粉碎很细（长度小于40~50 kg），则乙酸形成比例为50%，丙酸形成量达40%。细碎的粗料使发酵作用加快，总酸浓度升高，超过瘤胃的消化能力，造成了浪费，过后出现低酸阶段的这种波动不利于消化吸收。②粗饲料加工方法对养殖效果的影响：粗饲料加工方法主要有切碎、压粒、压块等。切碎：牛饲料切碎细度对喂养效果影响较大，当切碎长度小于50 kg则降低了饲料在瘤胃中停留时间，使饲料迅速通过，反刍作用明显降低，亦就降低了纤维素的消化吸收率。当切碎较短时更不利产奶，对体重增加较有利。但反刍动物食用的粗饲料最小临界长度为6~8 kg，如小于该长度则对产奶、产肉均不利。对奶牛粗饲料切碎在50 kg以上为宜，对肉牛粗饲料切碎长度在25~50 kg为宜。（2）制粒：一般压粒加工不用于奶牛，因压粒后在牛食用后产生如下效果：①口拾和咀嚼时间缩短了；②唾液的分泌液多半减少了；③反刍作用减弱了；④瘤胃pH值下降了；⑤发酵速度及通过瘤胃速度提高了。要制颗粒特别在小于10 kg，则粗饲料一般要求粉碎得较细，对牛消化能力一般将降低。从而影响瘤胃的功能。降低了乙酸和丙酸的比例。如粉碎得较粗，颗粒又较大时则对产奶率影响要小些。而粗饲料的颗粒能增加产肉率。但颗粒的作用与压颗粒前粉碎细度相比，其粉碎细度影响值更大一些。为此压粒粒径一般在6~18 kg，长度6~40 kg，切割长度25~50 kg为宜。（3）压块：压块粗饲料有如下的特点：①增加奶牛的产奶量；②便于机械化输送；③减少饲料的浪费；④压块有利保存饲料；⑤保存粗饲料原有特性，粗饲料不需细粉碎。所以压块饲料比压颗粒饲养效果要好。

24　能量精饲料在牛体内的消化生理过程如何？

答：能量精饲料原料的品种有玉米、大麦、小麦、豌豆、蚕豆等。精饲料与粗饲料一样，不同的加工方法对消化生理过程均有不同的喂养效果。（1）牛饲料的精料成品构成，主要有以下多种组份组成：玉米整粒、大麦粒、玉米片、大麦片、豌豆片、蚕豆片，精饲料组成的颗粒（含玉米粉、夫皮、米糠、尿素、维生素、微量元素等）添加剂、糖蜜等。精饲料加工工艺比禽畜要增加压片工段，而且是不应缺少的工段，否则其工艺就是一个不完善牛饲料的加工工艺，总之不能将禽畜饲料的加工工艺直接用于加工牛饲料。（2）牛饲料精料加工过程的特点是压片，压片有蒸煮和无蒸煮两类。①蒸煮压片工艺使饲料在瘤胃内丙酸增加，乙酸相对下降，所以对牛的增重有利。使产奶量下降。但奶的蛋白质含量有所增加，当粗饲料粉碎比较细时，则现象更为突出。②如果将玉米直接压片，则玉米片具有粗饲料的功能，牛食用后，使乙酸增加，丙酸下降，则牛的产奶率提高，不利于增重。从上可看出2种压片工艺适用于不同的养殖要求。蒸煮压片：用于肉牛饲料的较理想的加工工艺；直接压片：用于奶牛饲料较佳的加工工艺。

25 饲草压块采用什么加工工艺?

答：先将粗饲料切成小料，加糖蜜、微量元素、维生素等压成：30 cm × 30 cm × 60 cm 或更大的块状饲料，放在地上以便牛羊发现和咀嚼，同时在草场不易被风吹走。

（1）饲草压块工艺路线

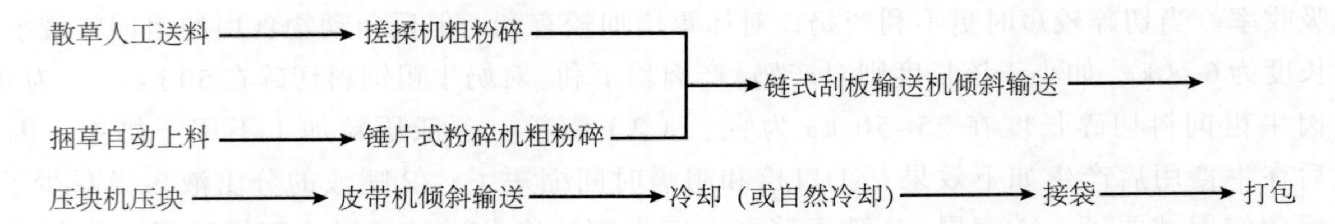

（2）饲料压块工艺参数：①饲料粗粉碎后的纤维长度 10~50 mm；②饲草压块尺寸 30 cm × 30 cm ×（60~80）cm 或 32 cm × 32 cm ×（80~100）cm；③饲草压块密度 0.7~1.0；④成品草块水分 16%~20%。

标准化 850 单线草颗粒生产线工艺流程见图 9。

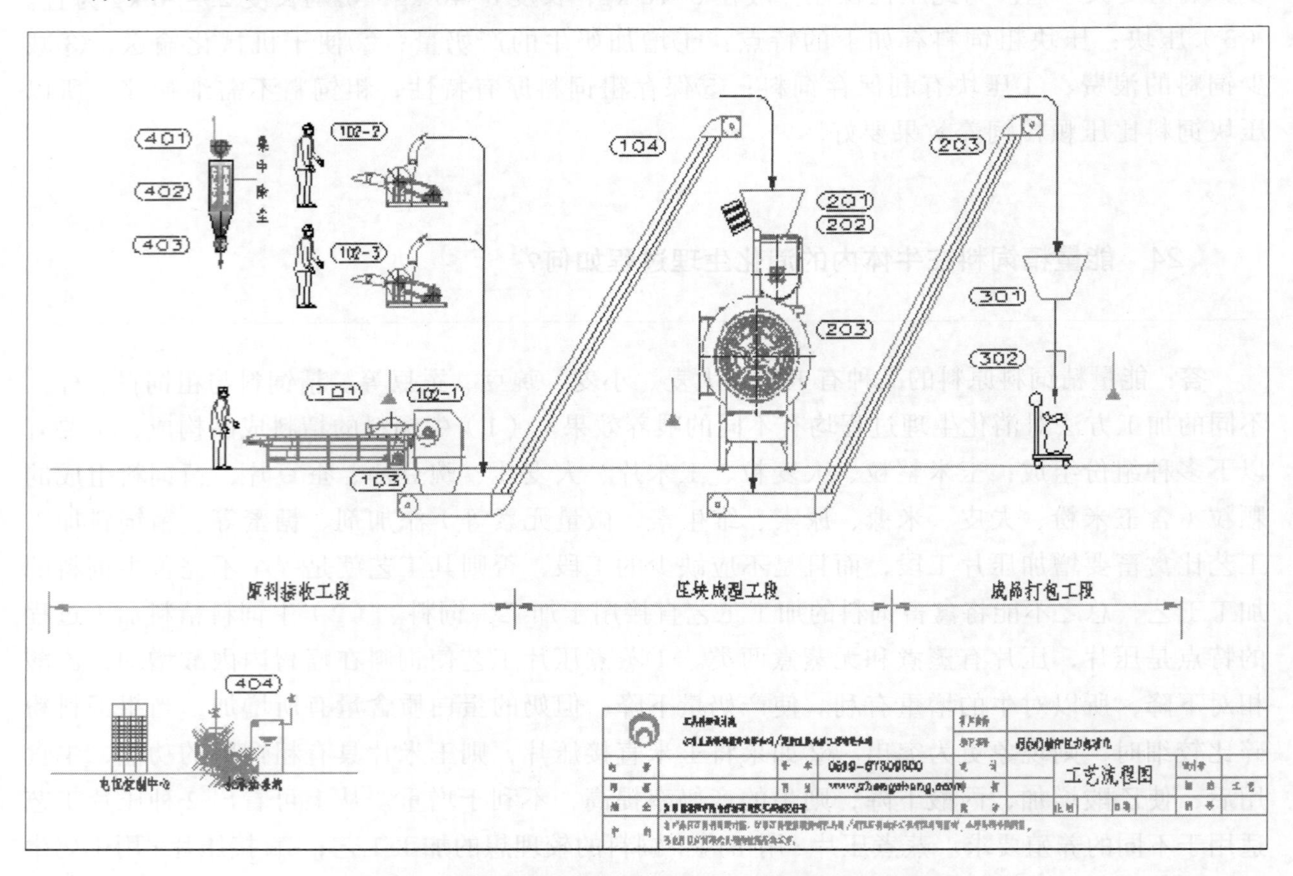

图 9 标准化 850 单线草颗粒生产线工艺流程

26 饲草制粒采用什么加工工艺？

答：（1）饲草制粒工艺路线：捆草自动上料→锤片式饲草粉碎机粗粉碎→链式刮板机送料→锤片式粉碎机细粉碎→气力输送进待制粒仓→饲草制粒机制粒→冷却器冷却→提升机输送→振动筛筛分→进成品仓→打包。（2）饲草制粒工艺参数：①饲料粗粒长度 10~50 mm，细粒长度 3~5 mm；②饲草颗粒直径 Φ6/Φ8/Φ10，密度 0.8~1.2，成品颗粒水分 14%~15% 。

年产 1 万吨草块草颗粒生产线工艺流程见图 10。

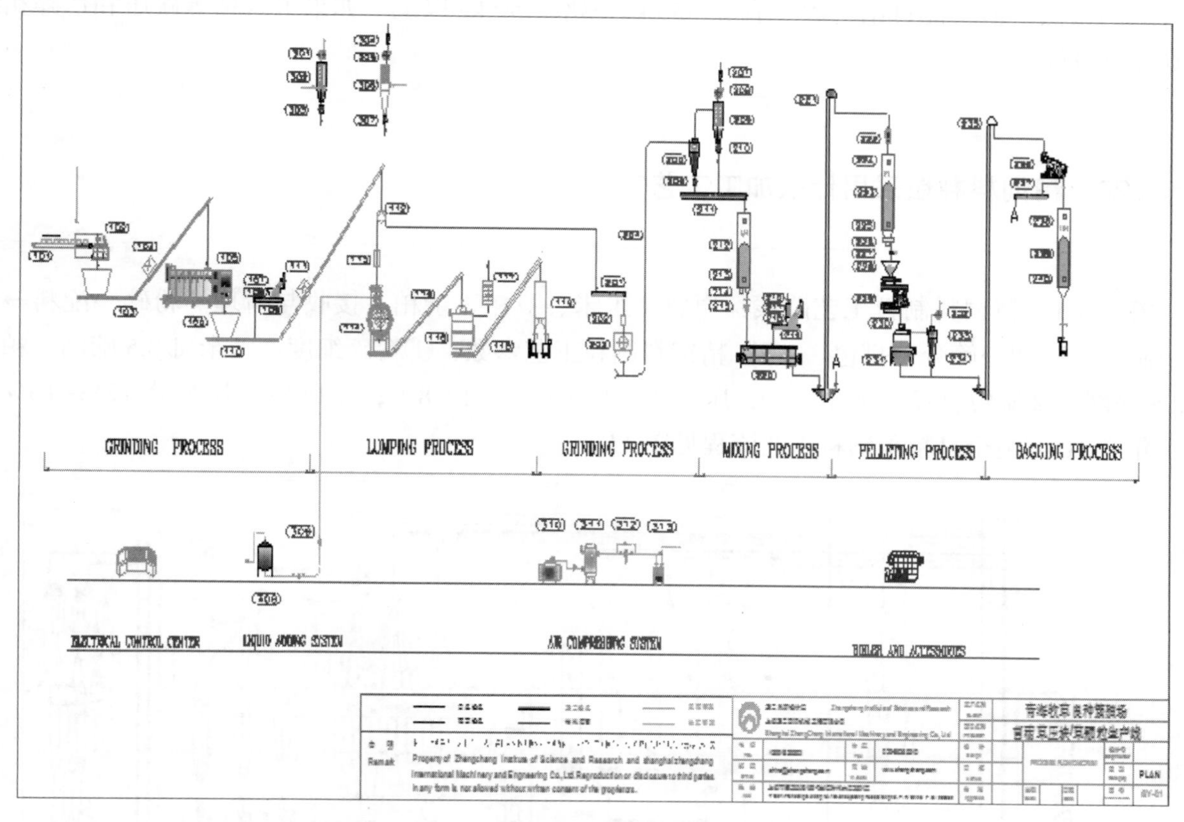

图 10　年产 1 万吨草块草颗粒生产线工艺流程

27 采用传统的禽畜饲料的加工工艺与蒸煮压片工艺相比对肉牛、奶牛生长有什么不同的效果？

答：（1）由于细粉碎的玉米粉，使牛容易造成漏嚼，比较容易造成细粉未被消化就通过瘤胃，从而影响反刍，虽然粉碎玉米粉可提高消化率，但实际吸收率将下降，更重要的细粉碎后饲料的适口性变差不利于饲养，对于犊牛比乳牛肉牛更彻底的咀嚼，所以犊牛初育阶段需要用整粒玉米来喂养，才能达到较好的效果。（2）细粉碎有损于粗饲料的利用率，采用玉米蒸煮压片（或不蒸煮压片）、玉米整粒、颗粒配合饲料及部分副料，比较适合牛饲料喂养的加工工艺，如果加上糖蜜，对牛而言甜味是十分喜爱的口味，从而改善了适口性。

28 粗饲料采用什么加工工艺？

答：粗饲料加工的常用工艺为切碎。俗话说“寸草铡三刀，无料也上膘”所以切碎是粗饲料最古老的方法，但不能过细，肉牛宜 25~50 kg，奶牛 50 kg 以上。如果玉米秸等碾压和切碎相结合则效果更好。

29 精饲料制粒采用什么加工工艺？

答：（1）精饲料制粒工艺路线：原料（玉米、豆粕、杂粕）接收与清理→粉碎→配料→混合→制粒→冷却→筛分→打包。（2）精饲料制粒工艺参数：①粉碎细度：玉米 ϕ3.5 筛网，粕类 ϕ2.5 筛网；②制粒直径：ϕ4.5~6.0，压缩比（1∶10）~（1∶8）；③成品颗粒水分 12%~13%。

年产 10 万吨全日粮羊饲料工艺流程见图 11。

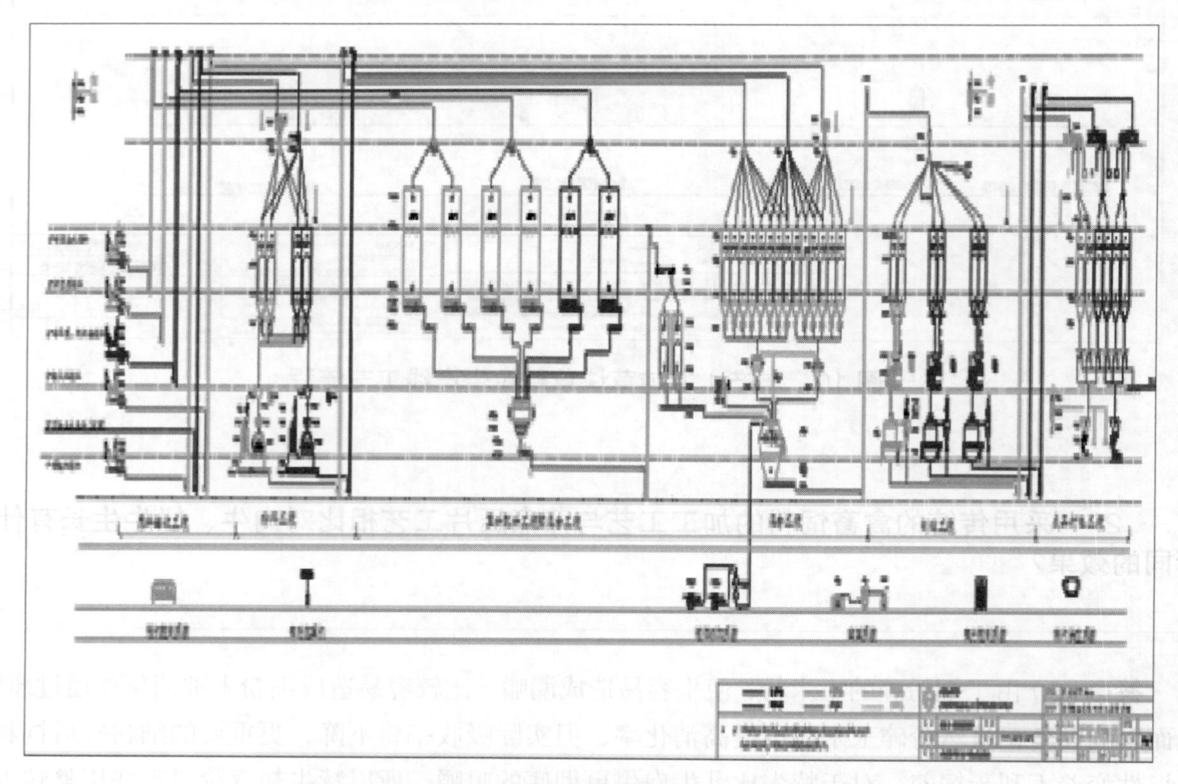

图 11 年产 10 万吨全日粮羊饲料工艺流程

30 全价牛羊饲料制粒采用什么加工工艺?

答:（1）采用搓揉舒化工艺，草粉添加量可提高到60%~70%。牛羊反刍效果更佳。（2）采用搓揉舒化工艺，可以添加更多的糖蜜（ > 15%），将草粉、糖蜜与精料搓揉、舒化、压实成一体。（3）含草粉前处理工段，可同时高产量处理草捆和散草。（4）专用颗粒机更有利于高纤维配方的生产，效能更高。（5）牛羊料专用制粒机的使用改变了草粉性状，大幅提高了高纤维、高糖蜜含量的制粒产量 50% 以上。（6）多种特制破拱设备与仓的使用，保证了高纤维配方物料的通畅流转，运行安全稳定可靠。（7）全价牛羊料制粒工艺路线：

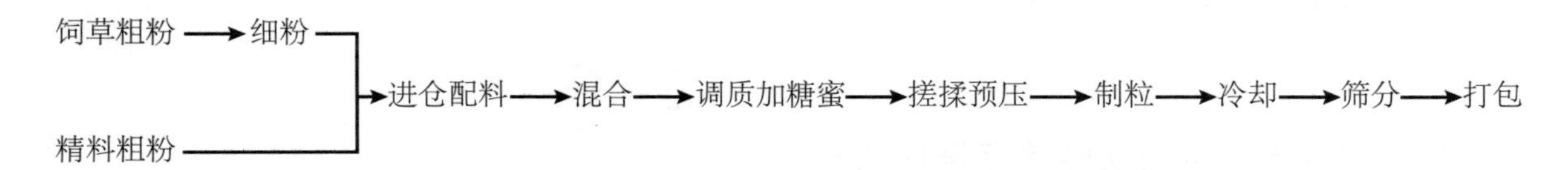

（8）全价牛羊料制粒工艺参数：①饲料粗粉细度 30~50 mm，细粉细度 15~20 mm；②草粉添加量 30%~60%，糖蜜添加量 5%~12%；③制粒直径 ϕ6.0/ϕ8.0，压缩比 1∶6；④成品颗粒水份 12%~13%。

10 t/h 高档全价牛饲料生产线工艺流程见图 12。

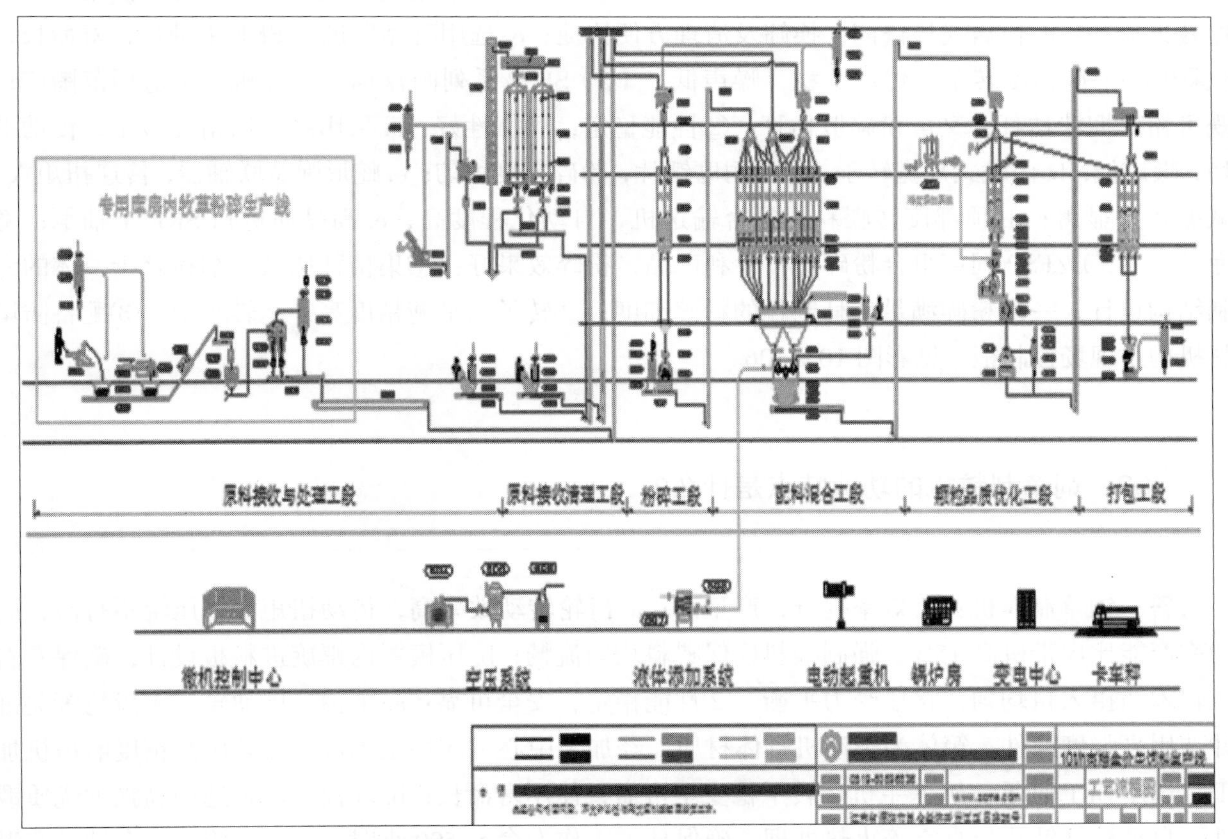

图 12 10 t/h 高档全价牛饲料生产线工艺流程

31 饲草压块机的功能特点是什么？

答：SYKH 850/680/510 饲草压块机：（1）应用范围广；用于稻麦秸秆、油菜秸秆、玉米秸秆、棉花秆、棉籽壳、甜菜粕、柞树叶、棕榈丝、葡萄枝叶及各类牧草的压块；（2）稳定性好，功能强大：①本机喂料采用特殊的防堵塞结构，具有防火花、吸风防尘等功能；②采用内螺旋预压结构，喂入压制室物料的密度大，对秸秆预压实；③直联减速器与轮胎式联轴器组合结构，传递扭矩大，运转平稳；④采用单压辊形式，摄入角大，挤压力大，成型效果佳；⑤变频喂料，并配多个喷嘴，用于喷水自动调节物料的最佳压块成型水分；⑥压轮、成型模采用硬质合金真空烧结而成，整体耐磨性高，使用寿命长。见彩图 103。

32 饲草粉碎机的功能特点是什么？

答：（1）SFSP 系列卧式牧草 / 饲草粉碎机：①适用范围广；适用于各类秸秆、植物枝叶在压块前的粉碎加工。②产量大，性能强：a. 侧面全宽度进料，配合输送机，自动化程度高；b. 采用单 / 双转子专利结构，超厚耐磨锤片，粉碎粒度均匀；c. 采用直联式联轴器，传递扭矩大，减振效果显著；d. 快启式检修门，换筛及清理方便快捷；e. 选用高品质进口 SKF 主轴承，寿命长；f. 采用高平衡精度转子，传动平稳，噪声低。（2）SFSP 系列圆盘饲草粉碎机：①适用范围广；既可粉碎捆状秸秆，又可粉碎散秸秆。②性能稳定，可靠性好：a. 采用高平衡精度转子，传动平稳，噪声低；b. 内藏式加宽转子，超厚耐磨锤片，粉碎粒度均匀；c. 蛇形弹簧联轴器，传递扭矩大，减振效果显著；d. 顶部旋转喂料，配合输送机，自动化程度高；e. 高品质进口 SKF 主轴承，寿命长。（3）ZFSP 饲草组合粉碎机：专利产品，粉碎效果好：①集秸秆搓揉、细粉碎于一体的专利结构设计，一次粉碎满足秸秆制粒的粉碎细度；②转子动平衡精度高，运转平稳；③配备防堵料机构及现场控制柜。见彩图 104~106。

33 饲草制粒机的功能特点是什么？

答：饲草制粒机：①效率提升，产量高：a. 齿轮转动效率高，传动扭矩大，压辊不打滑，同功率产能比皮带机高 15%，强制喂料确保喂料均匀流畅；b. 压模罩内螺旋进料板设计，确保左右压辊木屑摄入量均匀，挤压受力平衡。②性能稳定，安全可靠：a. 主轴、传动轮、大齿轮等关键件选用高强度锻件，箱体为柴油机缸体材质，经加工中心一次加工到位，齿轮由高精度磨齿机加工，选用 SKF 轴承，确保主机运转平稳安全可靠，使用寿命长；b. 环模、压辊选用高强度优质锻件，自动枪钻钻孔与真空淬火热处理，确保环模工作寿命 > 500 小时；c. 齿轮箱及各个轴承润滑点，可选配稀油机外冷却系统，自动加油冷却润滑，主传动系统运转更可靠；d. 配备机械式过载保护系统，选配自动防堵保护系统，确保运转安全；e. 配备门盖吸风系统，有效控制制粒粉尘与热气外泄，并降低环模工作温度。③自动化程度高，适用性强：a. 主配备现场控制柜，方便操作，选配制粒机自控系统与中控室联锁，选配制粒机运行报表、累计工作时间、油温报警与润滑油更换提醒等智能化系统；b. 木屑与秸秆制粒机通用设计，生产秸秆时选配三辊破拱绞龙，适用于所有生物质原料的制粒成型。

34 饲草制粒机移动式机组的功能特点是什么？

答：移动式饲草制粒机组：低成本，高回报：（1）生物质制粒成型机组，工艺简单灵活，占地面积小，只有 18 m^2，高度不超过 5.5 m；（2）可固定在一个简易的机架上，也可设计成移动式机组，投资成本低，安装方便，操作简单，使用灵活；（3）适用范围广，可将小麦秸秆、稻草秸秆、菜籽秸秆、玉米秸秆等多种秸秆制粒成型；（4）移动式机组可在田头制粒，原料收购成本低，制成的颗粒作为热电厂发电、工业锅炉的燃烧，环保节能。见彩图 109。

35 全价牛羊料组合制粒机的功能特点是什么？

答：（1）将原料揉化与制粒的功能整合在一台设备上，结构优美、外形紧凑，简化了工艺，降低了设备布置高度；（2）设备的加工工艺采取先揉化再制粒的工艺，可使物料中的草粉添加量达到 20%~50%，反刍效果好；（3）制粒前采用揉化处理，可提高物料中糖蜜的添加量，达到 5%~12%，改善饲料的适合性；（4）采取揉化加制粒的成型工艺，在相同的配方和动力配置的情况下可比同类制粒设备提高产能 10%~15%；（5）通过在配方中增加草粉的添加量，可降低配方成本，提高经济效益。见彩图 108。

参考文献

[1] 邱怀．现代乳牛学 [M]. 北京：中国农业出版社，2002.

[2] 王根林．养牛学 [M]. 北京：中国农业出版社，2000.

[3] 冀一伦．实用养牛科学 [M]. 北京：中国农业出版社，2001.

[4] 吴国娟，蒋林树，张中文，等．无公害奶牛养殖技术与疾病防治 [M]. 北京：中国农业科学技术出版社，2002.

[5] 王福兆．乳牛学（第三版）[M]. 北京：科学技术文献出版社，2004.

[6] 莫放．养牛生产学 [M]. 北京：中国农业大学出版社，2007.

[7] 秦志锐．奶牛高效益饲养技术 [M]. 北京：金盾出版社，1996.

[8] 华南农业大学．养牛学 [M]. 北京：农业出版社，1987.

[9] 邱怀．科学养牛问答 [M]. 北京：农业出版社，1990.

[10] 刁其玉．奶牛规模养殖技术 [M]. 北京：中国农业科学技术出版社，2003.

[11] 肖定汉．奶牛饲养与疾病防治 [M]. 北京：中国农业大学出版社，2001.

[12] 徐照学．奶牛饲养与疾病防治手册 [M]. 北京：中国农业出版社，2002.

[13] 王俊东，刘岐．奶牛无公害饲养综合技术 [M]. 北京：中国农业出版社，2003.

[14] 储明星，师守堃．奶牛体型线性评定及其应用 [M]. 北京：中国农业科技出版社，1999.

[15] 王贞照，王永康，徐鹤龄，等．乳牛高产技术 [M]. 上海：上海科学技术出版社，2001.

[16] 刘德君．乳牛生产实用技术 [M]. 北京：科学技术文献出版社，1997.

[17] 张晋举．奶牛疾病图谱 [M]. 哈尔滨：黑龙江科学技术出版社，2000.

[18] 王进国，刘俊彦，张玲会，等．奶牛疾病诊治技术 [M]. 北京：中国农业出版社，1999.

[19] 肖定汉．奶牛饲养与疾病防治 [M]. 北京：中国农业大学出版社，2001.

[20] 肖定汉．奶牛病学 [M]，北京：中国农业大学出版社，2002.

[21] 徐照学．奶牛饲养与疾病防治手册 [M]. 北京：中国农业出版社，2002.

[22] 王俊东，刘岐．奶牛无公害饲养综合技术 [M]. 北京：中国农业出版社，2003.

[23] 玉柱，周禾．饲草加工与贮藏技术 [M]. 北京：中国农业科学技术出版社，2002.

[24] 白元生．饲料原料学 [M]. 北京：中国农业出版社，1999.

[25] 张子仪．中国饲料学 [M]. 北京：中国农业出版社，2000.

[26] HowardD.Tyler；M.E.Ensminger. 张沅，王雅春，张胜利主译．奶牛科学 [M]. 北京：中国农业大学出版社，2007. http://www.hesitan.com/ROOT/0/0.chtml.

[27] 郭翠华，李胜利，马成玺．棉籽及其脱脂饼粕在奶牛日粮中的应用 [J]. 中国畜牧杂志. 2007，43（13）：56–57.

[28] 钟荣珍，李建国，房义．全棉籽影响奶牛生产性能的研究进展 [J]. 饲料工业，2005，26（19）：51–52.

[29] 陆庆，黄锋，颜育良，等．全棉籽和过瘤胃脂肪在奶牛生产中的应用 [J]. 广东奶业，2007，1：17–18.

[30] 纪伟旭，王金周. 奶牛日粮添加脂肪的适宜量与应注意问题 [J]. 河南畜牧兽医，2006，27（4）：32.

[31] 姜明明. 规模化奶牛场饲料管理要点 [J]. 中国草食动物，2011，3：82–83.

[32] 胡朝阳，韩国林. 如何设计奶牛场饲草料区 [J]. 中国奶牛，2011，9：29–31.

[33] 陈晨，张永根. "犊牛岛"培育犊牛技术及其应用效果 [J]. 中国奶牛，2006，11：44–45.

[34] 张文秋. 奶牛冬季高产管理措施 [J]. 中国畜禽种业，2011，5：91.

[35] 侯引绪. 奶牛冬季饲养管理技术要点 [J]. 中国奶牛，2011，1：47–50.

[36] 唐淑珍，张月周. DHI 的组织实施及应用 [J]. 中国奶牛，1999，2：35–37.

[37] 邱昌功. 陕西奶牛生产性能测定现状、存在的问题及对策建议 [J]. 中国牛业科学，2010，36（4）：65–66.

[38] 马亚宾. 采用 DHI 技术在奶牛生产中有哪些好处 [J]. 北方牧业，2011，7：21.

[39] 艾玉琼，庞培成. 奶牛亚硝酸盐中毒的防治 [J]. 中国奶牛，2007，6：47–50.

[40] 王淑娟，孙成友，宋晓晖，等. 规模化奶牛场结核病的净化与防控 [J]. 中国奶牛，2013，1：27–31.

[41] 武爱香，敦秀玲，侯俊霞. 奶牛场布氏杆菌病的防控 [J]. 畜牧兽医科技信息，2010，7：51.

[42] 任肖然. 奶牛胃肠炎的防治 [J]. 北方牧业，2012，14：22.

[43] 张春梅. 犊牛下痢的病因分析及综合防治 [J]. 畜牧兽医科技信息，2013，3：55.

[44] 王希春，谢守玉，吴金节. 犊牛肺炎的病因调查及防治 [J]. 中国奶牛，2009，7：34–35.

[45] 杨福娟. 奶牛食盐中毒的诊治 [J]. 云南畜牧兽医，2010，2：32.

[46] 李克勋. 奶牛肥胖综合症的防治 [J]. 养殖技术顾问，2012，4：73.

[47] 娜日娜，李峰，乌仁图雅. 母牛妊娠毒血症的预防与治疗 [J]. 中国牛业科学，2011，37（3）：95–96.

[48] 韦明，姜敏福. 奶牛乳头冻伤的原因及防治措施 [J]. 北方牧业，2011，3：27.

[49] 李全恩，刘洪敏. 奶牛乳头冻伤的防治 [J]. 养殖技术顾问，2008，1：72.

[50] 邢廷铣. 奶牛福利及其安全性生产 [J]. 饲料工业，2004，125（9）：1–2.